U0734002

零基础
剪辑师速成指南
Premiere+Audition+After Effects

李艮基 Nenly 编著

人民邮电出版社
北京

图书在版编目（CIP）数据

零基础剪辑师速成指南：Premiere+Audition+After

Effects / 李艮基, Nenly 编著. -- 北京：人民邮电出

版社, 2025. -- ISBN 978-7-115-66683-3

I. TP317.53

中国国家版本馆 CIP 数据核字第 202542RF07 号

内 容 提 要

本书是结合 Premiere Pro（Pr）、After Effects（Ae）、Audition（Au）这 3 款软件的视频剪辑教程。书中通过大量的案例展示完美配合这 3 款软件的详细操作，全方位地讲解在理解剪辑的思维方式后，利用 Pr、Ae、Au 开展剪辑工作的完整流程。

本书共 8 章。第 1 章介绍软件的基础操作，帮助初学者快速认识 Pr、Ae、Au 这 3 款软件；第 2 章进一步探索软件的实用功能，并结合多个案例介绍软件的操作技巧；第 3 章开拓剪辑思维，使读者不仅能具备软件的操作技能，还能对不同的剪辑项目进行全方位的分析与设计；第 4 章介绍在 Pr 中制作踩点视频的方法；第 5 章介绍在 Au 中制作趣味配音视频的方法；第 6 章介绍在 Ae 中制作时尚快剪视频的方法；第 7 章介绍综合利用 Pr、Ae、Au 制作电影预告片的方法；第 8 章介绍利用 AI 工具高效生成图片与视频的方法。

本书配有视频教程，并赠送案例的素材文件，方便读者边看边学，成倍提高学习效率。

本书既适合视频剪辑的探索者和 Pr、Ae、Au、AI 工具的初学者学习，又适合具有一定 Pr、Ae、Au 与 AI 工具使用经验的读者学习，同时也可以作为各大高校及相关培训机构的培训教材。

◆ 编　　著　李艮基　Nenly
　　责任编辑　王　冉
　　责任印制　陈　犇

◆ 人民邮电出版社出版发行　　北京市丰台区成寿寺路 11 号
　　邮编　100164　电子邮件　315@ptpress.com.cn
　　网址　https://www.ptpress.com.cn
　　临西县阅读时光印刷有限公司印刷

◆ 开本：700×1000　1/16
　　印张：19.5　　　　　　　　2025 年 8 月第 1 版
　　字数：390 千字　　　　　　2025 年 8 月河北第 1 次印刷

定价：88.00 元

读者服务热线：(010)81055410　印装质量热线：(010)81055316
反盗版热线：(010)81055315

>>> 前言
PREFACE

Pr、Au、Ae是Adobe公司推出的专业剪辑软件，主要用于处理视频、音频文件。在开展剪辑工作的过程中，综合运用Pr、Au、Ae能有效地解决各种不同的难题，比单独使用其中一款软件高效得多。本书以2024版本为基础，结合案例介绍这3款软件的操作方法。

编写目的

在短视频发展迅猛的当下，拍摄视频并将其发送到网络上共享已经变得相当容易，制作优秀视频的能力逐渐成为一项炙手可热的技能。基于Pr、Au、Ae强大的剪辑功能，AI工具高效的创作能力，我们编写了本书，结合当下的热门视频类型，从剪辑思维与软件操作两方面来介绍制作精美视频的方法和技巧。

本书内容安排

本书共8章，精心安排具有针对性的案例，不仅讲解Pr、Au、Ae与AI工具的使用技巧，还帮助读者开拓剪辑思维，从设计构思、素材搭配，到剪辑技巧、后期润色等，手把手带领读者走进剪辑的多彩世界。本书内容丰富，知识涵盖面广，可以帮助读者轻松掌握软件的使用技巧和具体应用。本书的内容安排如下。

章 名	内容安排
第1章 软件新手村 扎实掌握软件基础	本章介绍软件的基础操作，帮助初学者快速认识Pr、Ae、Au这3款软件
第2章 功能妙妙屋 拓展深层实用功能	本章进一步探索软件的实用功能，并结合多个案例介绍软件的操作技巧
第3章 思维进阶营 专项开拓剪辑思维	本章开拓剪辑思维，使读者不仅能具备软件的操作技能，还能对不同的剪辑项目进行全方位的分析与设计

章 名	内 容 安 排
第 4 章 Pr 核心突破 踩点视频剪辑	本章介绍在 Pr 中制作踩点视频的方法
第 5 章 Au 核心突破 趣味配音视频剪辑	本章介绍在 Au 中制作趣味配音视频的方法
第 6 章 Ae 核心突破 时尚快剪视频剪辑	本章介绍在 Ae 中制作时尚快剪视频的方法
第 7 章 三合一综合运用 仿电影预告片视频剪辑	本章介绍综合利用 Pr、Ae、Au 制作电影预告片的方法
第 8 章 AI 工具 高效生成图片与视频	本章介绍利用 AI 工具高效生成图片与视频的方法

本书特点

本书以通俗易懂的文字，结合精美的创意案例，全面、深入地讲解Pr、Ae、Au与AI工具的操作方法。总的来说，本书有如下特点。

案例丰富 轻松学习

本书以3款软件为基础，以AI工具为辅助手段，使读者在学习操作技能的同时也接触不同类型的案例，这样不仅能提升读者的操作技能，也能拓宽知识面。

全程图解 一看即会

本书使用全程图解和示例的讲解方式，以图为主、文字为辅，通过这些辅助插图，帮助读者快速掌握操作方法。

知识架构 完整覆盖

本书除了基本的操作技巧介绍，还融入了各种理论知识，帮助读者理解不同的概念，在剪辑的过程中更加得心应手。

▶▶▶ 目录
CONTENTS

02

功能妙妙屋
拓展深层实用功能

03

思维进阶营
专项开拓剪辑思维

01

软件新手村

扎实掌握软件基础

绝大多数初入门的新手在跟随一些教程练习时，会感觉剪辑视频是一件非常吃力的事情，总是会疑惑，为什么自己的软件界面和老师的不一样呢？明明操作完全一样，为什么做出来的成品却完全不同呢？是软件太难上手了，还是自己的学习能力不够？根据笔者的经验，初学者绝大多数操作问题，来源于对软件功能的不甚熟悉、对视频制作流程的模糊定义，以及对剪辑操作逻辑的片面解读。

在学会很多酷炫的手法和技巧之前，先要了解剪辑视频到底是怎么回事，以及我们使用的软件到底是一个什么样的工具，才能保证顺顺利利地开始接下来的一系列学习。本章将为读者详细剖析 Premiere Pro、Audition、 After Effects这3款软件的基本架构和操作逻辑，带领读者迈出制作专业级视频作品的第一步。

1.1 Pr软件入门：同学，你是第一次剪片子吗？

Premiere Pro（以下简称Pr）负责视频制作中最主要的一个环节——片段的剪辑加工。本节的内容包括在Pr中新建项目，认识工作区和四大面板，导入素材并建立序列，剪辑与进阶尝试，保存视频为工程文件，导出视频的相关参数设置。

▌新建项目与工作区 ▌

启动Pr软件，显示欢迎界面。单击左上角的"新建项目"按钮 新建项目 ，可以新建一个项目。单击"打开项目"按钮，可以打开计算机中的Pr项目。

"最近使用项"列表中展示的是最近打开或编辑过的项目，单击项目可以将其打开。

单击"新建项目"按钮后进入图 1-1所示的界面。"项目名"选项显示默认名称为"无标题"，用户可自定义项目名称。"项目位置"选项显示默认的存储路径，单击右侧的 ▼ 按钮，在下拉列表中选择"选择位置"选项，可自定义保存位置。

在中间根据项目缩览图选择一个项目，单击"创建"按钮，可以进入"编辑"界面编辑该项目。如果要创建空白项目，直接单击"创建"按钮即可。

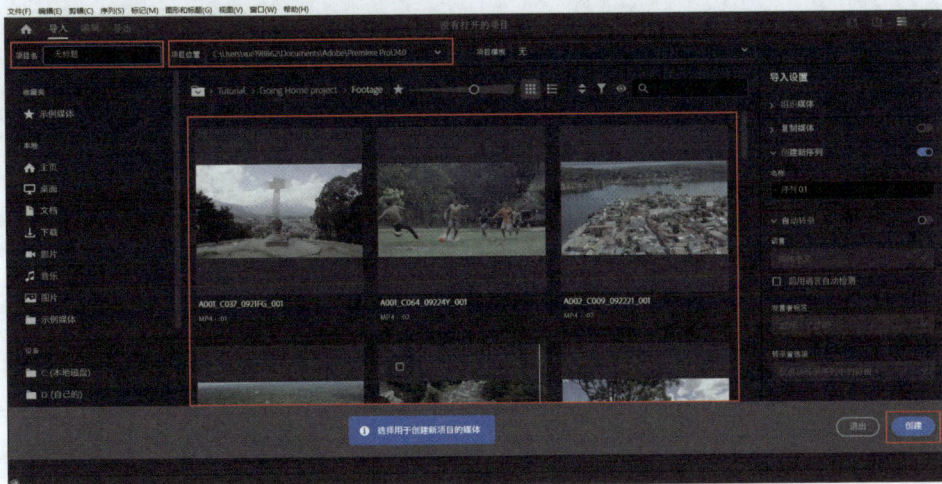

图1-1

新建空白项目后进入图 1-2所示的界面，该界面主要由菜单栏与工作区组成。因为当前没有打开任何项目，所以各面板中没有显示任何内容。

菜单栏 —

工作区 —

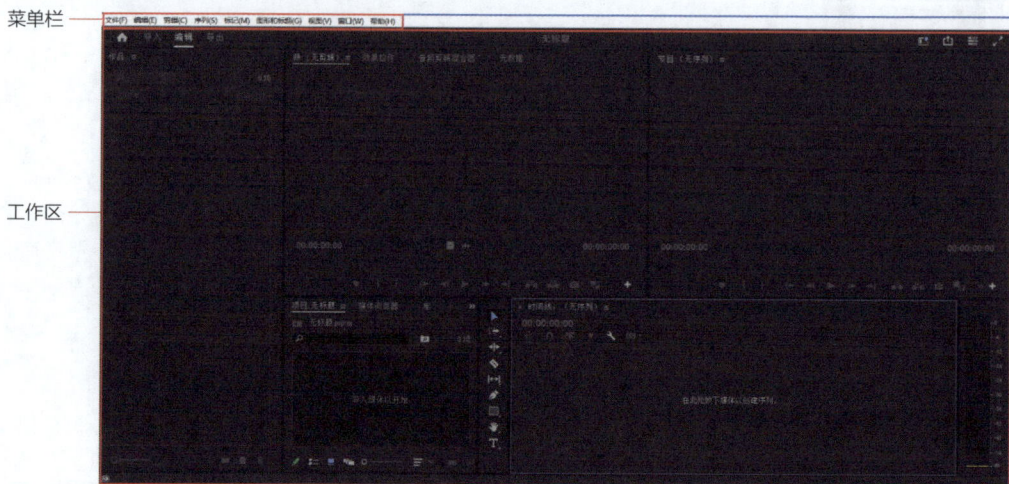

图1-2

执行"窗口"|"工作区"|"编辑"命令，切换至"编辑"工作区（适合新手），其中有源面板、节目面板、项目面板及时间线面板，如图 1-3所示。

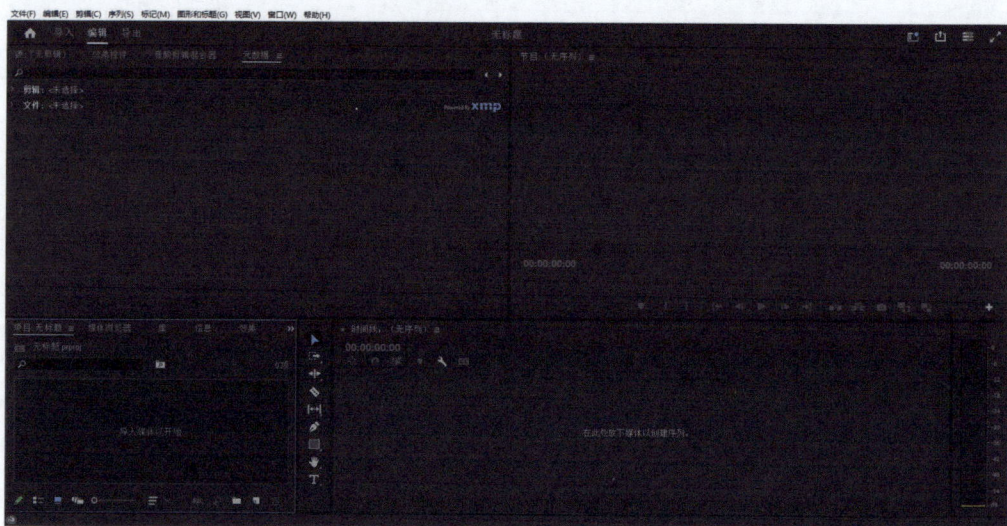

图1-3

执行"窗口"|"工作区"|"重置为保存的布局"命令，可以将"编辑"工作区还原至原始状态。

将鼠标指针放置在面板的边界上，当鼠标指针显示为 时，拖动鼠标可以调整面板的大小。

▌四大面板▐

本小节介绍四大面板的基本情况，包括项目面板、源面板、时间线面板及节目面板。

1.项目面板

执行"文件"|"导入"命令，打开"导入"对话框，选择项目文件后单击"打开"按钮，可以将项目导入并在项目面板中显示。

在项目面板的空白位置双击，如图1-4所示，也可以打开"导入"对话框。

打开项目存储文件夹，选择项目，将其拖至项目面板中，如图1-5所示，松开鼠标左键即可完成导入操作。

图1-4

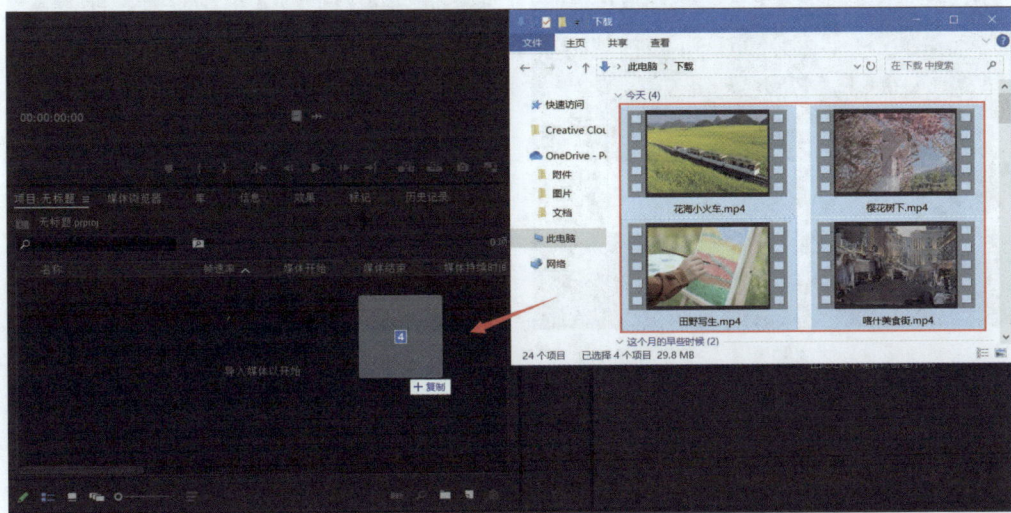

图1-5

默认情况下，项目文件以"图标视图"的形式显示在项目面板中，如图1-6所示。

单击"列表视图"按钮，以列表的形式显示项目文件，可以查看项目的详细信息，包括帧速率、媒体开始、媒体结束等，如图1-7所示。

图1-6

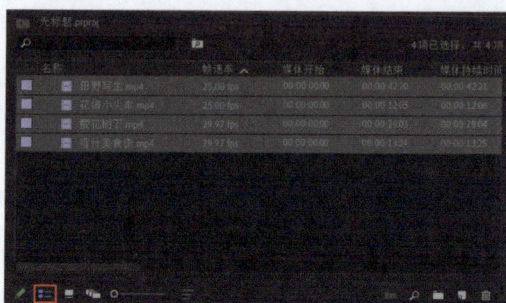
图1-7

单击"自由变换视图"按钮 ![icon] ，可以在项目面板中自由移动项目。选中项目，可以将其拖至任意位置，如图 1-8所示。通过调整圆形滑块 ![icon] 的位置，可以调整图标和缩览图的大小。

单击项目，可以通过拖动滑块来观看内容，如图 1-9所示。选中项目后按空格键播放视频，再次按空格键暂停播放。

单击"排序图标"按钮 ![icon] ，在弹出的下拉列表中选择选项，可以设置项目在面板中的排序方式，默认选择"用户顺序"选项。

图1-8

图1-9

2.源面板

源面板可以帮助用户剪辑素材，操作方法将在后面的章节中介绍。在项目面板中双击选中的视频，可以将其在源面板中打开。单击"播放"按钮 ![icon] ，预览视频，如图 1-10所示，按空格键可暂停播放。

图 1-10

　　如果想查看视频某一时段的内容，可将鼠标指针放在时间线端点处的圆形滑块 ◉ 上，拖动滑块，如图 1-11 所示。此时再播放视频，就可以观看视频指定时段的内容了。

图 1-11

3.时间线面板

　　在开始剪辑之前，需要建立一个序列。建立序列就是将一系列的视频和音频素材按照时间顺序排成一列，放在时间线面板上。序列是Pr容纳剪辑的主体，一个序列可以导出生成一个视频。绝大多数剪辑操作都是在序列中完成的，它像"容器"一样装着所有操作。新建序列后，时间线面板中会显示详细信息。

　　在项目面板的空白位置单击鼠标右键，在弹出的菜单中选择"新建项目"|"序列"命令，打开"新建序列"对话框。

　　选择"设置"选项卡，在"编辑模式"下拉列表中选择"自定义"选项，按照需要设置各项参数，最后单击"确定"按钮，即可创建序列。

制定序列标准时，需要参考以下两个方面的因素。

（1）最终需要输出的成片规格应该优先按照要求来设置。

（2）参考已有的视频素材规格，使序列的规格对大部分素材来说是可以匹配的，不会太大或太小。

在源面板中的视频缩览图上单击鼠标右键，在弹出的菜单中选择"属性"命令，弹出对话框，其中显示了视频的属性参数，包括图像的尺寸及帧速率等。

在项目面板中的序列缩览图上单击鼠标右键，在弹出的菜单中选择"序列设置"命令，如图 1-12所示，打开"序列设置"对话框，修改"时基"与"帧大小"参数，如图 1-13所示。

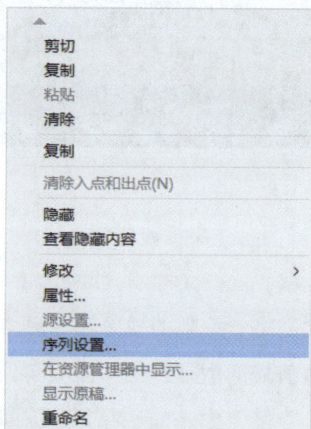

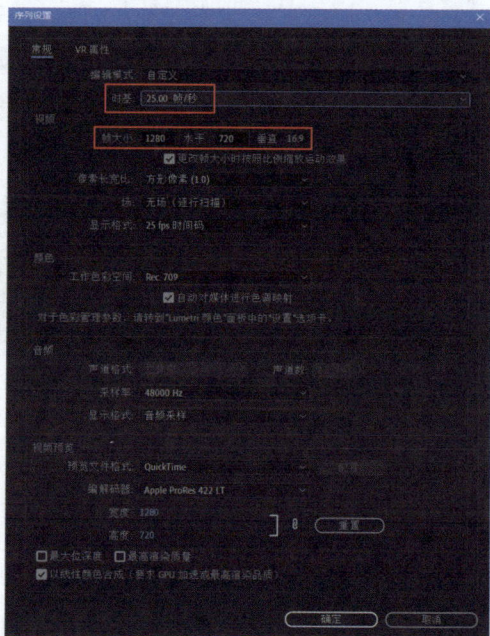

图1-12   图1-13

此外，也可以选择另外一种方式创建序列。

在项目面板中的视频缩览图上单击鼠标右键，在弹出的菜单中选择"从剪辑新建序列"命令，可以在该视频的基础上创建序列，此时序列的参数与视频是相符合的。

或者在项目面板中选择视频，直接将其拖放至右侧的时间线面板中，如图 1-14所示，也可以创建序列。

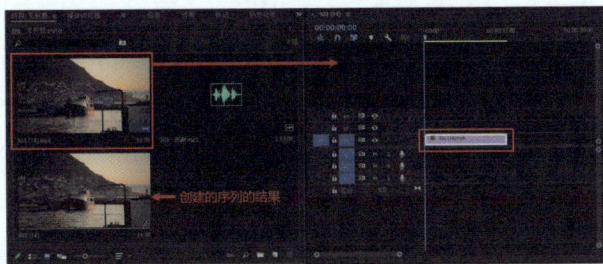

图1-14

在项目面板中，视频与序列的缩览图相同。为了识别这两个文件，可将鼠标指针置于缩览图右下角的图标上，如"视频"图标███、"音频"图标███、"序列"图标███，可以显示文件的属性名称。

4.节目面板

节目面板左下角的"缩放级别"下拉列表中提供了多种选项来缩放视频。选择"适合"选项，如图1-15所示，可以使视频始终以一个合适的尺寸播放，不会过大或过小。调整面板尺寸的时候，画面大小也会随之更改。

面板右下角显示了回放分辨率，默认选择"完整"选项，如图1-16所示。假如当前的序列过多，可选择"1/2"或"1/4"选项，通过适当降低清晰度来保证视频播放流畅。此处的设置不会影响视频最终输出时的分辨率。

图1-15

图1-16

▌剪辑初体验▌

剪辑类似于搭积木，用户将素材从项目面板中拖至时间线面板，再按照一定的顺序进行排列就可以了。可在项目面板中借助缩览图挑选素材，或者双击素材，在源面板中进行预览，觉得合适后再将其添加至时间线面板。

视频、音频、图片、字幕等素材，在Pr中都是以"素材块"的形式组织到轨道上的。将视频添加至时间线面板，它被放置在视频轨道上，如图1-17所示。

如果该视频包含音频，音频就会被放置在音频轨道上，如图1-18所示。在Pr里，视频与音频可以单独编辑。

图1-17

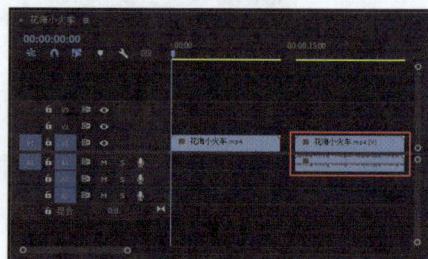

图1-18

在源面板中拖动"仅拖动视频"按钮■到时间线面板，可以将视频单独拖放至时间线面板上。拖动"仅拖动音频"按钮▶▶到时间线面板，可以仅将音频添加至时间线面板上，如图1-19所示。

在时间线面板中，视频块与音频块可以自由移动，可以将其放置在任意轨道的任意位置，如图1-20所示。

选择视频块或音频块，按Delete键可以将其删除。

图1-19

图1-20

1. 调整视频长度

拖动时间线面板左下角的圆形滑块◯，可以调节视频块的长度，如图1-21所示。该操作不会影响视频的播放时长。

图1-21

在时间线面板的左侧单击"剃刀工具"按钮 ✎，将鼠标指针定位在视频块的某处，如5秒的位置，如图1-22所示，单击可在5秒的位置将视频剪断。

将视频剪成两部分的效果如图1-23所示。选择不需要的一段，按Delete键将其删除。

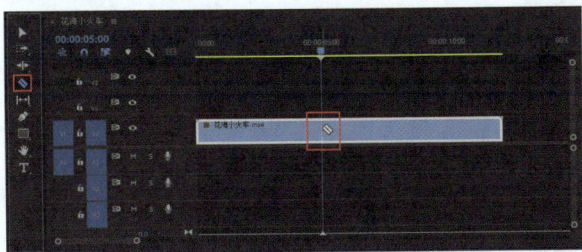
图1-22

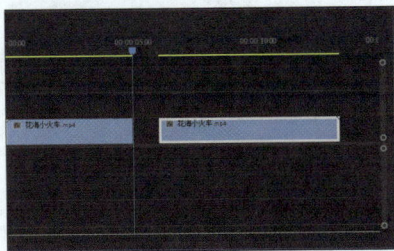
图1-23

如果想要将剪短的视频延长，可以将鼠标指针定位至视频块的末尾，当鼠标指针显示为红色的向左箭头时，如图1-24所示，按住鼠标左键向右拖动。

将鼠标指针移动至合适的位置，如图1-25所示，松开鼠标左键完成延长操作。此前被删掉的视频块并没有被真的删除，只是被隐藏，没有在轨道上显示而已。所以在延长视频的时候，不能超过视频原本的时长。

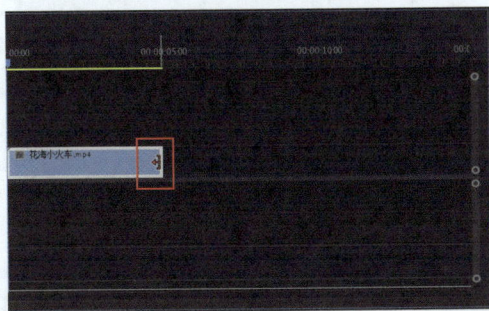
图1-24

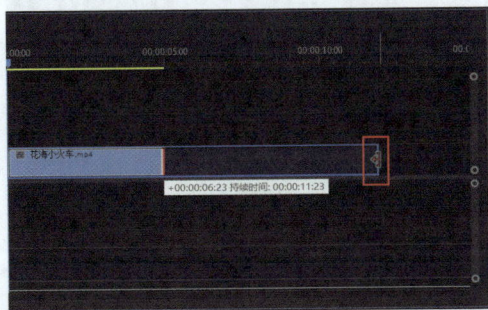
图1-25

2.调整音频的长度

将音频导入Pr，项目面板中会显示音频的名称与时长，如图1-26所示。如果要调整音频的长度，可以在源面板中进行操作。

单击源面板左下角的时间码按钮，进入编辑模式。在Pr中，编辑时间码可以调整播放线的位置。时间码的单位构成通常是"时：分：秒：帧"，最后一位是帧，不是秒，换算比例取决于用户定义的帧速率。在输入参数的时候要仔细确认，以免出现错误。

在时间码文本框中输入时间00:02:20:00，如图 1-27所示，按Enter键，播放线会定位在该位置。

图1-26

图1-27

单击"标记入点"按钮，可以在播放线所在的位置进行裁剪，选中从这个时间点（00:02:20:00）往后的所有段落，如图 1-28所示。

将鼠标指针放置在"仅拖动音频"按钮上，将其拖放至时间线面板对应的音频轨道上。此时的音频处于裁剪后的状态，如图 1-29所示。

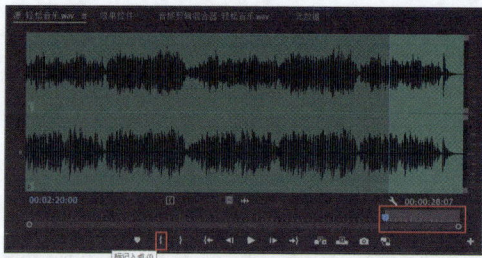

图1-28

图1-29

3.改变视频的大小

当视频尺寸与序列尺寸一致时，在源面板与节目面板中预览视频时显示的画面相同。如果节目面板中的预览画面与源面板不同，可通过调整帧大小来解决这个问题。

在时间线面板中选择视频块，单击鼠标右键，在弹出的菜单中选择"缩放为帧大小"命令，软件会自动为视频应用缩放效果，使其与序列的尺寸相匹配。

在执行上述命令后，视频画面周围有可能会出现黑边，如图 1-30所示。在预览区域双击视频画面，进入编辑模式，画面的四周显示定界框。将鼠标指针置于定界框的夹点上，拖动夹点进行放大，使画面充满预览区域，从而消除黑边，如图 1-31所示。

图1-30

图1-31

将视频素材都添加至时间线面板，调整素材的位置，如图 1-32所示。将音频素材放置在音频轨道上，在节目面板中播放视频查看剪辑效果。

按~键（位于Esc键下方）可以最大化显示节目面板，全屏预览视频，如图 1-33所示。播放结束后，再次按~键退出全屏。

图1-32

图1-33

▌进阶剪辑技巧探索 ▌

将不同的视频素材拼接在一起，涉及素材之间的过渡问题。为了将两个素材自然过渡，使画面效果流畅自然，可以应用Pr提供的视频过渡效果。

1.添加"交叉溶解"效果

切换至效果面板，列表中显示了Pr提供的多种效果。执行"面板"|"效果"命令，也可以显示效果面板。

展开"视频过渡"列表，在"溶解"列表中选择"交叉溶解"效果，如图 1-34所示。"交叉溶解"效果可理解为"淡出淡入"效果，即上一帧画面逐渐淡出，下一帧画面逐渐浮现，两个画面过渡自然。

将"交叉溶解"效果直接拖至时间线面板中两个视频块的连接处，如图 1-35所示，可以看到效果块高亮显示。

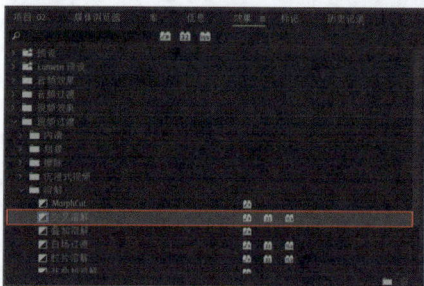

图1-34

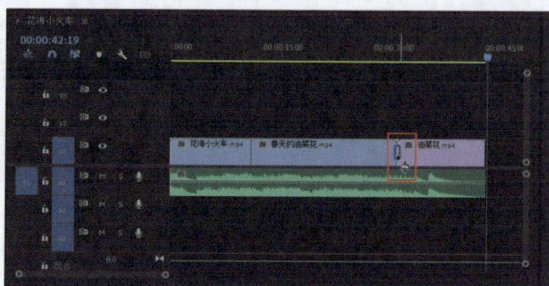

图1-35

将"交叉溶解"效果添加至视频块连接处的效果如图 1-36所示。双击效果块，打开"设置过渡持续时间"对话框，持续时间默认为24帧，为其添加2秒，如图 1-37所示，使播放效果更加自然。00:00:02:24中的02表示2秒，24表示24帧。

图1-36

图1-37

单击"确定"按钮关闭对话框，可以发现"交叉溶解"效果块被拉伸，如图1-38所示。播放视频，查看过渡效果，如果不满意可返回设置。

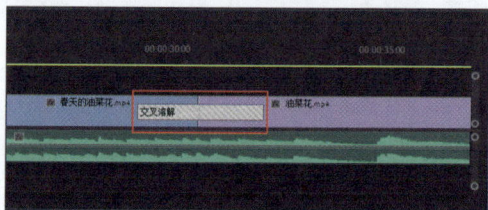

图1-38

2.添加"裁剪"效果

除了可以为视频添加过渡效果之外，还可以为视频画面添加效果。在效果面板中，在"视频效果"列表中展开"变换"列表，选择"裁剪"效果，如图 1-39所示。

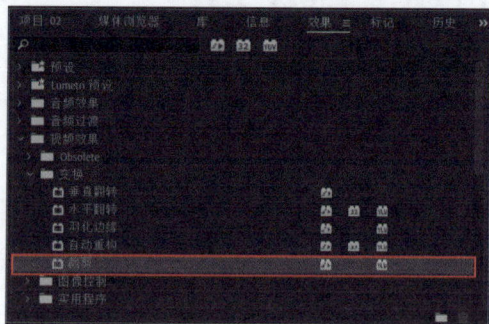

图1-39

将"裁剪"效果直接拖至时间线面板中的视频块上，此时该视频块的边框高亮显示，如图 1-40所示。松开鼠标左键，会发现该视频块被添加了白色描边，如图 1-41所示，表示已添加"裁剪"效果。

图 1-40

图 1-41

切换至效果控件面板，展开"裁剪"列表，设置"顶部"与"底部"均为10%，如图 1-42所示。播放视频，可以看到画面顶部与底部已被添加黑色边框，呈现出类似于电影胶片的效果，如图 1-43所示。

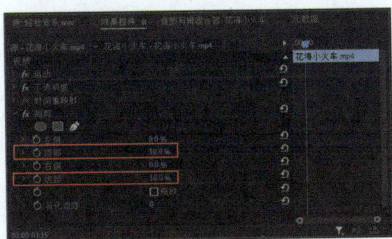

图 1-42

图 1-43

在效果控件面板中选择"裁剪"效果，按快捷键Ctrl+C将其复制到剪贴板。在时间线面板中框选所有的视频块，按快捷键Ctrl+V粘贴"裁剪"效果，为选中的视频块添加效果。

3.添加光效

导入光效素材，将其放置在时间线面板的视频轨道上，如图 1-44所示。由于光效素材是黑色背景，所以遮盖了视频画面。

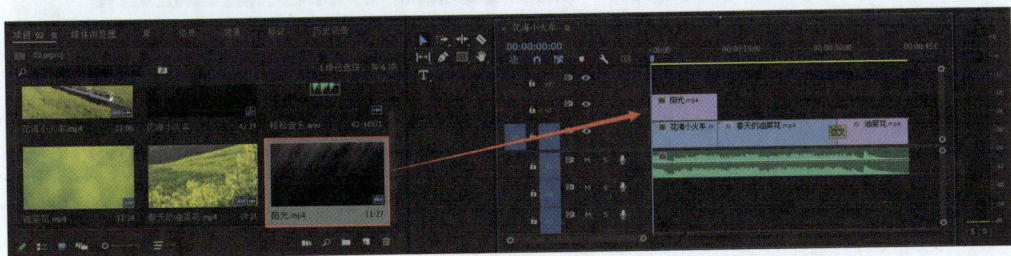

图 1-44

切换至效果控件面板，在"不透明度"下展开"混合模式"下拉列表，选择"滤色"模式，如图 1-45所示，隐藏黑色背景。视频画面重新显示，如图 1-46所示。播放视频，观看添加光效素材后的画面效果。

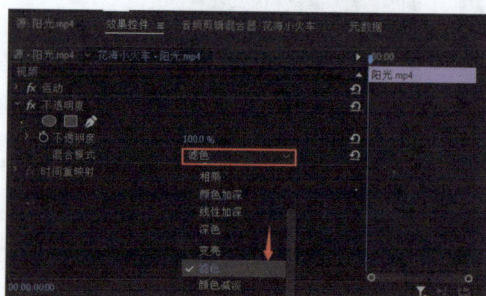

图1-45

图1-46

4.为视频画面调色

在为视频画面调色之前，应打开调色面板。执行"窗口"|"工作区"|"颜色"命令，打开Lumetri颜色面板。

Lumetri颜色面板显示在工作界面的右侧，在面板中单击Look选项，在下拉列表中选择颜色模式，如图 1-47所示，也可以导入外部颜色模式。选择颜色模式后即可将其应用至选中的视频块。将源面板切换为效果控件面板，可以发现列表中出现了"Lumetri颜色"选项，如图1-48所示。

图1-47

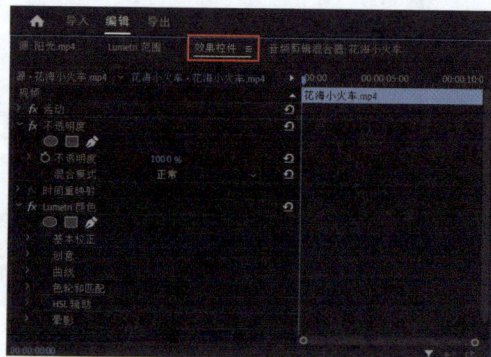

图1-48

单击"Lumetri颜色"左侧的"打开/关闭旁路"按钮，如图 1-49所示，可以查看为画面调色前后的效果对比。为了使调色效果覆盖所有的视频画面，可以通过创建调整图层的方法来实现。在项目面板的空白处单击鼠标右键，在弹出的菜单中选择"新建项目"|"调整图层"命令，打开"调整图层"对话框，如图 1-50所示。其中默认显示当

前序列的尺寸，不用修改任
何参数，直接单击"确定"
按钮。

图1-49

图1-50

将调整图层从项目面板拖至时间线面板，放置在视频轨道的最上层，如图 1-51所
示。将鼠标指针放置在调整图层块的末尾，按住鼠标左键向右拖动，使其与视频长度相
同，如图 1-52所示，松开鼠标左键，使调色效果覆盖整个视频。

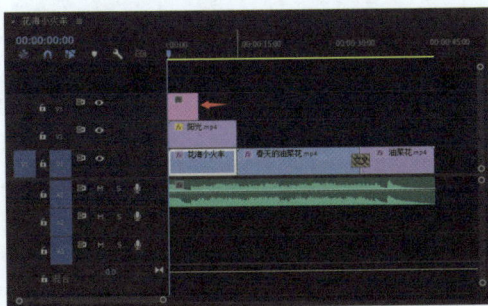

图1-51

图1-52

选择添加了调色效果的视频块，在效果控件面板中，选择"Lumetri颜色"选项，单击
鼠标右键，在弹出的菜单中选择"剪切"命令（或者按快捷键Ctrl+X）。选择调整图层，
按快捷键Ctrl+V，将调色效果粘贴至图层上。

调色前后视频画面的效果对比如图 1-53所示，左图为调色前，右图为调色后。

图1-53

▌保存与导出 ▌

结束视频剪辑后，按快捷键Ctrl+S保存编辑，或者执行"文件"|"保存"命令，将视频存储至指定的路径。

选择时间线面板，按快捷键Ctrl+M，或者单击工作界面左上角的"导出"按钮 导出，切换至"导出"界面，如图1-54所示。

在"预设"下拉列表中选择Match Source –Adaptive High Bitrate（匹配源–自适应高比特率）选项，将"格式"设置为H.264。选择这两项，在序列设置与需要的视频尺寸完全一致时，可以快速导出视频。

H.264是MP4格式的一种编码方式，可以将视频导出为MP4格式。MP4格式的视频受大众欢迎的原因有两个：一是方便传播，绝大多数解码器都可以轻松播放；二是拥有高压缩率，能用一个比较经济的大小呈现尽可能清晰的画面。

在"文件名"选项中输入视频名称，在"位置"选项中指定保存路径，单击"导出"按钮，即可导出视频。

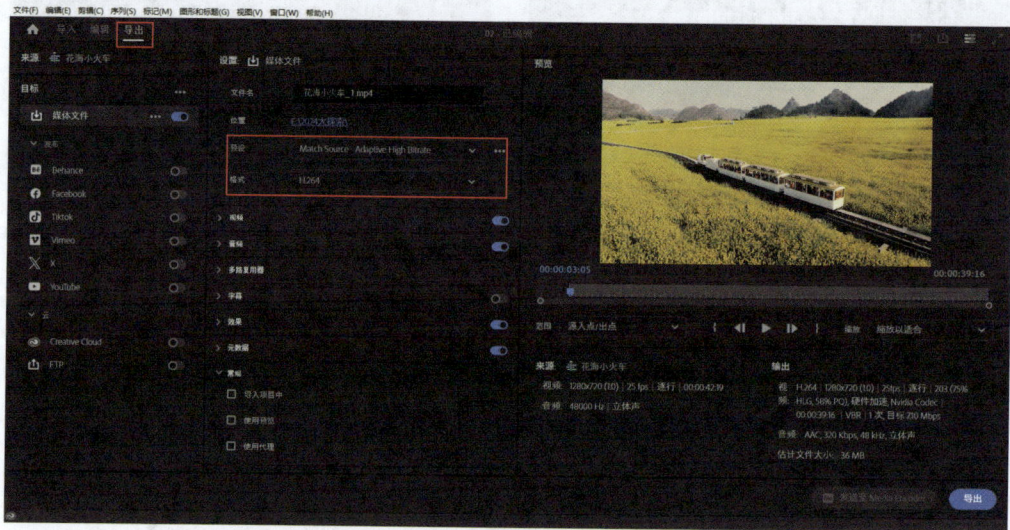

图1-54

1.2 Pr时间线面板：从时间线面板开始，聊一聊非线性剪辑

我们今天之所以会说"剪视频"，是因为在很久以前，电影和电视剧都是以胶片、录像带之类的形式存储的，那个时候想要改变影片的播放次序和时间长短，需要拿剪刀或专门的仪器，一刀一刀地把它们剪出来再拼到一起。时代的进步、计算机的诞生，使我们能够以全然不同的方式编辑视频和音频，可以借助诸如Pr等软件，自由地组织、安排片段素材在整个时间序列上的位置和呈现的方式，这不仅简化了整个编辑过程，还大大提高了视频表现能力的上限。我们称这样的剪辑方式为非线性剪辑。

▌时间线面板的基本构成 ▌

本节将正式开始对Pr软件功能的探索，首先要学习的是非线性剪辑的核心——时间线面板。你或许已经体验过在时间线面板中对视频片段进行基本剪辑的过程了，然而时间线面板的更多功能是你尚未探索发掘的，这些就是本节的重点内容。下面你将会通过时间线面板中的序列剪辑操作，熟悉其基础功能，了解若干常见剪辑工具的使用方式，并具体领会与非线性剪辑相关的一系列编辑原则。

1.轨道缩放

在本节开始前，我们先简单回顾一下上一节的内容，重点复习在Pr中创建新项目的操作步骤。

将剪辑所需的所有素材导入项目面板，在源面板中打开并浏览它们，随后单击鼠标右键，执行"新建项目"|"序列"命令，再将它们从源面板或者项目面板中拖动到时间线面板上，生成一个视频块，如图 1-55所示，并激活对应的节目面板。

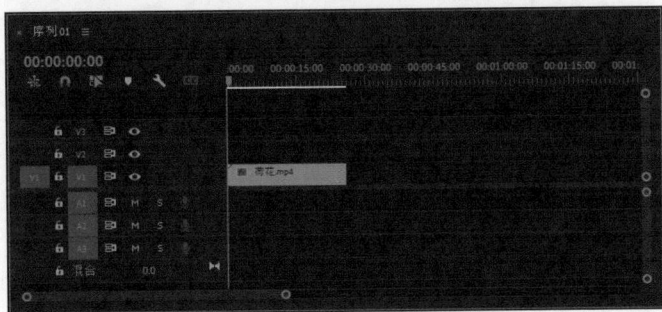

图1-55

在全面了解了四大面板的功能后不难发现，其中较为重要的是工作界面右下角的时间线面板，几乎每个面板都与之有所关联。在之前初步的实操体验之后，你可能已经意识到了，这里将会是剪辑工作的"主战场"，Pr中绝大部分片段的剪辑、视觉效果的实现都是在时间线面板中完成的。

在上一节中，我们简单了解了时间线面板的基本构成，如图 1-56所示。时间线面板的最上方是标示目前播放进度的时间标尺，而下面的轨道被分成视频轨道和音频轨道两大部分，素材被拖放进来以后，它就会以视频块或音频块的形式放置在轨道上。

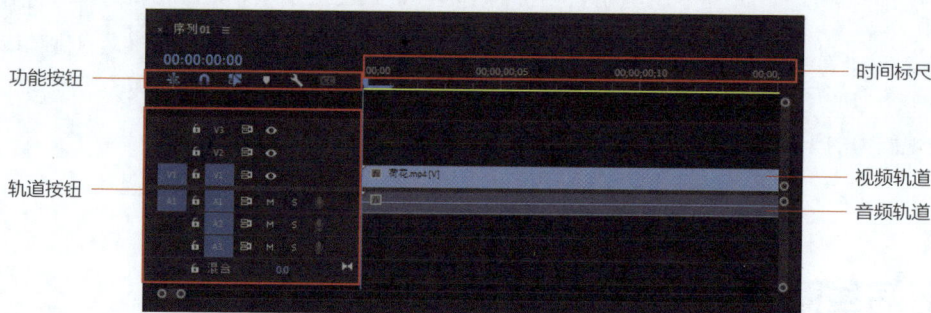

图1-56

这个"块"的大小并不是绝对固定的，它可以随着时间缩放比例而不断变化。控制时间缩放比例的关键是下面的这个两头有着小圆点的滑块，将其向外或向内拖动，滑块的长度便会发生变化，如图 1-57所示，而上面时间标尺对应的缩放比例也会发生变化。若想进行一些比较精细的编辑，则建议把其稍微放大；若想浏览视频的整体结构，则需要将其缩小一点。

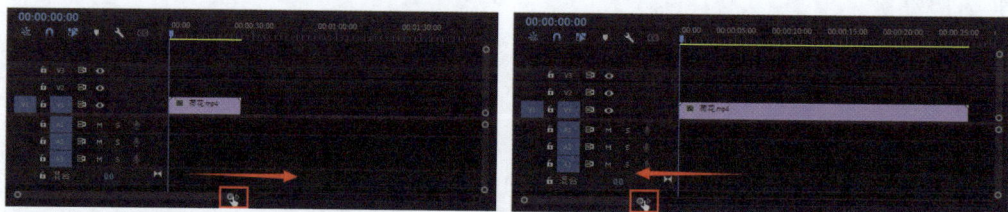

图1-57

然而在后续的学习里，这个滑块的使用频率并不高，因为还有另外一种更方便的方式可以帮助你定义时间缩放比例。将鼠标指针放到时间标尺上，按住Alt键滚动鼠标滚轮，一样可以缩放，往下滚动可以缩小比例，往上滚动可以放大比例。

如果你细心留意，就会发现视频轨道和音频轨道的右侧也存在一个类似的滑块结构，可以将其上下拖动。尤其是当轨道比较多的时候，可能有一部分会被隐藏在上面，而拖动两端的圆点，反映在视觉上就是每个轨道看上去变得更高或更矮了，如图 1-58所示。这个滑块在有很多个不同轨道时，可以对编辑工作起到一定程度上的帮助作用。

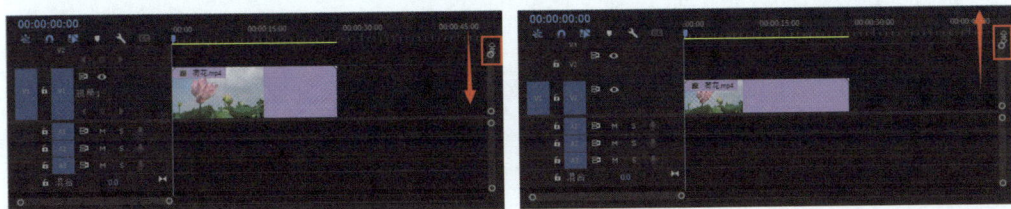

图1-58

2.功能按钮

我们以上述内容为基础，继续探索时间线面板中还没有涉及的那些比较陌生的部分。可以把它们大致分为两个板块：一个板块是时间码下方的功能按钮；另外一个板块是轨道左侧的与轨道相关的轨道按钮。

先把目光放到时间码下方的功能按钮上，它们上方的这个时间码是蓝色的，可以定义它的具体数值，从而精确地锁定到某个时间点。这些功能按钮决定了将如何在时间线面板中对音/视频素材展开编辑。如果你是一位初学者，那么只需要关注"在时间轴中对齐"按钮 和"链接选择项"按钮 即可。

"在时间轴中对齐"按钮 用于控制是否在时间线面板中开启自动对齐功能。呈蓝色时，代表它处于被激活的状态；呈灰色时，代表它处于未被激活的状态。

我们导入另外一个视频素材并将其放置在V2轨道上，如图 1-59所示，当激活了"在时间轴中对齐"按钮后会发现，将某个视频块或音频块移动到别的视频块或音频块的边缘，或者移动到播放线附近时，它会自动与另一个视频块或音频块的边缘或者播放线对齐。

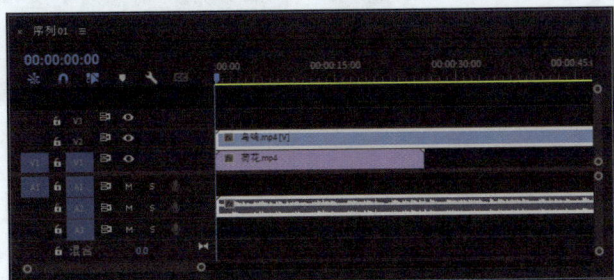

图1-59

在进行视频编辑时，可以使该按钮保持激活状态，因为在早期做一些片段衔接时，它可以帮助我们避免很多对齐的麻烦。如果要针对某一部分时间做非常细致的调整，即让素材提早或晚几毫秒进入，那么这个自动对齐功能可能还会为我们的操作造成阻碍，这个时候，就可以将该功能关闭。

在我们往时间线面板中拖入一个带有音频的视频素材时会发现，它的视频部分与音频部分总是同步的，移动其中一个，另一个也会随之移动，如图 1-60所示，这是因为激活了"链接选择项"按钮 。

在激活了该按钮的状态下，选中视频块，会自动将其附带的音频块一起选中，将素材往前或者往后移动时，会时刻保持视频和音频部分是相对同步的。当取消激活该按钮后，多轨剪辑不会受到任何影响，可以单独移动音频块或视频块，这时在音频块和视频块的前端会出现一个红色标记，提醒我们音频和视频错位了，如图 1-61所示。

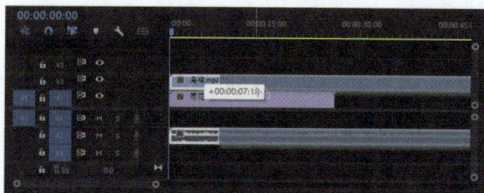

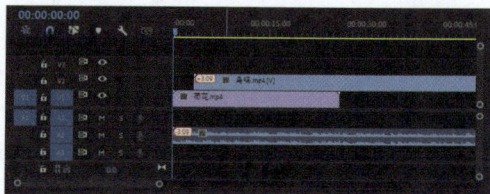

图1-60 图1-61

这是一个有利也有弊的功能按钮，虽然保持了音/视频的同步，但在做某些多轨的剪辑操作时，我们可能会更倾向于将音频和视频分开处理。如果你觉得这个红色标记碍眼，可以选中目标素材并单击鼠标右键，在弹出的菜单中选择"取消链接"命令，如图 1-62所示，将视频和音频分开，素材上面的红色标记也随之消失。此时你再怎么去移动它们都无所谓了，因为现在是两个不同的块，如图 1-63所示。

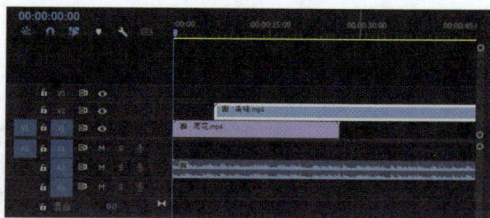

图1-62 图1-63

掌握这两个功能按钮的具体作用，可以帮你解决一系列诸如视频为什么对不齐、音/视频怎样才能不一起移动等基础问题，为之后的很多编辑操作扫清障碍，而其他几个按钮也有各自的作用，这些内容我们之后再来探索。

3. 轨道按钮

接着我们来学习视频轨道和音频轨道左边的一系列按钮，先从容易理解的部分开始。其实每条轨道都有它们各自的名字，为方便区别不同的片段被放在了哪条轨道上，它们的名字一般是按照次序去编号的，如V1、V2、V3或者A1、A2、A3等。这些编号其实是一个小按钮，它们是可以被点亮或者熄灭的。这个对当前的序列编辑工作影响不大，但决定了你往里插入一个新片段时，它的组织方式是什么样的。具体内容之后会介绍，在现阶段可以随意进行设置，或者至少保持视频轨道和音频轨道里面各有一个按钮被点亮。

在这两列按钮之间有一个"切换轨道锁定"按钮🔒，单击该按钮，当按钮变成蓝色时，代表将当前这个轨道锁定，如图 1-64所示。轨道锁定后，就不能对它上面的任何素材进行编辑了，无论是更改素材在时间线面板上的位置，还是更改素材自身的一些效果参数，同样也无法选中素材，这个在剪辑工作中属于常规操作。

图1-64

"切换轨道输出"按钮◉用于控制某个具体轨道或者图层的显示与否，显示的内容会反映在节目面板上。单击该按钮后，系统会在按钮上显示一个斜杠图标，如图 1-65所示，说明这个轨道上的素材被隐藏了，没有在节目面板中显示。

图1-65

如果将播放线往后拖动，将其拖动到V2轨道的素材上，就会发现这个轨道上的片段可以显示，如图 1-66所示。若想将V2轨道上的素材也隐藏起来，则可单击V2轨道左侧的"切换轨道输出"按钮◉。

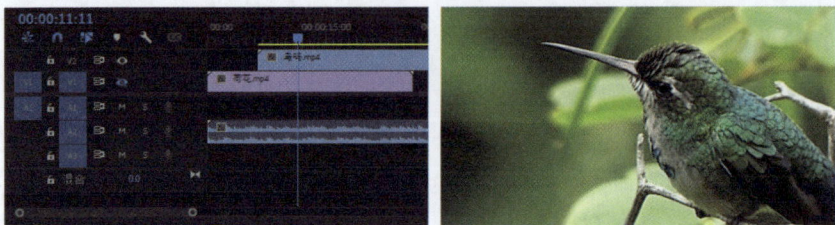

图1-66

对视频轨道来说，如果用不到这个轨道上的素材，就可以暂时将其隐藏起来。对于音频轨道也是一样的，音频轨道的左侧有一个"静音轨道"按钮 M，单击该按钮，就可以临时将这条轨道静音。在进行视频编辑时，可以使用这个方法暂时将一些音频轨道静音，这样可以防止声音太杂而造成干扰。该按钮旁边的按钮是我们后面要探索的。

▌选择工具与波纹删除 ▌

在时间线面板左侧的工具栏中单击"选择工具"按钮 ▶，可以使用该工具移动时间线面板中的视频块与音频块。将鼠标指针放置在视频块或音频块的右侧边界上，当鼠标指针显示为 时，按住鼠标左键拖动，可以调节视频或音频的长度。

利用选择工具选中两个视频块之间的空隙并单击鼠标右键，在弹出的菜单中选择"波纹删除"命令，可以删除空隙，将前后的视频块连接在一起，如图1-67所示。

图1-67

一个轨道上所有的块或空隙会以波纹的形式连续播放。使用波纹式编辑（如"波纹删除"）对其中一个块进行编辑时，会影响与它前后相邻的其他块。

▌剃刀工具与比率拉伸工具 ▌

单击工具栏中的"剃刀工具"按钮 ◆，将鼠标指针定位在视频块或音频块上并单击，可以在定位点将块切断。切断一个块，表示得到了两个新的块并且定义了它们的出入点。

使用剃刀工具时按住Shift键，可以同时切断多个视频块，如图1-68所示。移动播放线至块的某个位置，按快捷键Ctrl+K，可以在播放线所在的位置切断块。

图1-68

单击工具栏中的"比率拉伸工具"按钮 ，可以自由地在时间线面板中调整播放速度，并让这些速度适应剪辑中的各种要求。将鼠标指针放置在视频块的末尾，按住鼠标左键向右拖动，使其与下一个视频块相连接，如图 1-69所示。此时，被拉伸的视频块的播放速度会变慢，以与下一个视频块相连接。

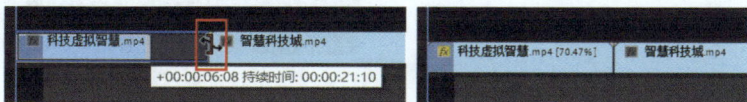

图1-69

▌实践案例：影视混剪▌

本案例介绍影视混剪的方法，首先添加视频素材；然后根据需要裁剪的素材的时长和设定的节奏进行素材的拼接；最后添加过渡效果，完成操作。

01 启动Pr软件，在项目面板中单击鼠标右键，在弹出的菜单中选择"新建项目"|"序列"命令，弹出"新建序列"对话框，参数设置如图 1-70所示，单击"确定"按钮新建序列。

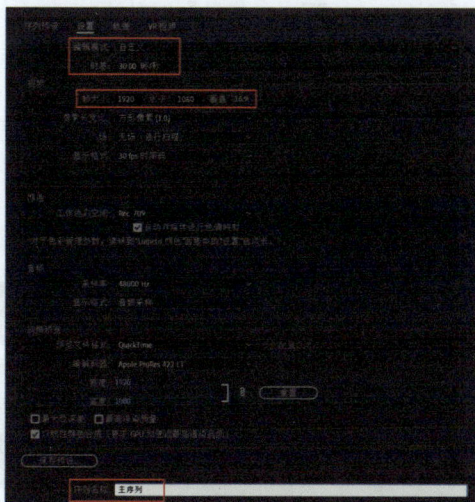

图1-70

02 选择配书资源中本案例的各素材文件，将其拖至项目面板。

03 将S02-0素材向右拖至时间线面板，播放几遍，根据需要进行裁剪，如图 1-71 所示。

04 继续播放其他视频素材，裁剪后放置在V2轨道上，如图1-72所示。

05 在效果面板中选择"交叉溶解"效果，将其添加至视频块上，如图1-73所示。

06 播放视频，得到满意的效果后导出视频。

图 1-71

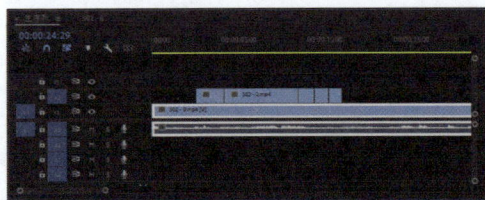

图 1-72

图 1-73

字幕添加与音量调整

　　单击工具栏中的"文字工具"按钮T，在节目面板中单击，输入需要的文字后按Enter键确认即可添加字幕，如图 1-74所示。切换到效果控件面板，展开"文本（科技改变世界）"选项，在列表中可以修改字体、字号、对齐方式、外观等参数，如图 1-75所示。

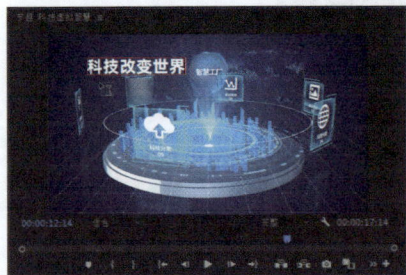

图 1-74

图 1-75

如果字幕的长度与视频画面不符合，可以利用剃刀工具进行裁切，如图 1-76所示，删除右边的文字块。选择文字块，按住Alt键进行移动复制，在节目面板中单击字幕，重新输入文字即可修改字幕，如图 1-77所示。

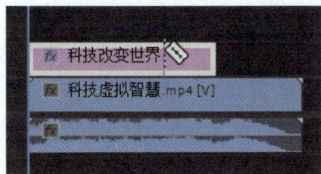

图1-76

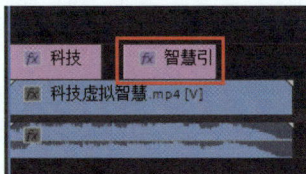

图1-77

如果视频的音量过高，可以选择音频块并单击鼠标右键，在弹出的菜单中选择"音频增益"命令，打开"音频增益"对话框。"调整增益值"参数默认值为0，如图 1-78所示。

将"调整增益值"的参数值设置为负数，这里输入-10，如图 1-79所示，可以降低音量。输入正值，可以提高音量。

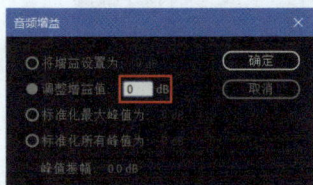

图1-78

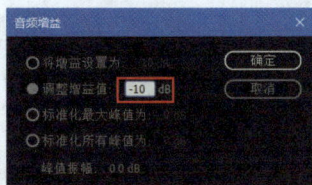

图1-79

1.3 Au软件入门：如何"看见声音"？辨识波形和电平

这一节学习与音频剪辑密切相关的一款软件——Audition（简称Au）。音频的处理在视频制作中是一个非常重要的环节，该环节通过丰富观众的听觉体验，制造一些属于耳朵的小惊喜，让视频有更多机会在更多方面给人留下深刻的印象。

音频基础知识

音频的波形图是根据音频在各个不同时间点上的增益水平（采样值）绘制的，对我们了解音频的大致段落结构、声音分布有着一定的指导性意义。

波形与声音的大小有关。在图1-80中，左侧波形较矮，代表该区域声音较小；右侧波形较高，代表该区域声音比较大。波形的最高点称为"波峰"，最低点称为"波谷"。

音频仪表用来描述音频的增益水平，如图 1-81所示，按住鼠标左键拖动可以自由调整音频仪表的位置。其右侧的数字表示分贝值，单位是dB，0dB表示"不会使声音发生过载失真"的最大值，下方所有比它小的值都是"相对值"。

在做音频处理时，大部分的音频分贝值最好在-30dB以上，以保证其清晰可辨。比较舒适的区间是-15dB~0dB。确保音频峰值不超过0dB，这样在播放时就能被正常听到。

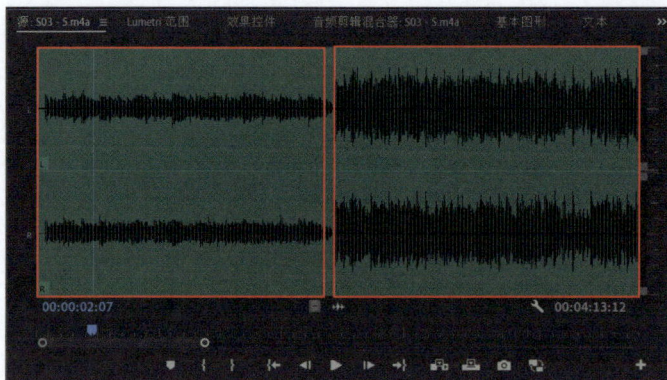 

图1-80   图1-81

Au 界面与基本操作

启动Au软件，进入工作界面。单击界面左上角的"查看多轨编辑器"按钮 ▦ 多轨，打开"新建多轨会话"对话框，如图 1-82所示。设置会话名称与文件夹位置，单击"确定"按钮即可创建一个会话。

会话是Au中用于组织音频编辑的工程文件，其作用与Pr中的"项目"是完全一致的。

导入音频素材，在编辑器面板中显示，如图1-83所示。编辑器面板的功能与Pr中时间线面板的功能几乎相同，可以查看/编辑音频。

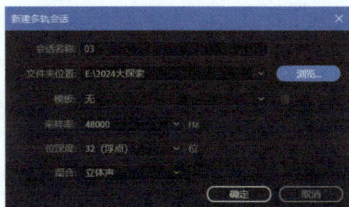

图1-82

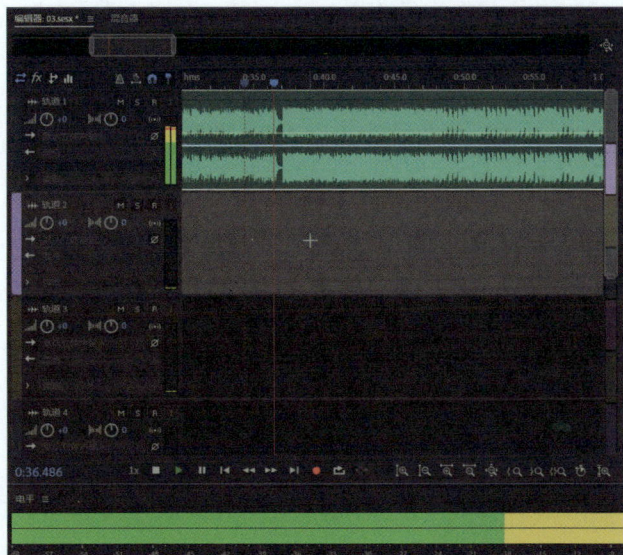

图1-83

在Pr中的时间线面板上单击鼠标右键，在弹出的菜单中选择"在Adobe Audition中编辑剪辑"命令，可以将Pr中的音频文件导入Au中进行编辑。编辑完成后，按快捷键Ctrl+S保存修改，返回Pr播放修改后的音频。

需要注意的是，在Au中编辑的并不是原来的音频文件，而是一个基于我们所选中的文件"渲染并替换"之后的新的音频文件。它通常出现在项目文件夹里，要注意保存以便随时调用。

在编辑器面板中单击波形图左侧的按钮，可以编辑音频，如图 1-84所示。

单击 ▉ 按钮，音频被静音。

单击 ▊ 按钮，除了选中的音频之外，其他音频都被静音。

单击 ▊ 按钮，进入录音模式，开始录制输入的各种声音。

单击 ▊⏱ 按钮，调节音频的增益值，即控制音频的音量高低，最大限度值是15dB。

单击 ▊⏱ 按钮，按住鼠标左键向左拖动，调节左声道的音量值 ▊⏱ L72；向右拖动，调节右声道的音量值 ▊⏱ R3.6。

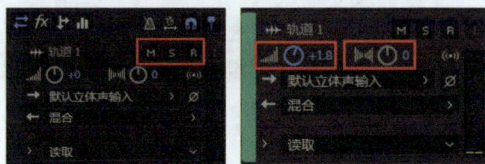

图1-84

多轨音频编辑

在轨道上按住音频右上角的 ◤ 按钮并向左拖动，可为音频添加淡出效果，如图 1-85 所示。向下拖动，可降低音频在淡出时的音量，如图 1-86 所示。按住音频左上角的 ◤ 按钮并向右拖动，可为音频添加淡入效果。

在拖动鼠标时按住按键，可以更加快捷地设置淡入、淡出效果。

按住Alt键拖动鼠标，可以同时为淡入和淡出效果赋予相同的曲线。

按住Shift键拖动鼠标，只会改变时长（横轴）和线性（纵轴）中的一项数值，即只更改时长或音量。

按住Ctrl键拖动鼠标，切换为S形曲线，可以添加更加柔和的淡入、淡出效果。

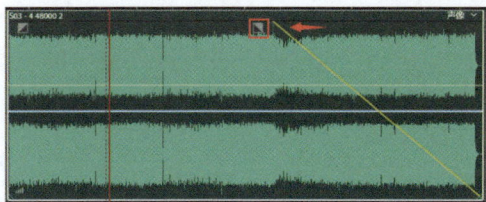
图1-85

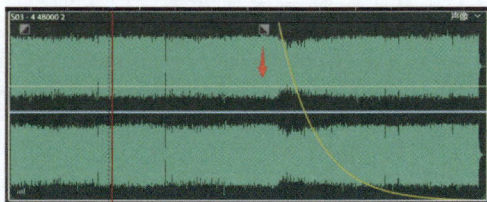
图1-86

按住音频右上角的白色三角形按钮 ◣ 并向左拖动，可压缩音频的长度，即缩短音频的播放时长，如图 1-87 所示。在左侧的属性面板中展开"伸缩"列表，将"模式"设为"实时"，修改"伸缩"值，如图 1-88 所示，也可以调整音频的播放时长。

单击"重设伸缩属性"按钮 ↻，重置为默认值。需要注意的是，过分调节伸缩比例，会影响音频的播放效果，控制在20%之内的比例伸缩最佳。

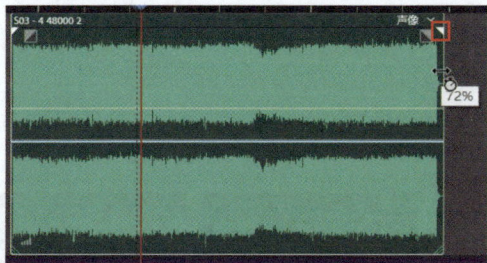
图1-87

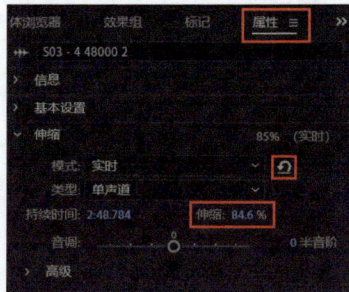
图1-88

▌实践案例：音频剪接 ▌

音频剪接是指根据实际使用需要，将音频"自然"地调整到合适的长度。该操作常用于辅助视频内容进行时长调节。

01 启动Au软件，按快捷键Ctrl+O，打开配书资源的对应文件夹中的"S03-示例音乐.m4a"项目文件。

02 播放几遍音频，找到需要截取的音频片段。在音轨上移动播放线，指定截取点，接着使用剃刀工具单击，如图 1-89所示，从该点裁切音频。

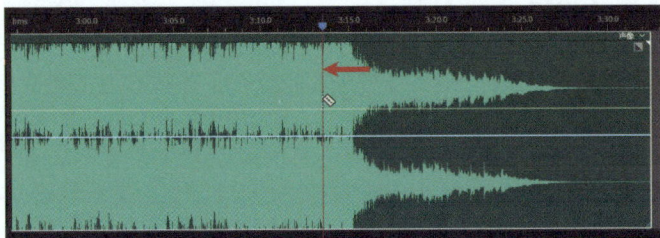

图 1-89

03 将裁切得到的音频移动至下一个音轨，如图 1-90所示。

04 重复上述操作，继续播放音频，寻找音频的副歌部分，对其进行裁切，如图 1-91所示。

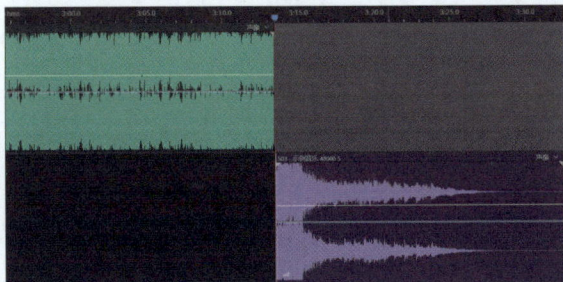

图 1-90

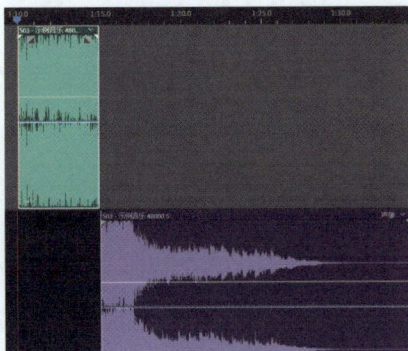

图 1-91

05 将下方的音频向上移动，如图 1-92所示。

06 为了使两段音频衔接自然，将右侧的音频向左移动，此时显示黄色曲线，如图 1-93所示，表示自动为两段音频添加淡入、淡出效果。

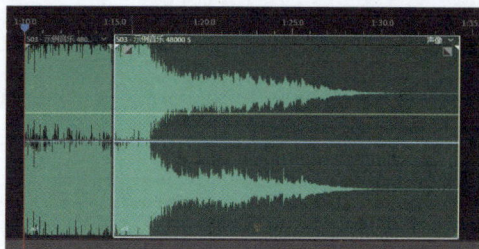

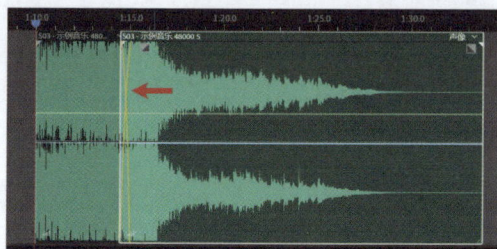

图 1-92　　　　　　　　　　　　　　　　　　　　图 1-93

07 经过反复调整,最终使音频过渡自然。在此期间,需要多次试听与裁剪,才能得到满意的效果。编辑结束后,执行"文件"|"导出"|"多轨混音"|"整个会话"命令,打开"导出多轨混音"对话框,设置文件名称与存储路径,单击"确定"按钮导出即可。

1.4 Pr视频效果:给视频加"特技"!熟悉内置的百万效果库

　　这一节来学习Pr的效果库。利用Pr提供的种类繁多的视频过渡效果与视频效果,可以为视频添加特技效果。视频的剪辑、编辑不仅仅是素材的拼接组合,还包括对视频视觉效果的修饰与加工。如何让视频变得丰富、有趣,是本节所要学习的知识点。

▎效果库与过渡效果 ▎

　　执行"窗口"|"工作区"|"效果"命令,打开效果面板,如图 1-94所示。展开任意一个文件夹,其中显示了各种类型的效果,如图 1-95所示。

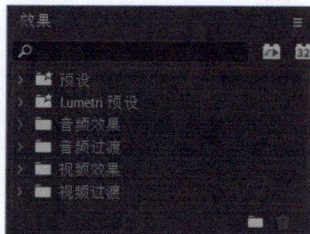

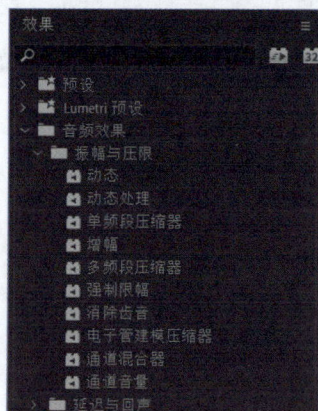

图 1-94　　　　　　　　　图 1-95

过渡效果通常有两种添加方式，一种是添加在两个视频块（或者其他素材块）的中间，另一种是添加在一个块的入点或出点处。

在"溶解"列表中选择"交叉溶解"效果，将其拖动至两个视频块的连接处，即可添加过渡效果，如图1-96所示。添加完后，在播放视频的时候，前一个视频的画面渐渐淡出，后一个视频的画面逐渐显示。

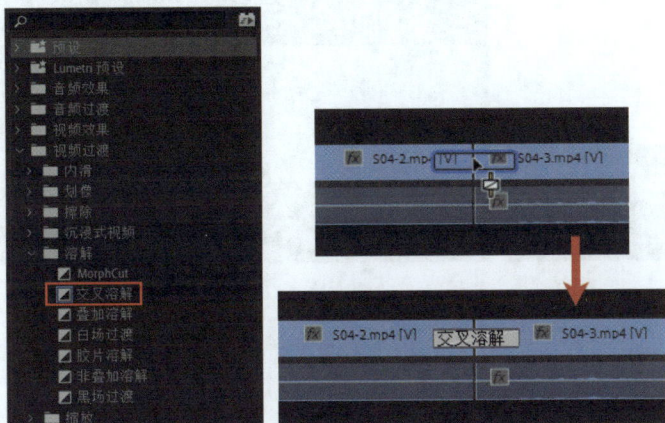

图1-96

将"交叉溶解"效果拖动至视频块的出点处，为其添加淡出效果。播放视频查看效果，在视频的末尾，视频画面与黑色背景逐渐融合，如图1-97所示，直至画面完全显示为黑色。

图1-97

过渡效果解析

Pr中的过渡效果有很多，对于不熟悉的效果，可以通过阅读介绍文字来了解。以"圆划像"效果为例，选中效果块，左上角的效果控件面板中显示与之对应的介绍文字，如图1-98所示。

单击介绍文字左侧的播放按钮▶，可以播放效果。在该面板中，通过修改参数或者在下拉列表中选择选项，可以更加精确地定义效果的显示方式。

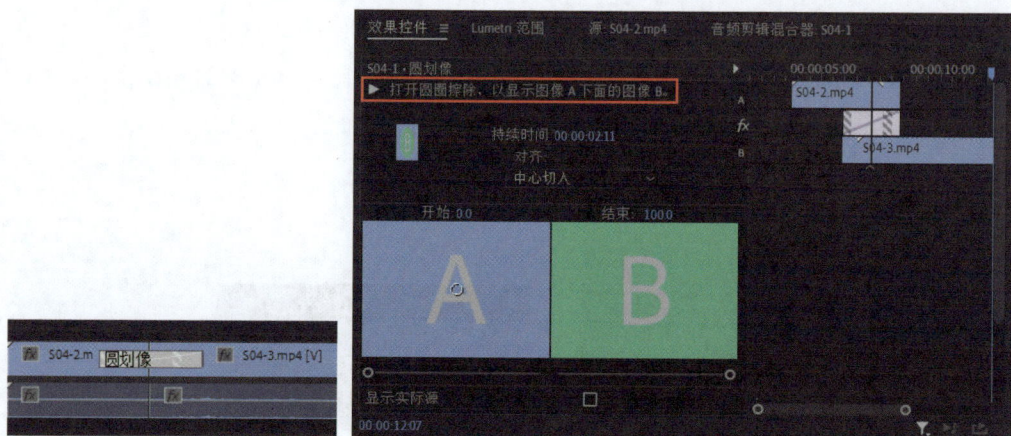

图1-98

视频效果与参数调节

在效果面板中展开"风格化"列表，显示系统自带的多种效果。选择其中一种，如"马赛克"，如图 1-99所示，将其拖动至视频块上，可以为其添加马赛克效果，如图 1-100所示。

图1-99

图1-100

切换至效果控件面板，展开"马赛克"列表，激活"水平块""垂直块"参数，重定义块的大小，按Enter键确认，此时马赛克效果如图 1-101所示。单击 fx 按钮，可以关闭马赛克效果。

同样地，为视频块添加其他类型的视频效果后，都可以在效果控件面板中重定义参数，调整最终的显示方式。

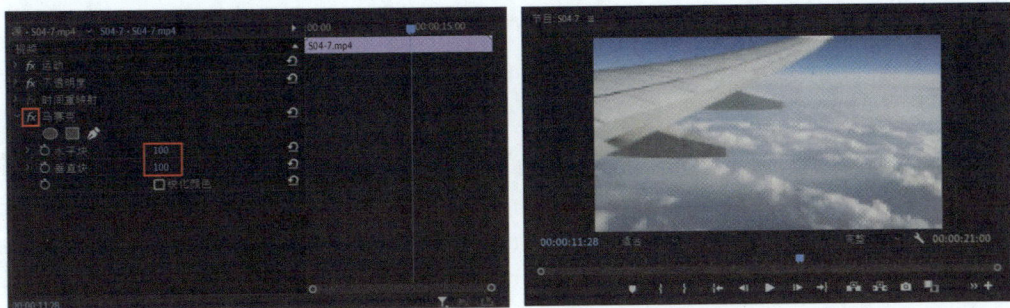

图1-101

▎视频效果运用 ▎

在效果面板中选择"镜头光晕"效果，将其拖动至视频块上，添加效果。在搜索框中输入"黑白"，按Enter键，列表中会显示与"黑白"有关的效果，选择"黑白"效果，如图 1-102所示，将其添加到视频块上。

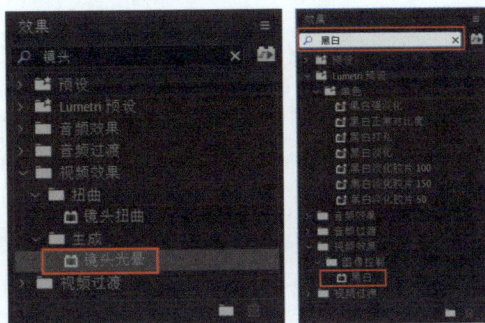

图1-102

切换至效果控件面板，其中显示了已经添加的视频效果，如图 1-103所示。

添加"镜头光晕""黑白"效果的视频画面如图 1-104所示。先添加的视频效果在效果控件面板中排在前面，后添加的效果排在后面。可以通过拖动的方式改变排序，如图 1-105所示，以改变视频的效果。

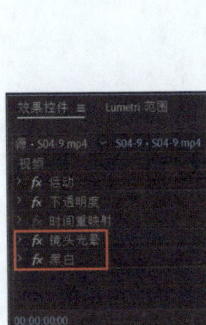

图1-103

图1-104

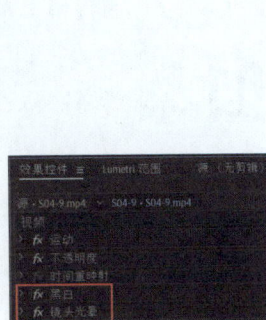

图1-105

将"黑白"效果向上拖动，使其位于"镜头光晕"效果上方，此时只会将视频画面转为黑白，不会影响镜头光晕的颜色，如图1-106所示。

图1-106

选择视频块，单击鼠标右键，在弹出的菜单中选择"删除属性"命令，打开"删除属性"对话框，如图1-107所示。勾选要删除的属性，单击"确定"按钮即可。

在效果控件面板中选择视频效果，按Delete键也可以将其删除。选择视频效果，按快捷键Ctrl+C复制，选择另一个视频块，按快捷键Ctrl+V可以粘贴视频效果。

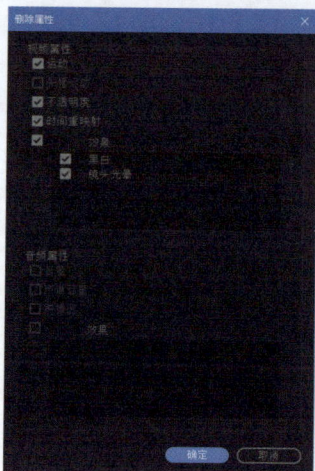

图1-107

▌实践案例：复古特效 ▌

本案例通过为视频添加各种效果，营造老式电视机的画面质感。将所有的视频效果保存为预设，可以随时调用，不用重复设置参数。

01 启动Pr软件，按快捷键Ctrl+O，打开配书资源的对应文件夹中的"S04-3.mp4"项目文件。

02 在效果面板中选择"浮雕"效果，将其添加至视频块上。在效果控件面板中修改其参数，如图1-108所示。

03 按Enter键应用参数，画面效果如图1-109所示。

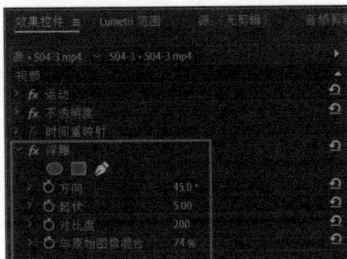

图 1-108

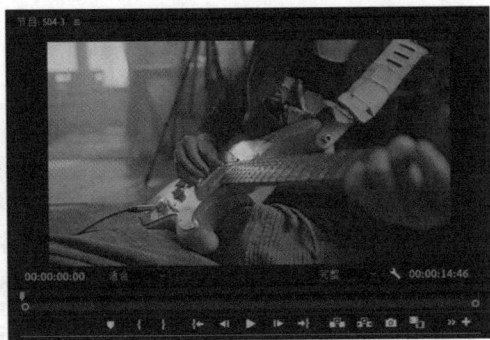

图 1-109

04 添加"杂色"效果,设置"杂色数量"为20%,如图 1-110所示。

05 添加"色彩"效果,单击各颜色色块,在"拾色器"对话框中修改颜色,同时将"着色量"设置为20%,如图 1-111所示。

图 1-110

图 1-111

06 添加"方向模糊"效果,修改"方向"为90°、"模糊长度"为3,如图 1-112所示。

07 添加"波形变形"效果,修改"波形类型"为"正方形",继续修改其他参数,如图 1-113所示。

图 1-112

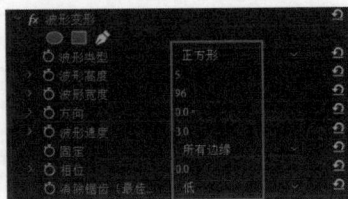

图 1-113

08 添加"VR数字故障"效果,展开"扭曲"列表,修改"扭曲率"为0,如图 1-114所示。

09 按快捷键Ctrl+O,打开配书资源的对应文件夹中的"S04-电视框架.png"项目文件,将其拖动至视频块上方,同时调节长度,使其与视频块等长,如图 1-115所示。

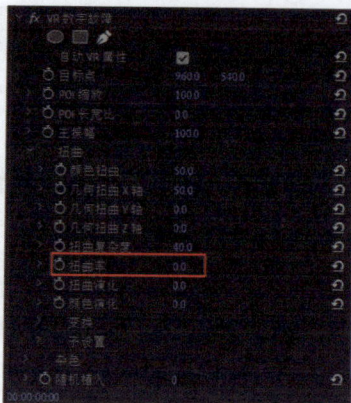
图 1-114

图 1-115

10 播放视频,查看最终效果,如图 1-116所示。

11 选择所有视频效果,单击鼠标右键,在弹出的菜单中选择"保存预设"命令,弹出"保存预设"对话框,设置名称,如图 1-117所示,单击"确定"按钮存储预设。

图 1-116

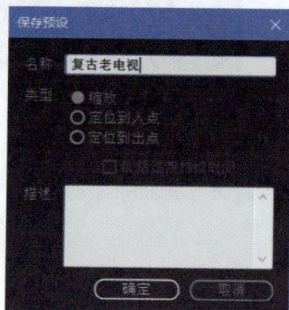
图 1-117

1.5 Pr关键帧:从一个"点"到另一个"点",理解关键帧逻辑

这一节主要介绍Pr中的关键帧,讲解利用关键帧生成动画的方法。在系统地了解Pr自带的效果库以及运用效果的方法之后,可进一步学习如何在效果库的基础上制作酷炫的剪辑。关键帧作为重要的媒介,拥有让效果真正"动"起来的魔力。

关键帧原理及操作基础

视频由若干个连续的帧构成，可从这些帧里抽出部分较为"关键"的帧，定义视频（或其他素材）在某个特定时间点上的"状态"，如位置、大小等。Pr会推动视频在这些不同的状态间进行变化，这是关键帧的基本含义与作用。

在Pr里添加足球与草地素材，在效果控件面板中展开"运动"列表，单击"位置"左侧的◎按钮，会自动在播放线的位置添加一个关键帧，如图1-118所示。此时，关键帧所在时间点的状态会被记录。

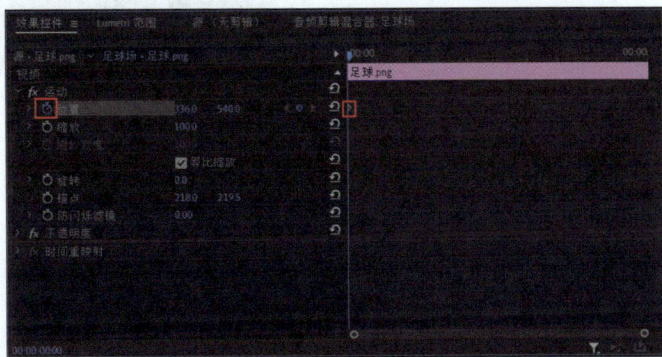

图 1-118

将播放线移至没有关键帧的地方，修改参数，Pr会自动在该时间点生成一个新的关键帧，且圆形按钮 ◀◆▶ 变为蓝色，如图1-119所示。此时播放视频，会发现草地上的足球水平往右移动。

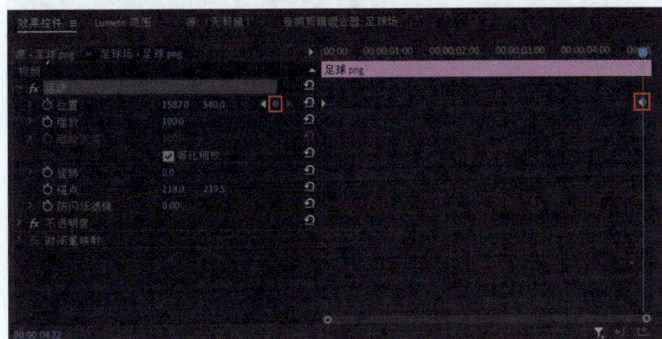

图 1-119

单击"旋转"左侧的◎按钮，在起始点创建关键帧，将播放线移动至结束点前，单击中间的圆形按钮 ◀◆▶ ，在结束点前创建关键帧。输入旋转角度360°，按Enter键，参数值显示为 1×0.0°，如图1-120所示，表示足球刚好滚过一整圈。

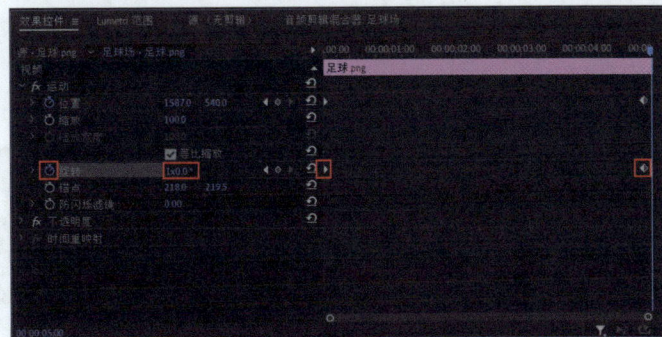

图 1-120

将播放线移动至中间的某个时间点，接着选择结束点的两个关键帧，将它们移动至播放线的位置，如图 1-121所示。这时视频的播放速度会加快，足球以更快的速度滚过草地。

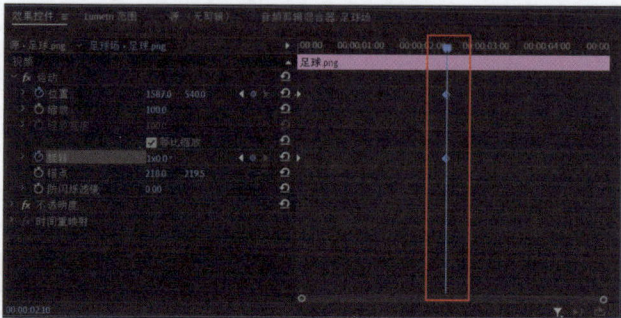

图 1-121

将播放线移动至结束点，选择起始点的两个关键帧，按快捷键Ctrl+C复制，按快捷键Ctrl+V粘贴，可以在结束点创建两个关键帧，如图 1-122所示。此时再播放视频，可以看到足球先从左侧滚到右侧，接着从右侧滚到左侧，最终返回起始点，如图 1-123所示。

图 1-122

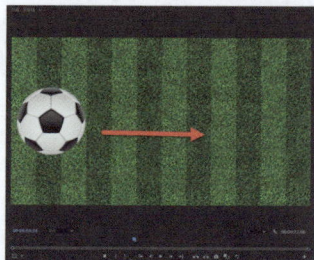
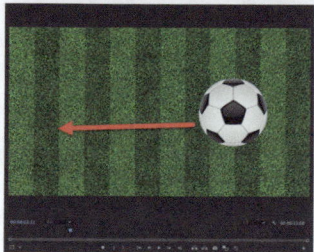

图 1-123

基本属性关键帧应用

利用运动属性的关键帧制作的轻微缩放/移动效果，可以很好地为静止的画面添加动感，丰富视频的播放效果。

单击"缩放"左侧的 ⭕ 按钮，在起始点添加一个关键帧。将播放线向右移动一定的距离，修改"缩放"为150，按Enter键，在播放线的位置创建一个关键帧，如图 1-124所示。播放视频，画面内容会随着时间的推移逐渐放大。

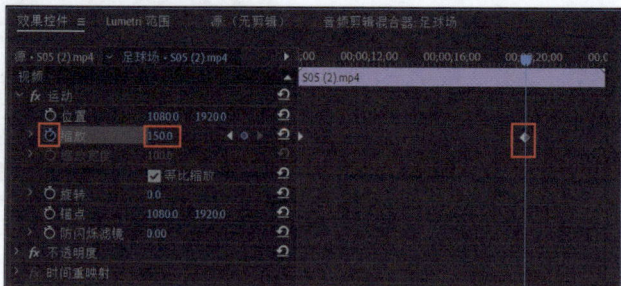

图 1-124

在节目面板中向下移动视频画面，单击"位置"左侧的 ⊙ 按钮，在播放线的位置创建关键帧，如图 1-125 所示。播放视频，画面内容会随着时间的推移向下移动，并逐渐放大。

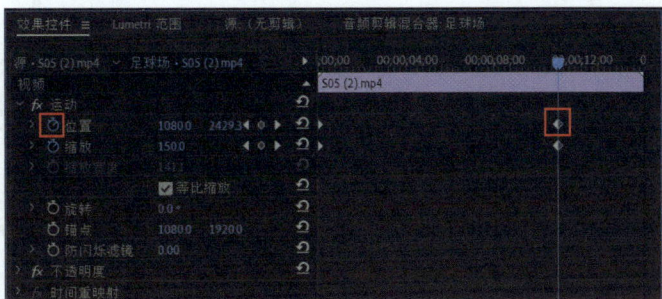

图 1-125

单击"不透明度"左侧的 ⊙ 按钮，在起始点添加关键帧，向右移动播放线，修改"不透明度"参数，再创建一个关键帧。重复操作，在不同的位置创建关键帧，并为其设置不同的不透明度，如图 1-126 所示。播放视频，画面内容在不同的不透明度下交替显示，如图 1-127 所示。

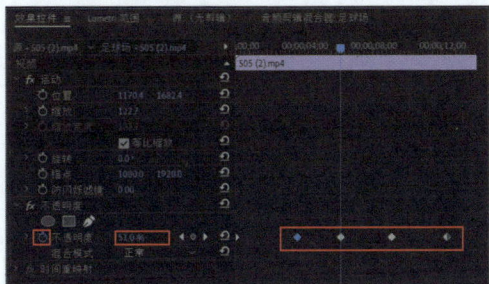

图 1-126

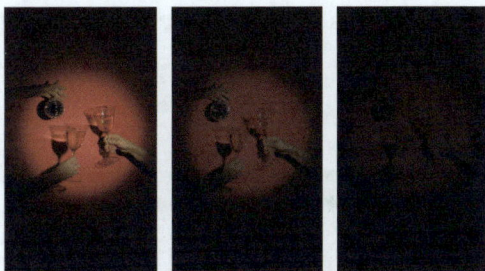

图 1-127

效果参数关键帧应用

在视频素材中输入文字，接着为文字添加"Alpha 发光"效果。"Alpha 发光"是针对视频的 Alpha 通道（透明度）进行发光处理的效果，适合制作文字发光。

首先为"发光"参数设置一个固定值，如 30。单击"亮度"左侧的 ⊙ 按钮，在起始点创建关键帧，将"亮度"设置为 0。向右移动播放线，修改"亮度"为 255，按 Enter 键；继续向右移动播放线，修改"亮度"为 0，按 Enter 键，如图 1-128 所示。播放视频，观察文字的发光效果。

选择这 3 个关键帧，按快捷键 Ctrl+C 复制；将播放线移到第三个关键帧上，按快捷键 Ctrl+V 粘贴，如图 1-129 所示。在一个位置粘贴关键帧时，如果原位置有关键帧，则新关键帧会将其取代。

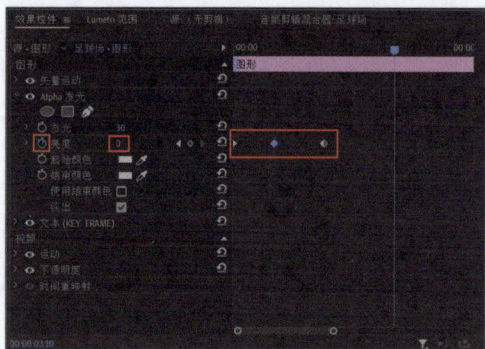

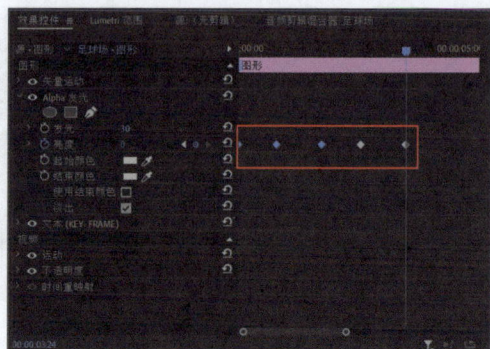

图 1-128   图 1-129

重复上述操作，复制出多个关键帧，如图 1-130所示。播放视频，文字的发光效果会从起始一直持续到结束。

将"交叉溶解"效果添加至文字块的起始点，接着添加"高斯模糊"效果。将"模糊度"设置为260，单击"模糊度"左侧的🕙按钮，在起始点创建关键帧；向右移动播放线至"交叉溶解"效果块的右侧边界线，修改"模糊度"为0，按Enter键创建关键帧，如图1-131所示。

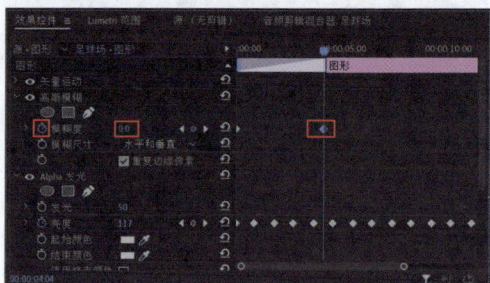

图 1-130   图 1-131

播放视频，文字从模糊逐渐转为清晰，接着循环显示发光效果，如图 1-132所示。

图 1-132

▌实践案例：瞳孔转场 ▌

在本案例中，结合眼睛与风景素材、视频效果制作一个富有动感的视频。在制作期间，通过添加关键帧，可以丰富视频效果。

01 启动 Pr 软件，新建序列，帧大小为 1920×1080，时基为30帧/秒。

02 按快捷键Ctrl+O，打开配书资源的对应文件夹中的"S05-2.mp4"项目文件。

03 在源面板中选择需要的视频片段，单击"标记出点"按钮⚑，创建一个标记，如图1-133所示；将鼠标指针放在"仅拖动视频"按钮▣上，将其拖至视频轨道。

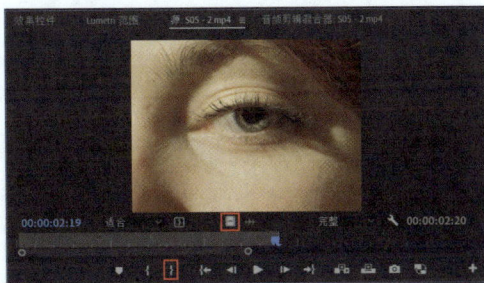

图 1-133

04 导入音频素材，将其放置在音频轨道中，如图 1-134所示。

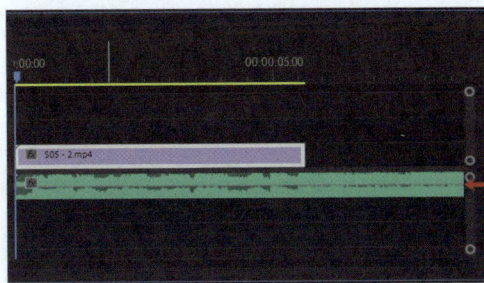

图 1-134

05 在时间线面板中选择S05-2（眼睛）视频块，在效果控件面板中单击"缩放"左侧的⚙按钮，添加两个关键帧，第一个关键帧的"缩放"值是69，第二个关键帧的"缩放"值是90，如图 1-135所示，实现画面逐渐放大的效果。

06 单击"旋转"左侧的⚙按钮，添加两个关键帧，第一个关键帧的"旋转"值是-8°，第二个关键帧的"旋转"值是8°，如图1-136所示，使画面在播放过程中产生旋转的效果。

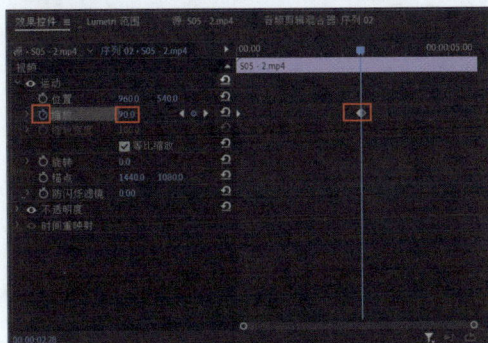

图 1-135

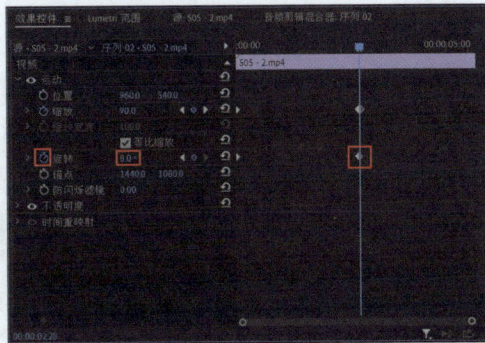

图 1-136

07 导入"S05-4.mp4"素材，在时间线面板中调整其位置，如图 1-137所示。

08 选择S05-2（眼睛）视频块，添加"缩放""旋转"关键帧，参数保持默认值，如图 1-138所示。

图 1-137

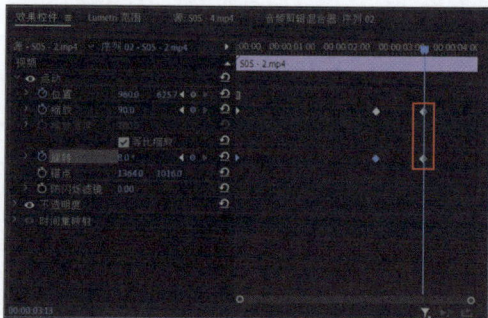

图 1-138

09 单击"锚点"左侧的 ⏱ 按钮，添加两个关键帧，设置参数，将锚点移动至眼球的中心，如图 1-139所示。

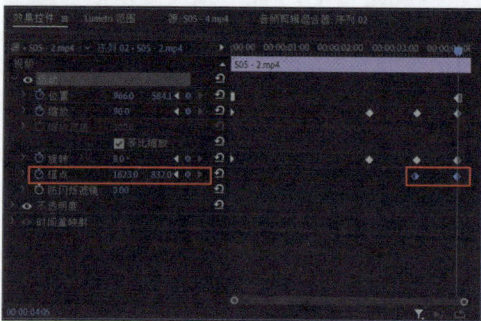

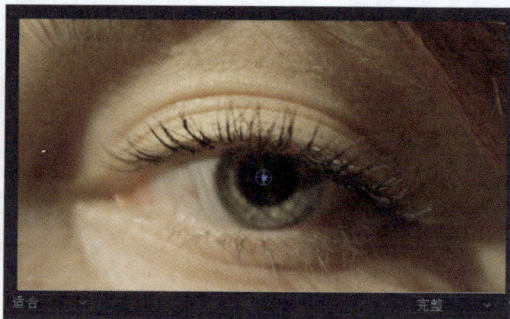

图 1-139

10 修改"缩放"值，以中心为原点放大眼睛，使瞳孔充满屏幕，如图 1-140所示。

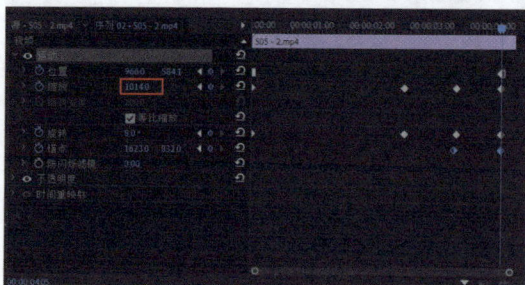

图 1-140

11 选择S05-2（眼睛）视频块，添加"不透明度"关键帧，第一个关键帧的不透明度为100%，第二个关键帧的不透明度为10%，如图 1-141所示，实现画面由清晰逐渐转为透明的效果。

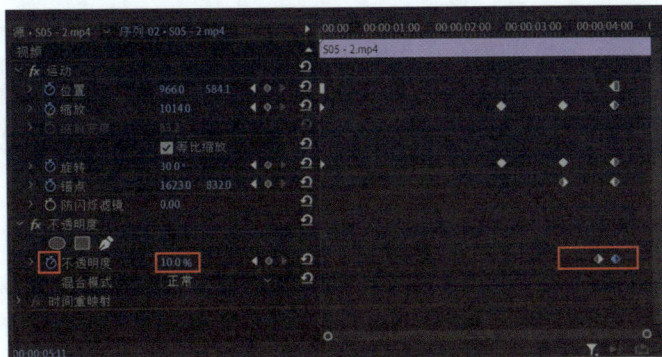

图 1-141

12 选择S05-4（风景）视频块，为其添加"高斯模糊"效果，添加两个"模糊度"关键帧，第一个关键帧的模糊度为120，如图 1-142所示，第二个关键帧的模糊度是0，实现画面由模糊转为清晰的效果。

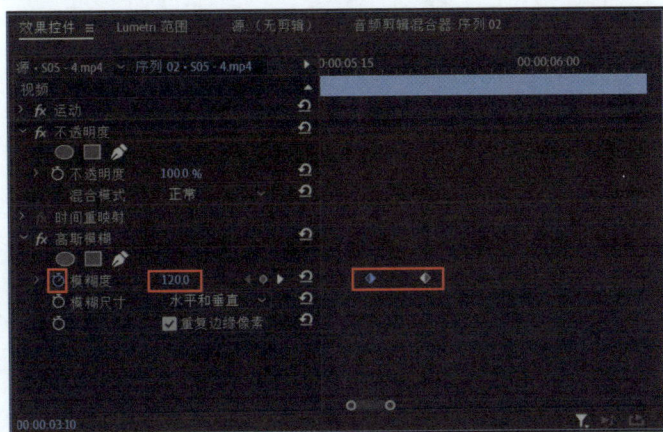

图 1-142

13 选择S05-4（风景）视频块，为其添加ProcAmp效果。添加3个"亮度"关键帧，第一个关键帧的"亮度"值为-30，如图 1-143所示，第二个关键帧的"亮度"值为20，第三个关键帧的"亮度"值为0，实现画面由暗转亮再恢复为原本亮度的变化效果。

14 添加文字，播放视频画面如图 1-144所示。

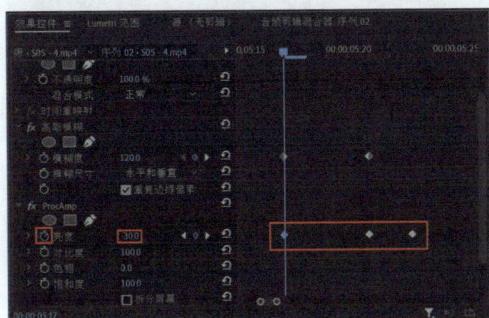

图 1-143

图 1-144

1.6 Au自动化：左右声道的秘密！体验3D环绕立体声

这一节学习与音频编辑有关的内容——自动化，让剪辑的音量和声像随着需要自动地变化。下面学习如何使用Au的自动化功能让我们在剪辑里更为灵活地调节不同部分的音量，实现音量的灵活变化。

▌自动化原理与音量自动化 ▌

自动化（Automation）的概念源自上世纪的音乐工业，使用大型调音台时对"推子"（控制音量或混音效果的调节滑块）的调整。当时并没有这么直观的软件操作界面为混音师混音提供便利，混音师只能通过硬件程序设置，让其"自发移动"，从而实现音量、声像等参数随着时间发生改变。

将人物音频素材与背景音频素材导入Au，选择下方的背景音频，通过单击的方式在黄色的包络线上创建4个点，如图1-145所示。

选择内侧的两个点，向下移动，包络线形成一个凹槽，如图1-146所示。包络线上的点等同于进行效果操作时的关键帧，起到的作用同样是记录某个时间点的特殊状态。在此处，它记录的是每个时间点的音量增益水平。

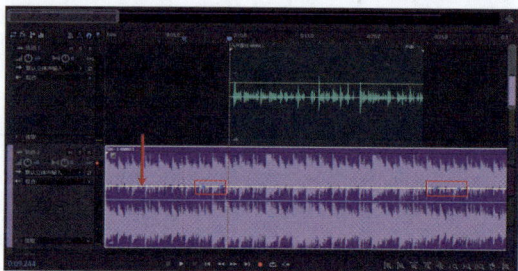

图1-145

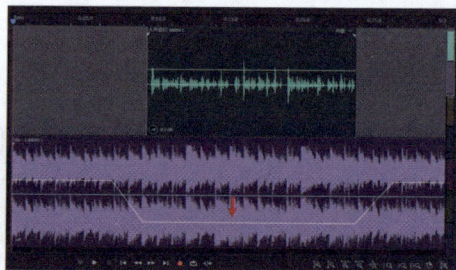

图1-146

选择上方的人物音频，拖动其左下角的音频增益按钮，提高音量，如图1-147所示。播放音频，会发现当背景音频播放到与人物音频重合处时音量自动降低，凸显人物音频的播放效果。当人物音频播放完成后，背景音频逐渐恢复为原始音量。

选择包络线上的点，单击鼠标右键，在弹出的菜单中选择相应的命令来编辑点，如图
1-148所示。

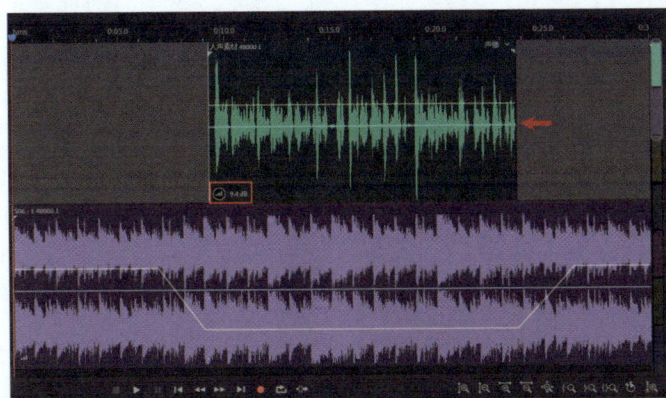

图 1-147

图 1-148

在Pr中，在时间线面板
中选择音频块，按住Ctrl键
在其中的速度线上创建点，
即关键帧。通过向上或向下
调整点的位置，如图 1-149
所示，使音频音量在播放的
过程中逐渐升高或降低。

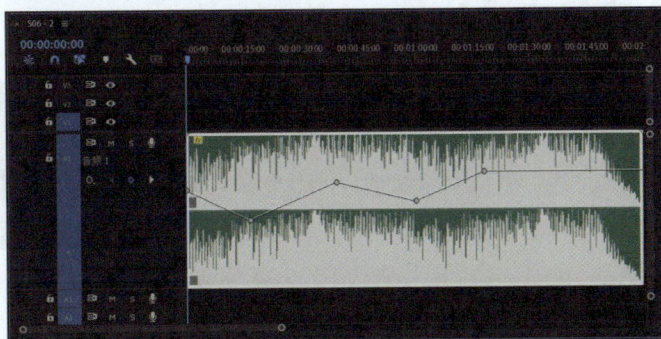

图 1-149

▌声道基本概念▐

声道是指声音在录制或播放时在不同空间位置采集或回放的相互独立的音频信号，所以
声道数也就是声音录制时的音源数量或回放时相应的扬声器数量。

声道系统的作用是在听者的周围搭建起一个相对平衡的"声场"，以获取更好的听觉体
验。一些常见的声道配置都具有多声道，如2.0是立体声（双声道）、5.1是立体环绕声（常见
于电影）等。

在Au中，双击音频文件进入编辑模式，右侧显示双声道的名称。L表示左声道，R表示右
声道，如图 1-150所示。单击鼠标右键，在弹出的菜单中选择"变换采样类型"命令，在打
开的对话框中展开"预设"下拉列表，选择"变换为单声道（平均）"选项，如图 1-151所
示，单击"确定"按钮，可以合并两个声道为单声道。

同理，选择单声道，在"预设"下拉列表中选择"44.1kHz，立体声，16位（自适应噪声整形）"选项，可以将单声道拆分为两个声道。

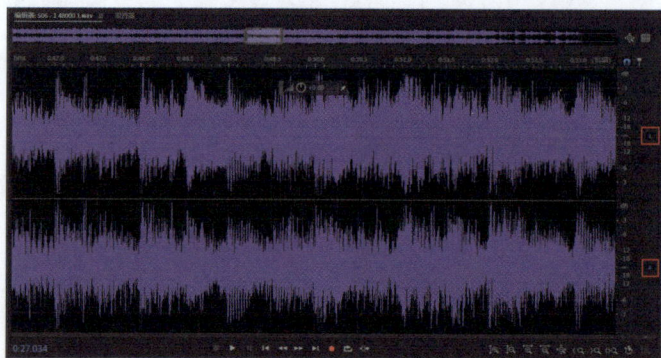

图 1-150

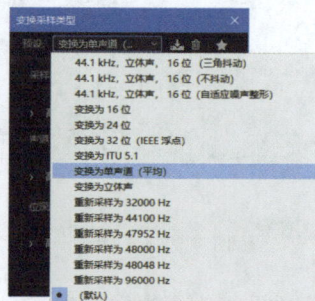

图 1-151

▎**声像自动化** ▎

声像代表音频在左、右声道之间的倾斜度，用L（左声道）和R（右声道）来表示，如图 1-152所示。参数的最大值为100，如R100表示将声音完全倾向于右声道，此时左声道处于静音状态。

图 1-152

在声像线上创建点（关键帧）。向下拖动关键帧，可以将声像偏移至右声道；向上拖动关键帧，可以将声像偏移至左声道。当将右声道的关键帧移动到100的位置时，如图 1-153所示，播放音频，可以清晰地听到敲门的声音在右侧。

需要注意的是，调整轨道声像不受音频本身是单声道还是双声道的影响，也不必把单声道音频转换为双声道。

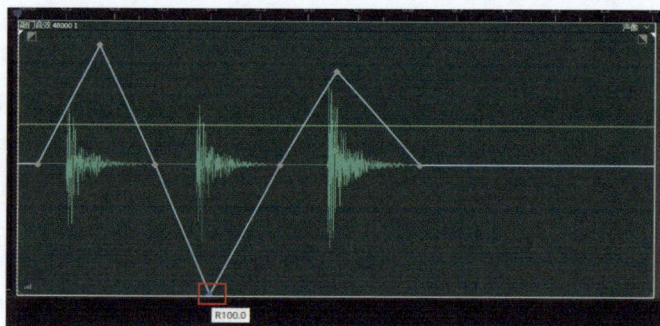

图 1-153

▋实践案例：3D环绕立体声 ▋

本案例学习制作3D环绕立体声的方法。通过在声像线（浅蓝色）与包络线（黄色）上创建关键帧，然后调整关键帧的位置来实现声音环绕的效果。

01 启动Au软件，按快捷键Ctrl+O，打开配书资源的对应文件夹中的"S06.mp4"项目文件。

02 将音频文件播放几遍，选取要编辑的片段，利用剃刀工具裁剪音频。在两段音频的连接处添加淡入、淡出效果，同时在起始点与结束点也添加淡入、淡出效果，如图 1-154 所示。

03 选择两段音频，单击鼠标右键，在弹出的菜单中选择"合并剪辑"命令，合并结果如图 1-155 所示。

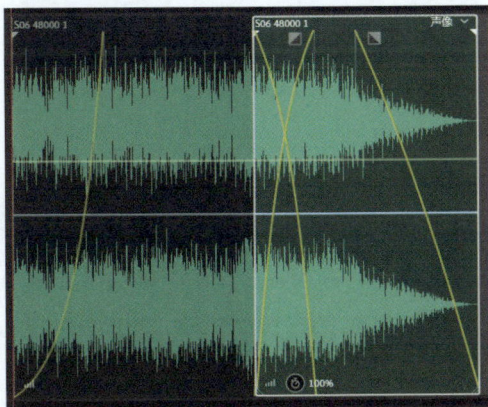
图 1-154

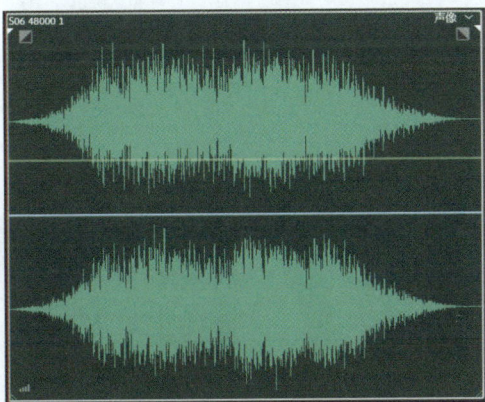
图 1-155

04 在声像线上单击创建点（关键帧），将点向下或向上移动，如图 1-156所示。

05 在声像线上单击鼠标右键，在弹出的菜单中选择"曲线"命令，将声像线转换为曲线，并调整点的位置，如图 1-157所示。

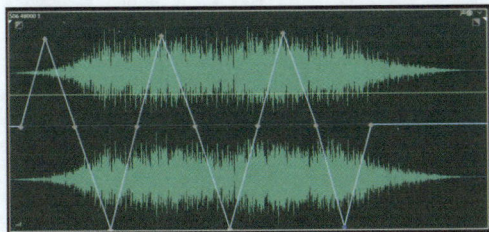
图 1-156

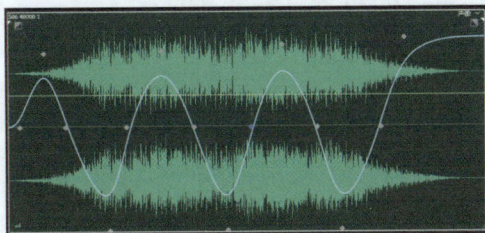
图 1-157

06 在包络线上创建点（关键帧）并向下移动，如图 1-158所示。

07 在包络线上单击鼠标右键，在弹出的菜单中选择"曲线"命令，将其转换为曲线，并调整点的位置，如图 1-159所示。这样可以使音乐在移到远端的时候，产生轻微的音量衰减，营造出声音逐渐远去的感觉，使得声音环绕的过程更加自然。

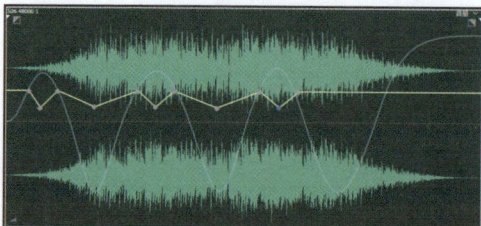

图 1-158

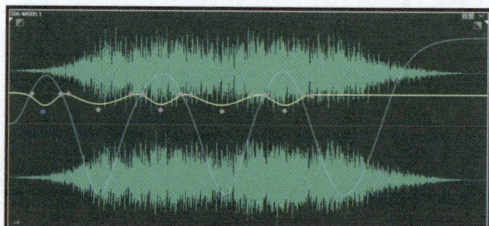

图 1-159

1.7 Au音频效果：音频也能"加特技"？让声音更有"磁性"

在剪辑过程中，为了让音乐、音效或人声变得更好听，可以为其添加Au软件中的音频效果。这一节将学习利用Au软件为音频添加效果，并基于效果进行音频修饰，如降噪、变声等，体验给音频"加特技"的感觉。

▌音频效果基本操作▌

启动Au软件，导入音频素材。在工作界面左侧的效果组面板中，单击1右侧的三角形按钮▶，在弹出的下拉菜单中选择其中一类效果，如"特殊效果"，在其子菜单中选择"吉他套件"选项，如图 1-160所示。

在弹出的"组合效果-吉他套件"对话框的"预设"下拉列表中选择效果，如"超市扬声器"，如图 1-161所示。此时，对话框中的参数随之更新，显示对应预设效果的设置参数。直接单击右上角的"关闭"按钮❌退出，结束操作。

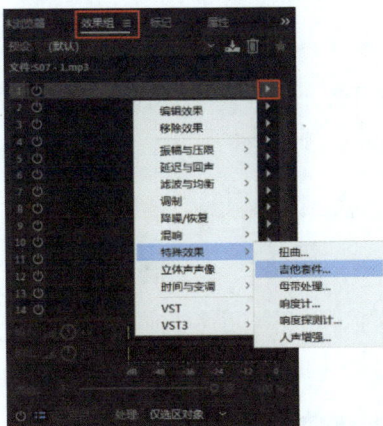

图 1-160

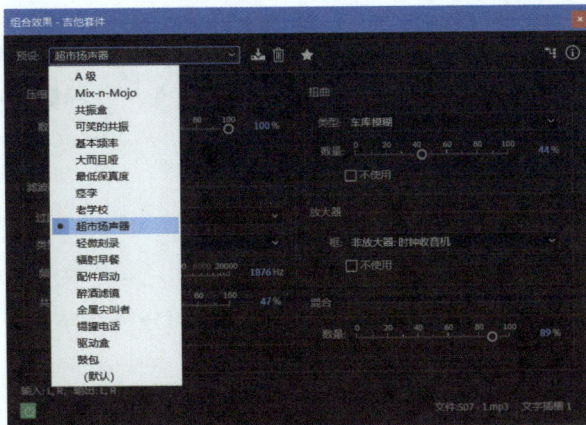

图 1-161

当添加多个效果后，可以在列表中调整效果的位置，单击"应用"按钮，如图 1-162 所示。效果在音频中的应用顺序与在列表的排序相同，即先应用列表最上方的效果。

效果组面板下方的历史记录面板中显示了已添加的效果，如图 1-163所示。按快捷键 Ctrl+Z可以撤销操作，删除已经添加的效果。

单击左下角的"应用"按钮 应用 ，可以将效果应用至音频。如果不单击"应用"按钮，在多轨编辑器中播放音频时，仍然以原声播放。

在多轨编辑器的效果组面板中有两个按钮，分别是 剪辑效果 和 音轨效果 ，如图 1-164所示，单击按钮进行切换，可以分别为剪辑与音轨添加效果。

图 1-162

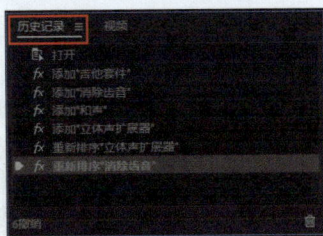

图 1-163

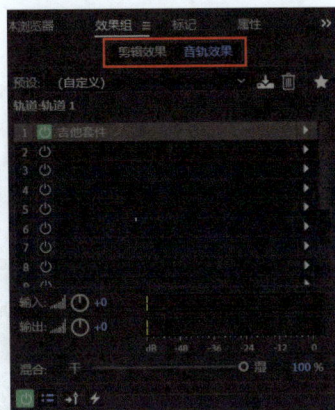

图 1-164

效果应用：人声降噪与修复

在效果组面板中单击1右侧的三角形按钮▶，在打开的下拉菜单中选择"降噪/恢复"|"降噪"选项，如图1-165所示，弹出"组合效果-降噪"对话框。

在"预设"下拉列表中选择"强降噪"选项，在"处理焦点"与"数量"部分更新与之对应的参数设置，如图1-166所示。默认单击"着重于全部频率"按钮▬，即对整个音频进行降噪处理。假如能从频谱图分辨出噪声的分布状况，可以单击后面的4个按钮▬∿∿∿⊓，系统会在指定的位置执行降噪操作，使降噪效果更好。

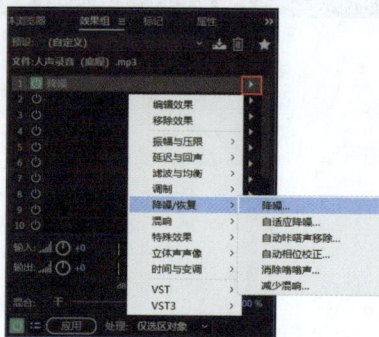

图 1-165

图 1-166

在效果组面板中单击2右侧的三角形按钮▶，在打开的下拉菜单中选择"降噪/恢复"|"减少混响"选项，如图1-167所示，弹出"组合效果-减少混响"对话框。

在"预设"下拉列表中选择"强混响减低"选项，通过单击左下角的"切换开关状态"按钮▣，如图1-168所示，可以在播放音频时来回切换效果，即减低混响前的效果与混响后的效果。

在为声音添加"降噪"与"减少混响"效果的同时，部分声音也会被删除。如果音频的杂音不是特别严重，就没有必要将"数量"值设置得过大，以免影响声音的正常播放。

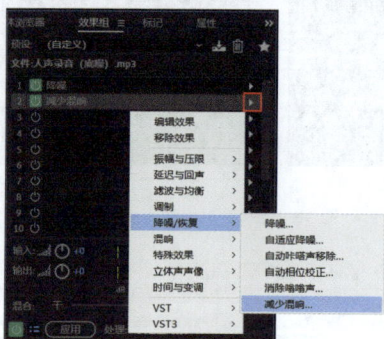

图 1-167

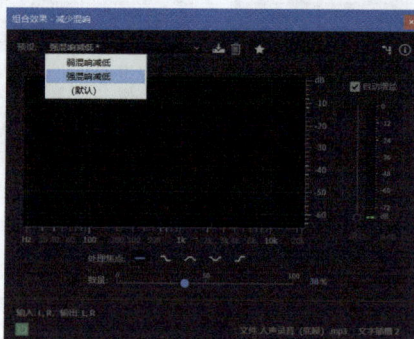

图 1-168

效果应用：人声和音乐的优化

在效果组面板中单击1右侧的三角形按钮▶，在打开的下拉菜单中选择"滤波与均衡"|"参数均衡器"选项，如图1-169所示，弹出"组合效果-参数均衡器"对话框。

在"预设"下拉列表中选择选项，如"说唱音乐"，对话框中将显示与之对应的曲线，如图1-170所示，曲线的起伏表示声音的高低。播放音频，倾听在该预设效果下音乐的优化效果。

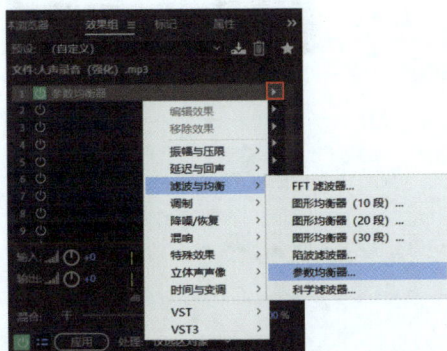

图 1-169

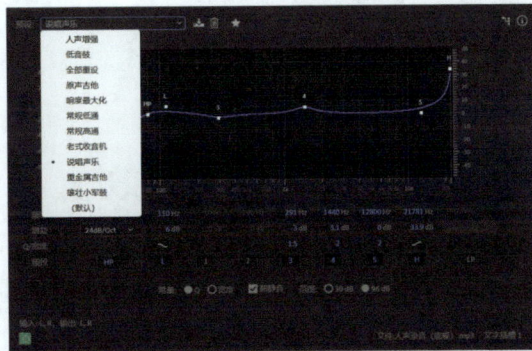

图 1-170

在效果组面板中单击2右侧的三角形按钮▶，在打开的下拉菜单中选择"混响"|"混响"选项，如图1-171所示，弹出"组合效果-混响"对话框。在"预设"下拉列表中选择"沉闷的卡拉OK酒吧"选项，如图1-172所示。单击右上角的"关闭"按钮✖完成设置。

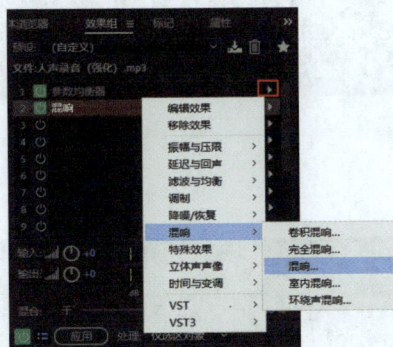

图 1-171

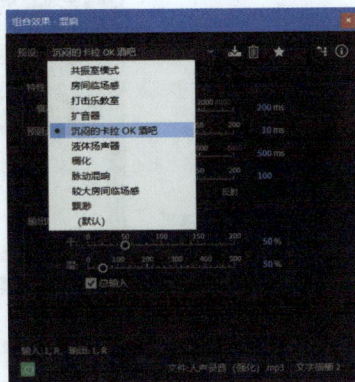

图 1-172

在效果组面板中打开"预设"下拉列表，选择其中一种效果，如"空旷幽灵回声"，如图1-173所示，即可为音频应用该效果。

设置效果参数后，单击 📥 按钮，打开"保存效果预设"对话框，如图 1-174所示，自定义预设名称，单击"确定"按钮，将效果保存在"预设"下拉列表中，方便随时调用。

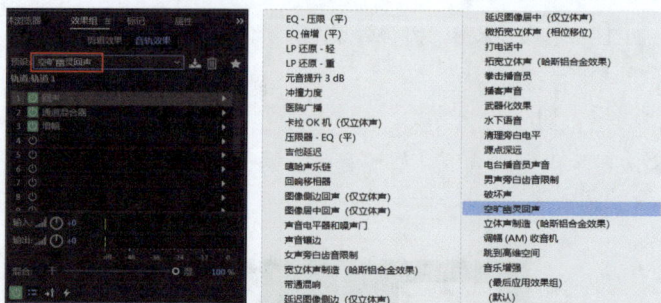

图 1-173

图 1-174

实践案例：机器人音效

在本案例中，学习为音频添加机器人音效的方法。除了导入音频素材外，在Au中也可以直接生成音频，接着添加效果，以制作出需要的音效。

01 启动Au软件，执行"效果"|"生成"|"语音"命令，打开"新建音频文件"对话框，输入文件名，如图 1-175所示，其他参数保持默认值，单击"确定"按钮。

02 在弹出的"效果–生成语音"对话框中间的文本框中输入语音内容，如图 1-176所示，单击"确定"按钮关闭对话框。

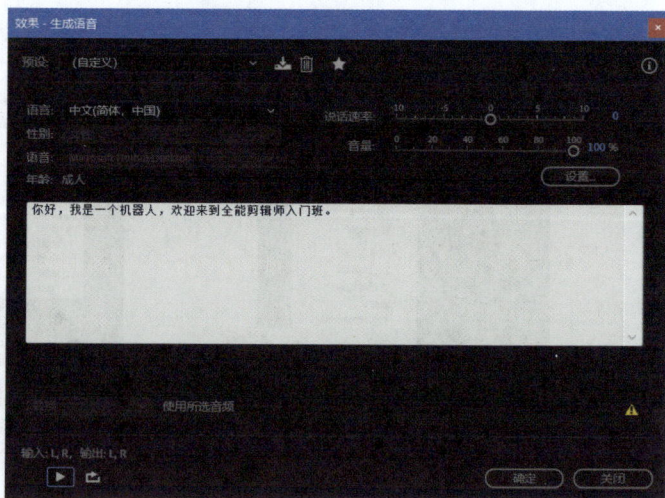

图 1-175

图 1-176

03 在效果组面板中单击1右侧的三角形按钮▶，在打开的下拉菜单中选择"混响"|"混室内响"选项，弹出"组合效果-室内混响"对话框，在"预设"下拉列表中选择"房间临场感1"选项，如图1-177所示。单击右上角的"关闭"按钮×完成设置。

04 在效果组面板中单击2右侧的三角形按钮▶，在打开的下拉菜单中选择"调制"|"镶边"选项，弹出"组合效果-镶边"对话框，在"预设"下拉列表中选择"机器人"选项，如图 1-178所示。单击右上角的"关闭"按钮×完成设置。

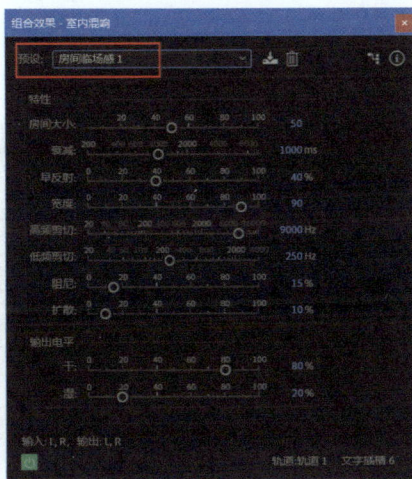

图1-177

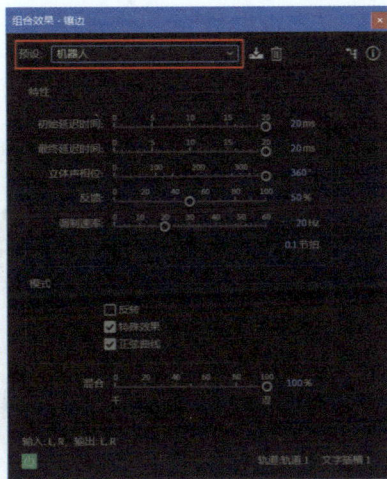

图1-178

05 在效果组面板中单击3右侧的三角形按钮▶，在打开的下拉菜单中选择"时间与变调"|"音高换档器"选项，弹出"组合效果-音高换档器"对话框，在"预设"下拉列表中选择"愤怒的沙鼠"选项，设置"半音阶"与"音分"参数，此时"愤怒的沙鼠"字样旁出现星号，表示改动未被保存为新的预设，如图1-179所示。单击右上角的"关闭"按钮×完成设置。

06 在效果组面板中单击4右侧的三角形按钮▶，在打开的下拉菜单中选择"滤波与均衡"|"FFT滤波器"选项，弹出"组合效果-FFT滤波器"对话框，在蓝色线上单击创建点，调整点的位置，控制音量的高低，如图 1-180所示。单击右上角的"关闭"按钮×完成设置。

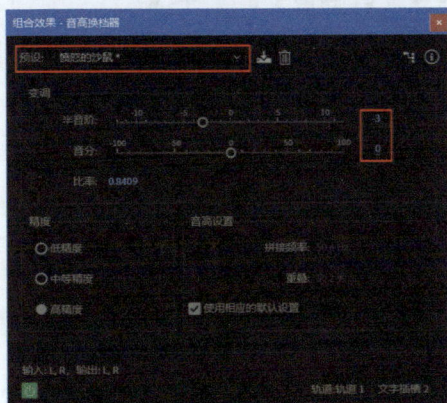

图1-179

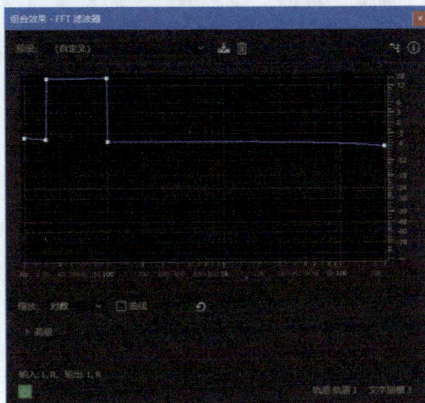

图1-180

07 在效果组面板中单击5右侧的三角形按钮 ▶，在打开的下拉菜单中选择"调制"|"和声"选项，弹出"组合效果–和声"对话框，在"预设"下拉列表中选择"波动跟唱"选项，设置"输出电平"选项组中的参数，如图1-181所示。单击右上角的"关闭"按钮 ✕ 完成设置。

08 在效果组面板中单击6右侧的三角形按钮 ▶，在打开的下拉菜单中选择"特殊效果"|"吉他套件"选项，弹出"组合效果–吉他套件"对话框，在"预设"下拉列表中选择"最低保真度"选项，设置"混合"选项组中的"数量"参数，如图1-182所示。单击右上角的"关闭"按钮 ✕ 完成设置。

执行上述操作后，可以得到一个拥有机器人音效的音频。将音频导入Pr软件，打开一个与机器人有关的视频画面，搭配在一起，就可以合成一个具备机器人音效的视频。

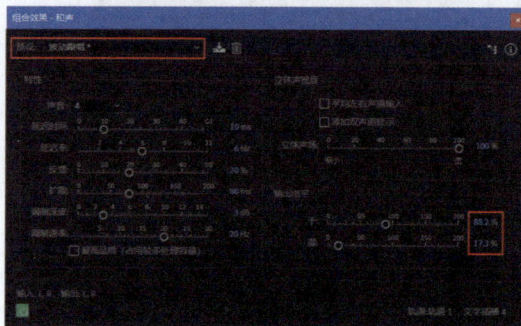

图 1-181

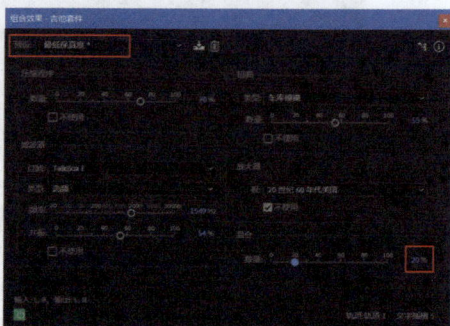

图 1-182

1.8 Ae软件入门：用Ae做动画是一种什么样的体验？

在专业的剪辑软件中，After Effects（简称Ae）常被用来进行一些复杂的动画特效制作，它能够与一些3D建模软件联动，在许多方面为我们的剪辑提供帮助。

在这一节中，我们将利用前面学习的知识，实现Ae软件的快速入门。本节介绍Ae软件的基本框架与操作逻辑，使读者具备在Ae软件中进行简单的剪辑、编辑操作的能力，同时体验Ae软件中的效果、动画组件以及可以实现的效果，并利用Ae软件中的渲染组件将其导出为视频。

Ae 软件架构与基础界面

启动Ae软件后，进入如图 1-183所示的工作界面。单击中间的"新建合成"按钮，打开"合成设置"对话框，设置"合成名称"为S08，在"预设"下拉列表中选择"自定义"选项，设置"宽度""高度"和"持续时间"的值，"背景颜色"保持默认，如图 1-184所示。单击"确定"按钮，新建一个合成。

与Pr中的序列、Au中的多轨一样，合成是Ae中承载剪辑、动画与特效制作的主体。一个项目里可以有多个合成，每个合成对应渲染出一个成片。

关于"持续时间"参数的说明。Ae里的合成是有时间范围的。通常，用户需要估算在Ae中制作的剪辑时间，然后设置一个比它稍长的合成时间，并预留一定的编辑控件。这些参数可以在导出前和剪辑的过程中被调整。

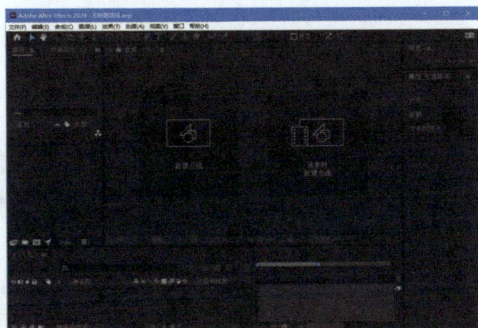

图1-183

图1-184

新建的合成显示在项目面板中。将素材拖入项目面板，以列表的形式显示素材信息。将素材向下拖入时间线面板，如图 1-185所示，这样就可以开始剪辑操作了。

需要注意的是，Ae不在时间线面板中特别设置视频轨道与音频轨道，每个被拖进来的素材都是一个独立的"图层"。用户可以对这些图层的出点、入点、持续时间、效果及动画进行设置。Ae中时间线面板的操作逻辑与Pr不同。

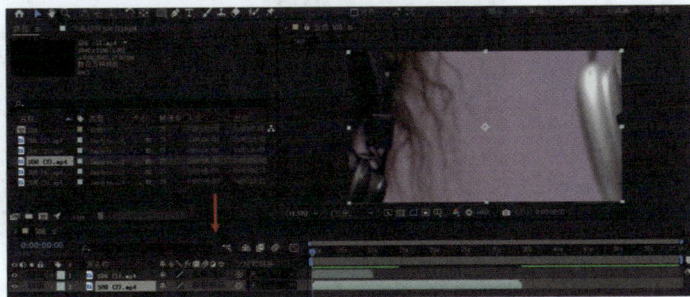

图1-185

█ 基本剪辑与过渡 █

将剪辑需要的素材拖动至时间线面板，如图 1-186所示。在Ae的图层逻辑里，每一行代表的是一个单一的图层，所以不可能同时出现两个块一前一后地衔接。但是在Pr的轨道逻辑里，一个轨道上可以无限制地叠放多个素材。

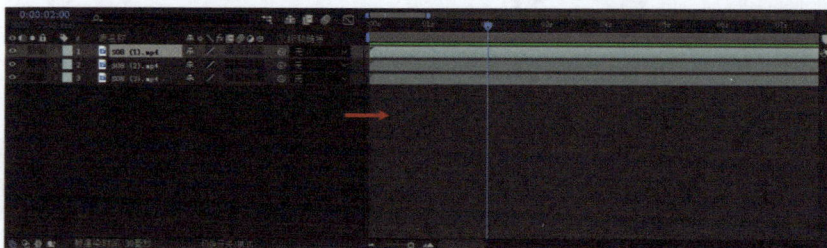

图 1-186

移动播放线，在图层上定位需要裁剪的点，按快捷键Alt+]，可以将播放线右侧的部分裁剪掉，如图 1-187所示。同理，选择第二个图层，按快捷键Alt+[，裁剪播放线左侧的部分，如图 1-188所示。重复操作，继续裁剪第三个图层，如图 1-189所示。

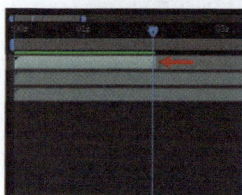
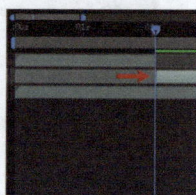

图 1-187　　　　　　　　图 1-188　　　　　　　　　　　图 1-189

为了使播放过程更加顺畅自然，可以为图层添加过渡效果。在右侧的效果和预设面板的搜索框中输入"淡"，按Enter键，与之相关的内容随之显示。

选择"在下层图层上淡出"选项，如图 1-190所示，将其拖动至时间线面板中的第一个图层，松开鼠标左键即可添加。左上角的效果控件面板中会显示效果参数。将"淡入持续时间（帧）"设置为0，如图1-191所示，因为起始画面不需要添加淡入效果。

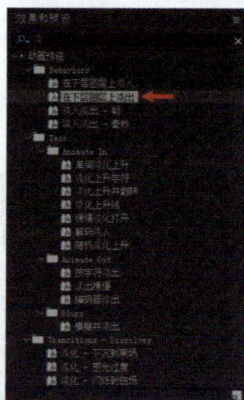
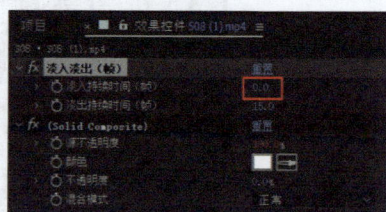

图 1-190　　　　　　　　　　　图 1-191

重复上述操作，继续为其他图层添加淡入、淡出效果。图层之间相互叠放的区域越多，如图 1-192所示，淡入、淡出效果持续的时间也就越长。

图 1-192

▍效果、关键帧及动画的应用 ▍

在右侧的效果和预设面板中，展开"过渡"列表，选择CC Scale Wipe效果，如图 1-193所示，将其添加至第一个图层的起始位置。在左上角的效果控件面板中，展开CC Scale Wipe效果，单击Centerz左侧的■按钮，添加关键帧，同时修改其旋转参数，如图 1-194所示。单击■按钮显示锚点，在右上角的合成面板中将锚点向上移动至顶部。

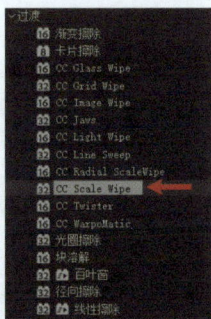

图 1-193

图 1-194

在时间线面板中，单击第一个图层左侧的箭头按钮■，在"效果"列表中查看CC Scale Wipe的参数。此时已经在起始位置创建了一个关键帧，将播放线向右移动，单击■按钮，在播放线的位置添加一个关键帧，如图 1-195所示。通过调整Center参数，使锚点向下移动至底边位置。

图 1-195

播放视频，查看动画效果，人物逐渐在画面中显现，如图 1-196所示。

图 1-196

在Ae中渲染并导出视频

将时间标尺的右侧端点向左移动至视频的结束点，在时间标尺上单击鼠标右键，在弹出的菜单中选择"将合成修剪至工作区域"命令，如图 1-197所示，视频的时长会被裁剪至与工作区域的长度相等。

Ae合成的工作区域是一个指示合成时间范围的工具，主要会影响预览时和最终导出的成片的持续时间范围。

执行"文件"|"导出"|"添加到渲染队列"命令，工作界面下方显示渲染队列面板，如图 1-198所示。单击"渲染设置"右侧的蓝色文字，打开"渲染设置"对话框。

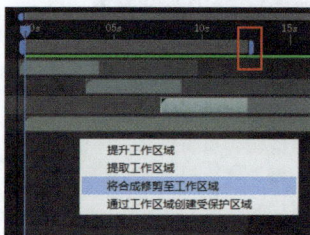

图 1-197

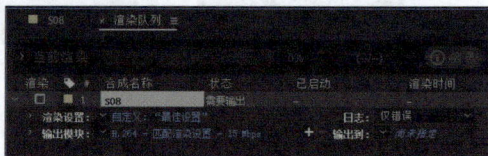

图 1-198

假如没有特殊要求，对话框内的参数保持默认值即可，如图 1-199所示，单击"确定"按钮关闭对话框。单击"输出模块"右侧的蓝色文字，打开"输出模块设置"对话框，参数设置如图 1-200所示，单击"确定"按钮关闭对话框。

单击"输出到"右侧的蓝色文字，打开"将影片输出到"对话框，设置视频名称及保存路径。

参数设置完成后，单击渲染队列面板右侧的"渲染"按钮，即可渲染并导出视频。

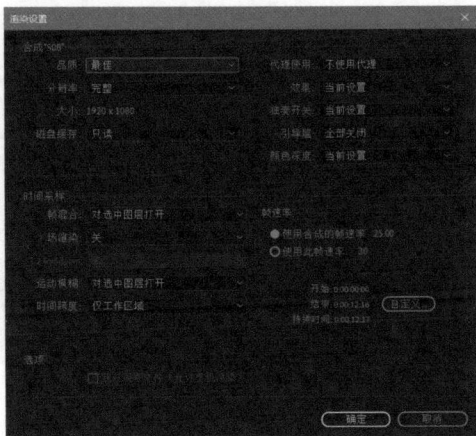

图 1-199

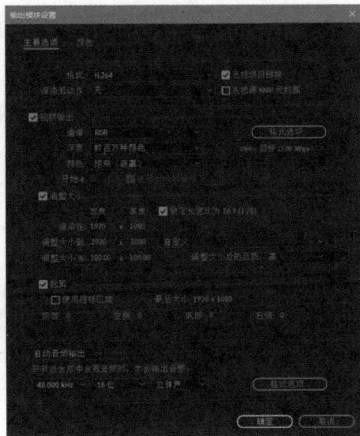

图 1-200

1.9 Ae文字和图形：如何在视频里优雅地"打字"？

这一节在Ae与Pr中探索与文字和图形有关的功能的使用技巧。在做视频的过程中，文字是传递信息、突出重点内容的一个重要工具。如果希望给视频添加富有观赏性的标题和字幕，就必须掌握与文字、图形相关的一系列知识要点。

▎文字功能基础与文字属性 ▎

启动Pr软件，单击时间线面板左侧工具栏中的"文字工具"按钮🅣，在节目面板中单击，输入文字，如图 1-201所示。也可以通过指定对角点绘制一个方框，在其中输入文字。

在左上角的效果控件面板中，展开"文本（mountain）"列表，在其中修改文字参数，包括字体、字号及对齐方式等，如图 1-202所示。

图1-201

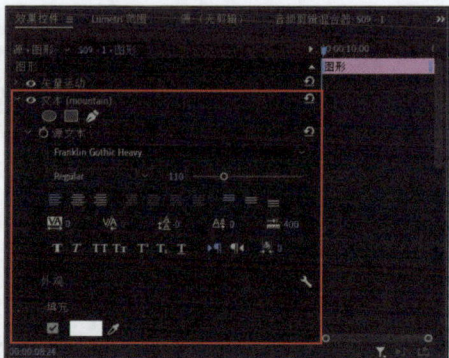

图1-202

在右侧的基本图形面板中，也可以设置文字参数，如图 1-203所示。分别设置对齐与变换样式、文本字体与字号、字符间距、填充、描边、背景以及阴影等参数。在设置参数的同时，可以在节目面板中实时预览设置效果。

启动Ae软件，单击界面上方工具栏中的"横排文字工具"按钮 T ，在合成面板中单击，输入文字，如图 1-204所示。如果单击"直排文字工具"按钮 T ，就可以输入直排文字。

图1-203

图1-204

在界面的右侧，属性：heaven面板、文本面板和段落面板分别显示文字的相关参数，如图 1-205所示。用户可以在其中修改文字字体、设置行间距与字符间距、在指定方向缩放文字，以及添加描边、修改文字填充颜色等。

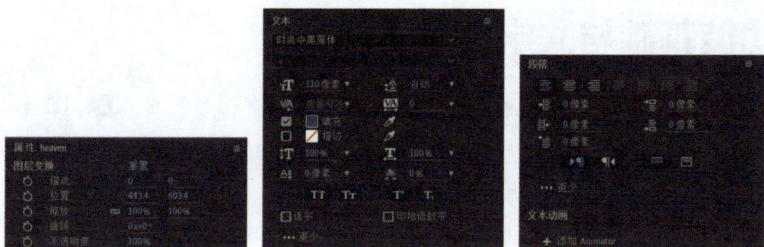

图1-205

图形基础

启动Pr软件，在工具栏中长按"矩形工具"按钮■，可以查看所有的形状工具，包括矩形工具、椭圆工具及多边形工具，如图1-206所示。

选择矩形工具，在节目面板中拖动鼠标，绘制一个矩形，将其放置在文字的下方，当作文字背景，如图1-207所示。在效果控件面板中展开"形状"列表，在其中设置矩形的外观及位置等属性。在工作界面右侧的基本图形面板中，也可以修改矩形参数，包括对齐方式、位置、旋转、不透明度、填充颜色等。

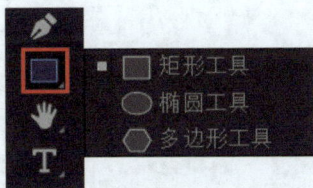

图1-206

图1-207

启动Ae软件，在工具栏中长按"矩形工具"按钮■，可以看到形状工具的类型比Pr要多，如图1-208所示。在时间线面板左侧的空白区域单击鼠标右键，在弹出的菜单中选择"新建"|"形状图层"命令，新建一个形状图层。

选择形状图层，激活椭圆工具，在合成面板中拖动鼠标绘制一个椭圆。与Pr不同的是，Ae没有提供参数面板供用户编辑形状。可在工作界面顶部的选项栏中修改椭圆的填充颜色、添加描边、自定义描边宽度，如图1-209所示。

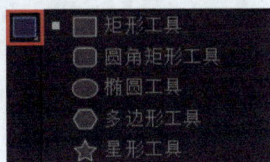

图1-208

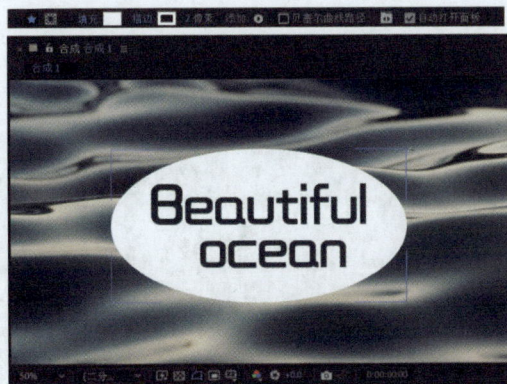

图1-209

▌文字和图形的应用 ▌

利用文字工具，可以为视频添加标题、说明文字、字幕及弹幕等。在动画片中添加弹幕，如图 1-210所示，输入文字并为其添加关键帧后，播放视频的过程中弹幕会随着画面的转换从屏幕的左侧往右侧移动。

除了利用图形为文字添加背景外，还可以利用图形遮盖画面的一部分，包括不希望出现的文字、物体等。在图 1-211所示的画面中，在其顶部与底部分别绘制黑色矩形，可以营造出电影胶片般的效果。

图 1-210

图 1-211

▌实践案例：科幻感UI登录界面 ▌

本案例将制作一个具有科幻感的UI登录界面，首先绘制文字与图形；接着添加效果，创建关键帧；最后加入音效，即可完成操作。

01 启动Ae软件，新建一个合成，按快捷键Ctrl+O，打开配书资源的对应文件夹中的"S09 –背景视频（1）.mp4"项目文件，如图 1-212所示。

02 单击界面上方工具栏中的"横排文字工具"按钮**T**，在合成面板中单击，输入文字，如图 1-213所示。

图 1-212

图 1-213

03 在工具栏中单击"椭圆工具"按钮 ⬭，在面板中绘制一个圆形，修改圆形填充的"不透明度"为0%，将圆形描边颜色和填充颜色设置为绿色，并设置合适的"描边宽度"值，结果如图1-214所示。

04 在右侧的效果和预设面板中选择"淡入淡出-帧"效果，将其添加至文字和圆形图层中。

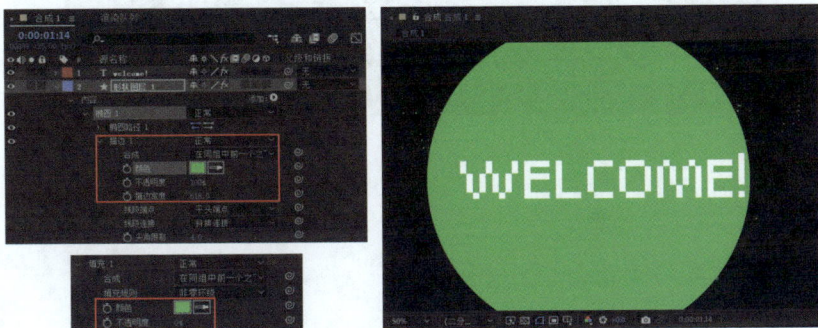

图1-214

05 将播放线向右移动，单击"描边宽度"左侧的 ⬭ 按钮，添加第一个关键帧；将播放线移动至起始点，修改"描边宽度"为0，按Enter键创建第二个关键帧，如图1-215所示。播放视频，可以看到圆形在画面中逐渐生成。

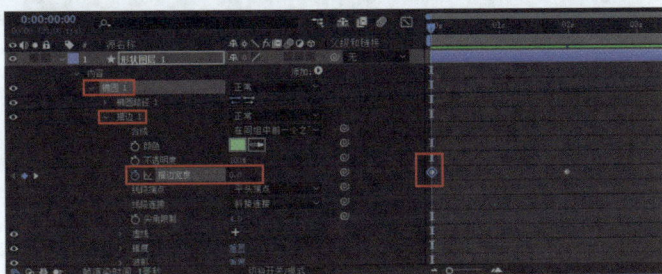

图1-215

06 添加"径向擦除"效果。将播放线向右移动至图1-215中右侧关键帧的位置，设置"过渡完成"为0%，单击"过渡完成"左侧的 ⬭ 按钮，创建第一个关键帧；将播放线移动至起始点，修改"过渡完成"为100%，按Enter键添加第二个关键帧，如图1-216所示。播放视频，可以看到圆形犹如指针转动一般逐渐显示在画面中。

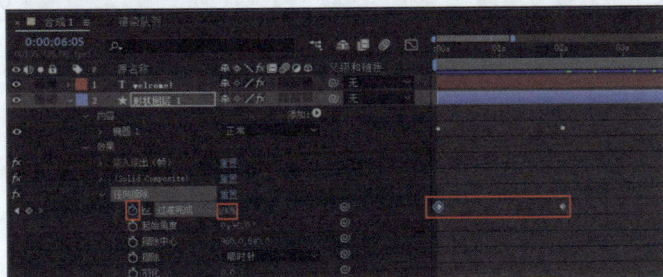

图1-216

07 向右移动播放线，单击"颜色"左侧的 ⬛ 按钮，创建第一个关键帧；继续向右移动播放线，修改圆形填充颜色为黑色，按Enter键创建第二个关键帧，如图 1-217所示。播放视频，可以看到圆形由绿色慢慢转化为黑色。

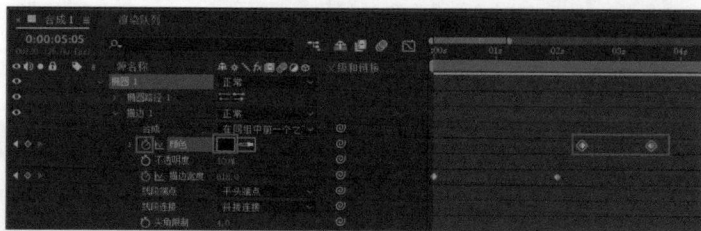

图 1-217

08 单击"不透明度"左侧的 ⬛ 按钮，创建第一个关键帧；向右移动播放线，将"不透明度"设置为50%，按Enter键创建第二个关键帧，如图 1-218所示。播放视频，可以看到圆形由绿色转换为黑色时，其透明度也在发生改变。

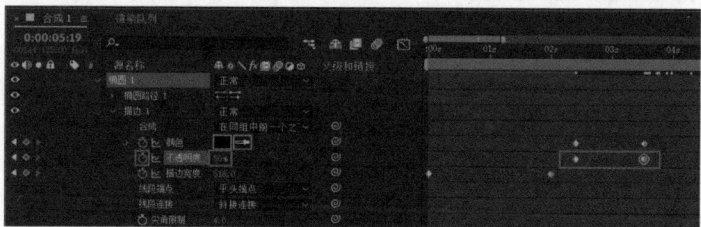

图 1-218

09 在时间线面板中展开文字图层，单击"动画"按钮，在弹出的下拉菜单中选择"字符间距"选项，添加该效果。将播放线移至起始点，单击"字符间距大小"左侧的 ⬛ 按钮，创建第一个关键帧，并调整间距值，使文字溢出屏幕；向右移动播放线，修改间距值为0，按Enter键创建第二个关键帧，如图 1-219所示。播放视频，可以看到字符由分散慢慢聚拢，最终恢复为默认的显示样式。

图 1-219

10 选择文字图层，向右移动播放线，按快捷键Alt+]，将播放线右侧的部分裁剪掉，如图 1-220所示。从裁剪点开始，WELCOME!文字将不再显示，开始进入登录界面，用户可在此输入用户名与密码。

图1-220

11 单击界面上方工具栏中的"横排文字工具"按钮▮，在合成面板中单击，输入文字。

12 在工具栏中长按"矩形工具"按钮▮，在弹出的下拉列表中单击"圆角矩形工具"按钮▮，在文字右侧拖动鼠标绘制一个圆角矩形。将填充的"不透明度"设置为100%，将描边颜色设置为白色，并设置合适的描边宽度，将"圆度"值调整为最大。

13 选择上述的文字图层与圆角矩形图层，按快捷键Ctrl+C、Ctrl+V复制、粘贴，然后向下移动复制得到的图层并修改文字。

14 在圆角矩形内输入用户名与密码，执行左对齐操作，结果如图1-221所示。

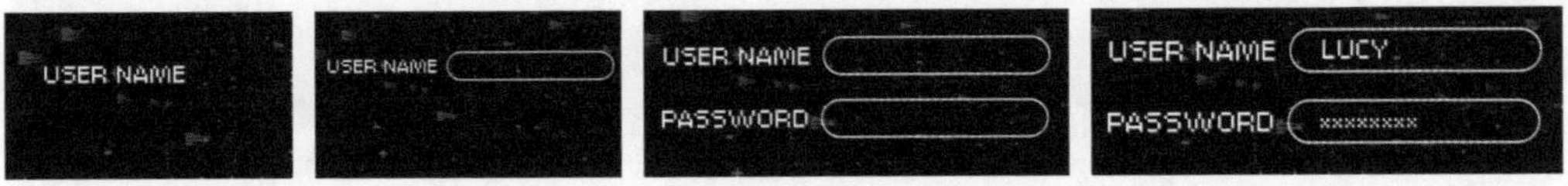

图1-221

15 导入配书资源的对应文件夹中的"S09 –音效：键盘打字.mp3"项目文件，将其添加至时间线面板。选择1~7图层，向右移动播放线，按快捷键Alt+[，将播放线左侧的部分裁剪掉。

16 选择密码文字图层，向右调整播放起始点，使得在用户名输入完成后，紧接着开始输入密码。

17 在右侧的效果和预设面板的搜索框中输入"打字机"，按Enter键显示搜索结果。将"打字机"效果添加到用户名与密码文字图层。此时播放视频，可以看到在打字机音效的衬托下，用户名与密码依次在画面中显现。

18 在播放结束点选择1~7图层，按快捷键Alt+]，将播放线右侧的部分裁剪掉，如图1-222所示。

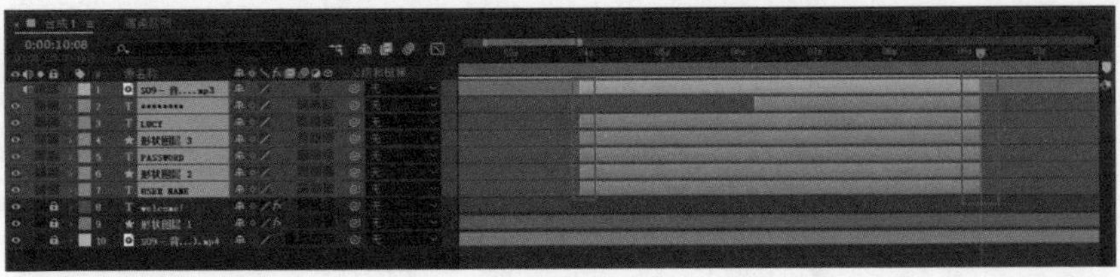

图1-222

19 向右移动播放线，单击界面上方工具栏中的"横排文字工具"按钮 T，在合成面板中单击，输入文字，如图 1-223所示，接着为文字添加"打字机"效果。

20 在工具栏中长按"矩形工具"按钮 ■，在弹出的下拉列表中单击"圆角矩形工具"按钮 ■，在文字的下方拖动鼠标绘制两个圆角矩形，如图 1-224所示。

21 在右侧的效果和预设面板的搜索框中输入"线性擦除"，按Enter键显示搜索结果。在"过渡"列表中选择"线性擦除"效果，将其添加到内部的圆角矩形。此时播放视频，可以看到进度条随着时间的推移逐渐显示，表示该账户正在登录。

图 1-223

图 1-224

22 导入配书资源的对应文件夹中的"S09 -背景视频（2）.mp4"项目文件到时间线面板，并为其添加"淡化-闪烁到白场"效果，承接加载完成后的画面，如图 1-225所示。

23 添加音效，导出视频，结束操作。

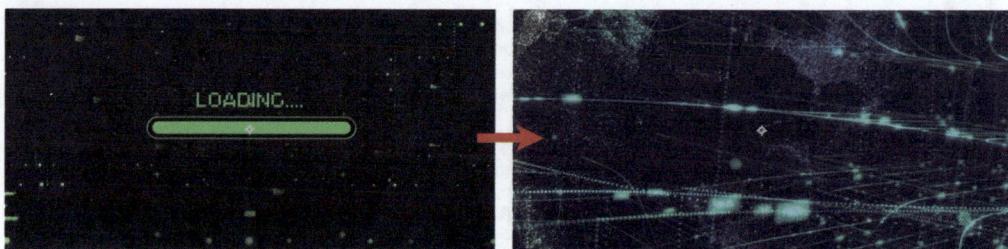

图 1-225

02

功能妙妙屋
拓展深层实用功能

基于上一章讲解的3款软件的基础操作，本章进一步介绍更多有趣的功能及进阶工具，帮助读者提升剪辑能力。读者在本章会接触到许多新内容，难度并不是很大，耐心琢磨，多动手实践，就能够熟练掌握剪辑技巧。

2.1 Pr调整图层：给视频"穿衣服"，调整图层简直太好用了!

调整图层是在Pr和Ae等软件中对影片剪辑进行多样化调整的一个非常有用的工具，掌握调整图层的使用方法，可以更加灵活地为剪辑添加效果、动画，甚至是一些高难度的特效。

▌AME渲染基本方式▌

在Pr中创建调整图层有两种方式：第一种是在项目面板的空白处单击鼠标右键，在弹出的菜单中选择"新建项目"|"调整图层"命令；第二种是执行"文件"|"新建"|"调整图层"命令。

执行上述任意一项操作后，打开"调整图层"对话框，在其中设置参数，如图 2-1所示。单击"确定"按钮即可创建一个调整图层。

新建的调整图层显示在项目面板中，将其拖至右侧的时间线面板，放置在视频块的上方，如图 2-2所示。为调整图层添加"高斯模糊"效果，调整图层覆盖的视频块受高斯模糊效果的影响，在播放时画面是模糊的。

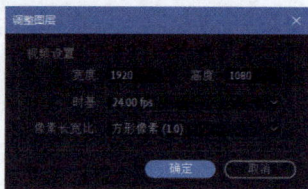

图 2-1

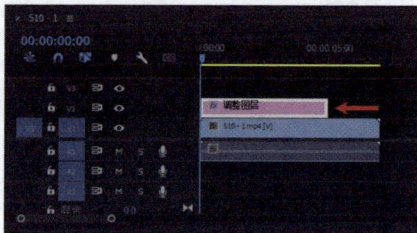

图 2-2

为调整图层添加"位置"关键帧，可以动态控制模糊效果。在起始点单击"位置"左侧的◙按钮，创建第一个关键帧，向右移动播放线，调整"位置"的水平参数，当画面中的模糊效果逐渐向右移动，最终移出画面时，创建第二个关键帧。

播放视频，可以看到随着时间的推移，高斯模糊效果逐渐从左往右移动，如图 2-3 所示，最终画面恢复清晰。

在Ae中创建调整图层，需要在时间线面板的空白位置单击鼠标右键，在弹出的菜单中选择"新建"|"调整图层"命令。

利用快捷键Alt+[、Alt+]裁剪调整图层，将其放置在视频上方的合适位置，再添加效果，如"高斯模糊"效果，则调整图层影响的区域的画面受高斯模糊效果影响，如图 2-4 所示。

Pr调整图层与Ae调整图层的使用方法差不多，但是调整图层在Pr中应用得更多。

图 2-3

图 2-4

调整图层的静态应用

使用调整图层添加效果时，效果会以调整图层的覆盖范围为基础，与下方视频的属性无关，所以更加稳定，不会受到诸如画面移动、片段缩放等因素的影响。

以"裁剪"效果为例进行说明。

新建调整图层后，为其添加"裁剪"效果。修改调整图层的时长，使其与下方视频块的长度一致。在效果控件面板中调整"裁剪"参数，使画面顶部与底部均显示黑边。播放视频，可以看到画面在不断转换，但是黑边始终固定在原位置，如图 2-5所示。

图 2-5

┃调整图层的动态应用┃

　　为调整图层添加"变换"效果。将播放线移动至调整图层的中间位置，依次单击"位置""缩放"左侧的按钮，添加两个关键帧。将播放线移至调整图层的起始位置，单击"添加/移除关键帧"按钮，新建两个关键帧，并单击右侧的"重置参数"按钮，使起始点的两个关键帧恢复默认参数，如图 2-6所示。

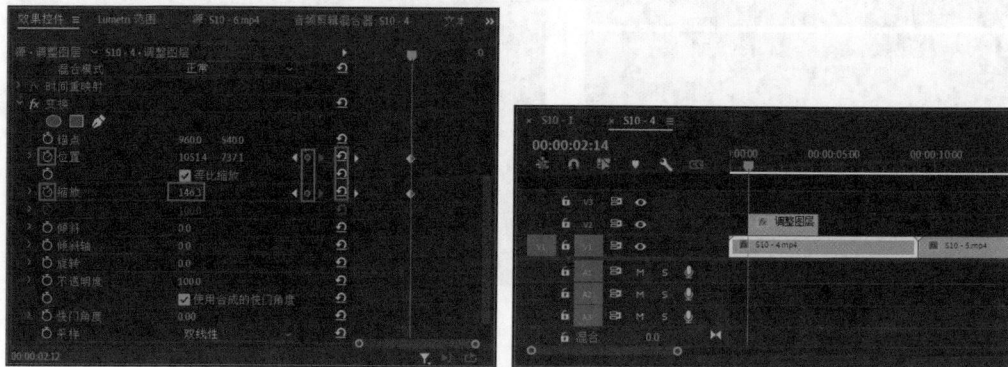

图 2-6

　　播放视频，可以看到当播放线来到受调整图层影响的区域时，画面中的主体被放大；当播放线离开调整图层影响的区域时，画面恢复原本的尺寸，如图 2-7所示。

　　选择调整图层，按住Alt键拖动，可以移动并复制已经添加效果的调整图层。移动调整图层至其他区域，可以影响该区域下的视频播放效果。

图 2-7

实践案例：节奏律动效果

在本案例中，利用调整图层为一个富有节奏感的图层添加律动、震动特效。首先为音频添加标记，方便在标记上添加调整图层；接着为调整图层添加效果，创建关键帧；最后导出文件。

01 启动Pr软件，按快捷键Ctrl+O，打开配书资源的对应文件夹中的"S10.mp4"项目文件。

02 调整音频轨道的高度，方便观察音频的波峰与波谷。在播放视频的过程中按M键，在高音处添加标记，如图2-8所示。

图2-8

03 在项目面板的空白位置单击鼠标右键，在弹出的菜单中选择"新建项目"|"调整图层"命令，新建一个调整图层。选择调整图层并单击鼠标右键，在弹出的菜单中选择"速度/持续时间"命令，打开"剪辑速度/持续时间"对话框。将"持续时间"设置为1秒，如图2-9所示，单击"确定"按钮关闭对话框。

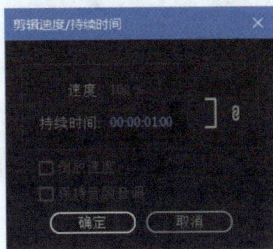

图2-9

04 将调整图层放置在视频块上方，为其添加"变换"效果。在效果控件面板中，单击"缩放"左侧的按钮，在播放线所在的位置添加一个关键帧，并将"缩放"设置为120；按两次→键，向右移动播放线，单击"添加/移除关键帧"按钮，新建一个关键帧，单击右侧的"重置参数"按钮，恢复默认值。

05 按4次←键，向左移动播放线，单击右侧的"重置参数"按钮，新建一个关键帧。取消勾选"使用合成的快门角度"复选框，将"快门角度"设置为360，如图2-10所示。

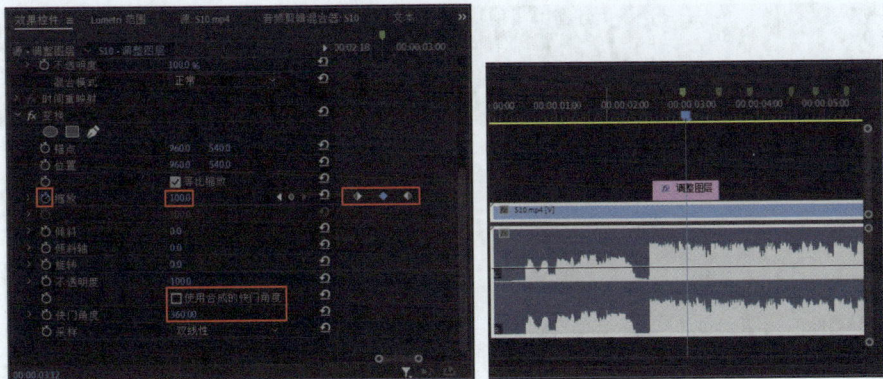

图2-10

06 播放视频，会看到视频画面随着时间的推移呈现动态的放大、缩小效果。

07 根据关键帧的位置，修改调整图层的长度，方便移动、复制。选择调整图层，按住Alt键移动、复制，记住要与已经创建的标记居中对齐，如图 2-11所示。此时播放视频，可以看到画面随着音乐节奏的变化产生放大、缩小的效果。

08 新建一个调整图层，将其放置在视频块上方，为其添加"变换"效果。以间隔两帧的方式，创建4个"缩放"关键帧，如图 2-12所示。

图 2-11

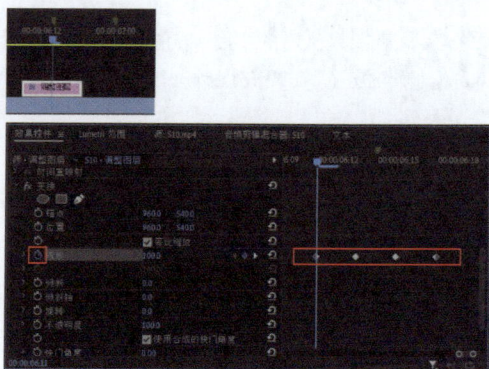

图 2-12

09 将播放线移至第一个"缩放"关键帧的位置。单击"位置"左侧的⬤按钮，创建第一个"位置"关键帧，画面处在原来的位置；向右移动播放线，单击"添加/移除关键帧"⬤按钮，创建第二个关键帧，同时调整"位置"参数，使画面向左上角移动，如图 2-13所示。

10 向右移动播放线，单击⬤按钮，创建第三个关键帧，调整"位置"参数，使画面向右下角移动，如图 2-14所示。

11 继续向右移动播放线，单击"重置参数"按钮⟳，创建第四个关键帧，使画面返回原来的位置。

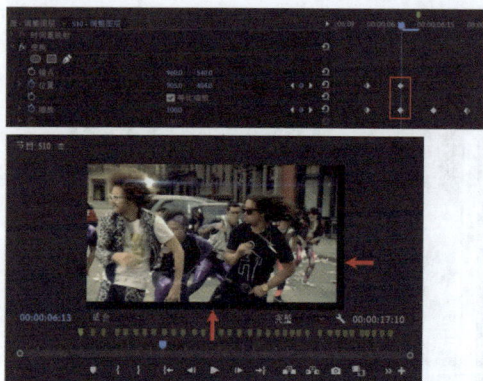

图 2-13

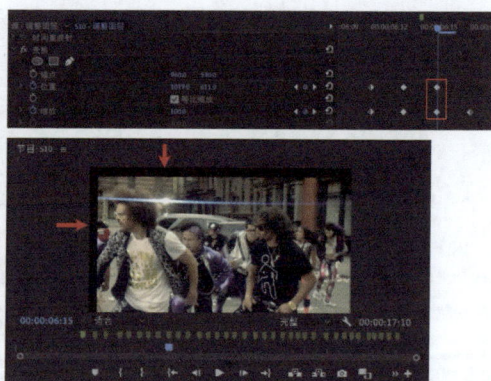

图 2-14

12 创建4个"旋转"关键帧，其中第一和第四个关键帧的角度是0°，第二个关键帧的角度是3°，第三个关键帧的角度是-3°。勾选"使用合成的快门角度"复选框，将"快门角度"设置为360°。

13 选择要添加效果的调整图层，按住Alt键移动、复制，使其与标记居中对齐。播放视频，可以看到画面随着音乐节奏有规律地晃动，富有动感。

14 继续添加其他效果，限于篇幅，无法在书中逐一展示。可以到配书资源的对应文件夹中查看本节源文件及最终的视频文件，图 2-15所示为最终视频的部分画面截图。

图 2-15

2.2 Pr Lumetri颜色：视频调色千变万化，一个面板全搞定

本节将学习在Pr软件中利用Lumetri颜色面板对剪辑进行调色的方法。调色泛指在Pr软件中对画面内容进行明暗、色彩上的调整。下面介绍Lumetri颜色面板的使用方式，基本校正、曲线等各项功能，以及赛博朋克调色的操作方法。

▌Lumetri颜色面板基础▐

执行"窗口"|"工作区"|"颜色"命令，切换至颜色工作区。在"窗口"菜单中选择"Lumetri颜色"命令，可以在工作界面的右侧显示Lumetri颜色面板，如图 2-16所示。

选中视频项目，Lumetri颜色面板才会被激活。展开列表，显示各项参数，如图2-17所示。设置参数，调整视频画面的效果，包括颜色、灯光等。

图 2-16

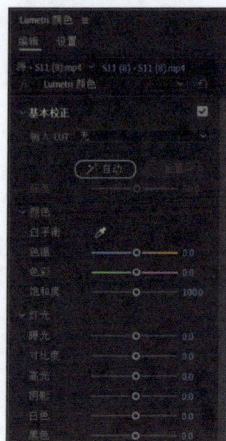

图 2-17

打开"Lumetri颜色"下拉列表，选择"添加Lumetri颜色效果"选项，如图 2-18 所示，新建一个Lumetri颜色效果。当需要为视频添加多个颜色效果时，可以创建多个Lumetri颜色效果，以更好地管理、预览这些颜色效果。

单击 按钮，可以打开/关闭颜色效果，方便预览调整前后的效果对比。单击 按钮，可以撤销颜色效果，使视频恢复初始状态。

通过为调整图层应用Lumetri颜色效果，可以控制颜色效果只影响指定区域，如图2-19所示。

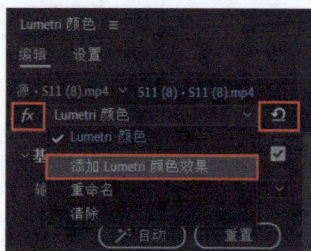

图 2-18

图 2-19

基本校正与曲线

"基本校正"列表中包含"颜色"与"灯光"列表。展开列表，可以看到各项参数。以"颜色"列表为例，该列表包含"白平衡""色温""色彩""饱和度"参数。

通过滑动参数滑块，可以在节目面板中实时预览画面的调整效果，如图 2-20所示。单击 按钮，可查看调整前后的效果对比，方便用户做出更准确的操作。

需要注意的是，没有固定的参数设置可以应用于所有项目，用户需要根据画面的具体情况，以及想要实现的效果来设置参数。

"灯光"列表中的参数也是如此。假如不熟悉每个参数所产生的效果，可以尝试滑动滑块，感受在不同参数的影响下，画面所发生的变化。

图 2-20

曲线是一个用图形化的方式来辅助用户进行画面明暗及色彩调整的工具。"曲线"列表中包含4条线，分别是白线、红线、绿线及蓝线，如图2-21所示。默认状态下，这4条线重合在一起。分别调整每条线，可以控制画面的色彩效果。

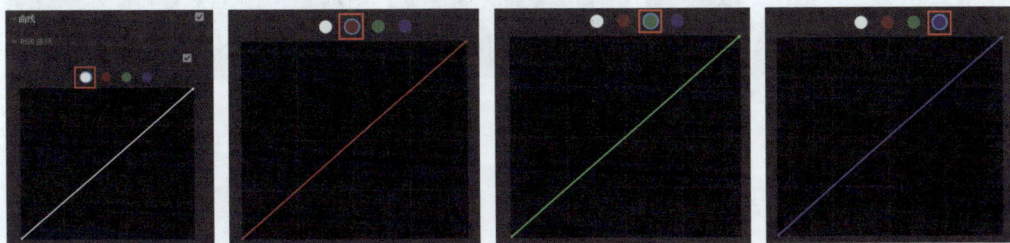

图 2-21

选择白色曲线，移动两端的锚点，可以调整画面的明暗程度。将鼠标指针放置在曲线上，鼠标指针显示为钢笔笔尖形状，单击可以新建一个锚点。移动曲线上的锚点，可以调整画面颜色的对比度，如图 2-22所示。

切换至红色曲线，在曲线上新建锚点，移动锚点，使画面偏向红色调，如图 2-23所示。虽然画面中原本没有明显的"红色"，但是肉眼所能看到的每种颜色均由"红绿蓝"三原色构成。当构成它们的红色变得更多时，整个画面的颜色也会变得更红。

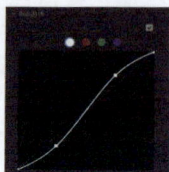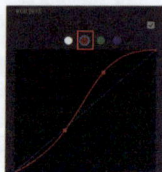

图 2-22   图 2-23

　　"色相饱和度曲线"列表中包含几种不同类型的曲线，能够帮助用户改变画面中某个特定色相上的颜色性质。

　　色相代表某种颜色（如红色、绿色、蓝色）区别于其他颜色的属性。

　　单击右上角的吸管工具按钮 ✍，吸取墙面的蓝色，系统自动在曲线上创建3个锚点，表示墙面的蓝色在曲线上的位置。在曲线上单击新建一个锚点，向下移动锚点，画面中蓝色的饱和度降低，如图 2-24所示。向上移动锚点，可以增强蓝色的饱和度。

　　其他类型的曲线，如"色相与色相"曲线、"色相与亮度"曲线、"亮度与饱和度"曲线及"饱和度与饱和度"曲线的用法相同，读者可自行操作练习。

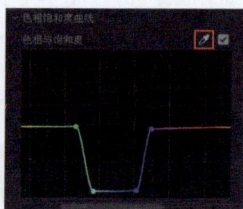

图 2-24

▎色轮、HSL 与创意 ▎

　　展开"色轮和匹配"列表，其中有"中间调""阴影""高光"3个色轮。将鼠标指针放置在"中间调"色轮上，色轮由圆环转换为圆形。按住鼠标左键在圆形上移动，画面的颜色随着鼠标指针的移动而发生改变。如果将鼠标指针移至右下角的蓝色区域，画面的中间调就显示为蓝色，如图 2-25所示。

　　移动左侧黑色垂直线上的滑块，可以调节画面的明暗程度。向上移动，画面变亮；向下移动，画面变暗。

　　"阴影"色轮与"高光"色轮的使用方法同上，分别用来调整画面阴影、高光的色相与明暗程度。

图 2-25

色相（Hue）、饱和度（Saturation）与亮度（Luminance）是图像处理中用于描述色彩的3项基本指标，即"HSL"。调整这3项指标的数值，可以系统地定义一种颜色。

单击"设置颜色"右侧的吸管工具按钮 🖋 ，吸取墙面的蓝色，面板中显示蓝色的定位点。在"更正"下的色轮中指定颜色，修改"降噪""模糊"参数值，使颜色转换更加自然，如图 2-26所示。

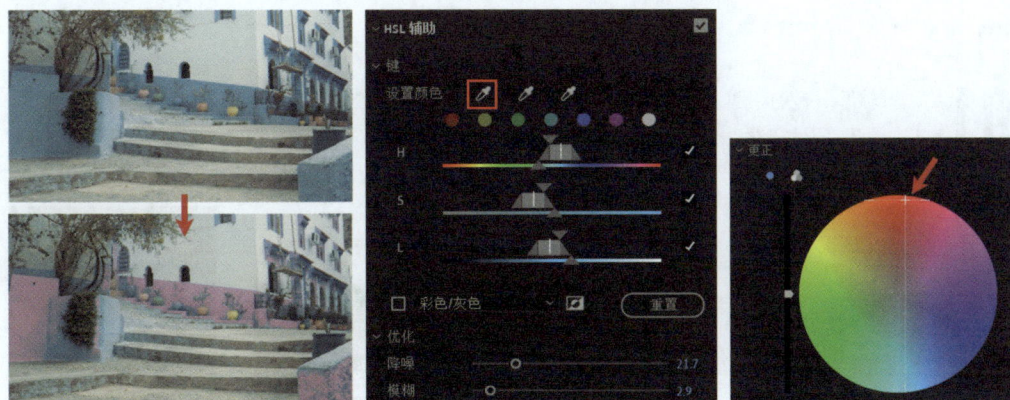

图 2-26

在"晕影"列表中，向左移动"数量"滑块，可以在画面的四周添加黑色晕影；向右移动则添加白色晕影。移动"中点""圆度""羽化"滑块，可细化晕影效果，如图2-27所示。

图 2-27

展开"创意"列表，打开Look下拉列表，在其中选择颜色配置，可以将其应用到画面中，如图 2-28所示。移动"强度"滑块，可以增强或减弱颜色配置的效果。

利用"阴影色彩"与"高光色彩"这两个色轮，可以调整画面的阴影与高光，以更改画面的显示效果。

图 2-28

▌实践案例：赛博朋克调色 ▌

在本案例中，利用所学的与Lumetri颜色面板相关的知识，在Pr软件中通过调色的方法为视频打造一种赛博朋克风格。

01 启动Pr软件，按快捷键Ctrl+O，打开配书资源的对应文件夹中的"S11-城市素材（1）.mp4"和"S11-BGM.mp3"项目文件。

02 新建一个调整图层，将其放置在视频块上方，如图 2-29所示。

03 选中调整图层，在Lumetri颜色面板中展开"基本校正"列表，设置各个参数，如图 2-30所示。

图 2-29

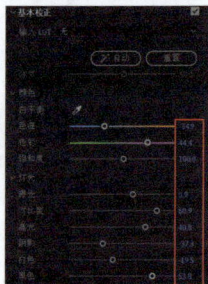

图 2-30

调色前后画面的对比如图 2-31所示。

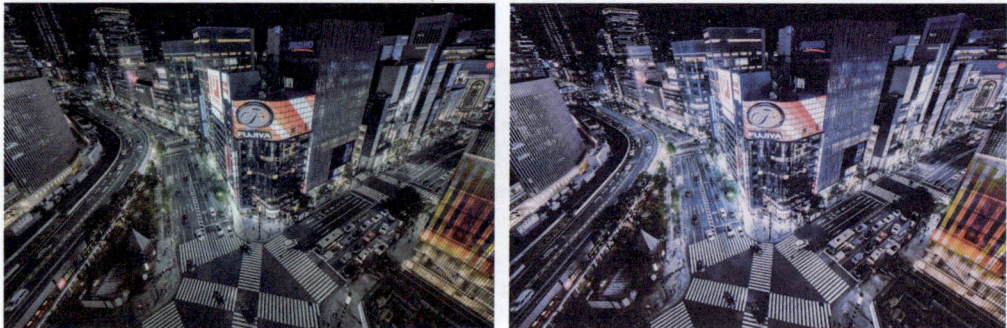

图 2-31

04 分别在蓝色、绿色曲线上创建锚点并移动，调整画面的色调。在"色轮和匹配"列表中，通过色轮调整中间调、阴影和高光参数，如图 2-32 所示。

两种颜色"叠加"在一起，某种意义上是在做蓝色和绿色的混合与平均，最终导向的颜色会是它们的中间色。

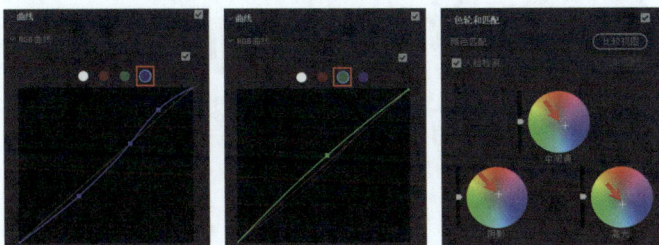

图 2-32

05 分别调整"色相与饱和度"曲线、"色相与色相"曲线和"色相与亮度"曲线，使广告牌的颜色偏向紫红色调，如图 2-33 所示。

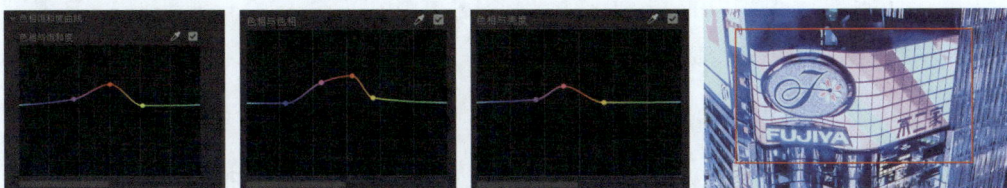

图 2-33

06 在"HSL辅助"列表中单击绿色按钮■，选中画面中绿色的行道树，调整颜色参数，使行道树的色调与画面的整体色调统一，如图 2-34 所示。

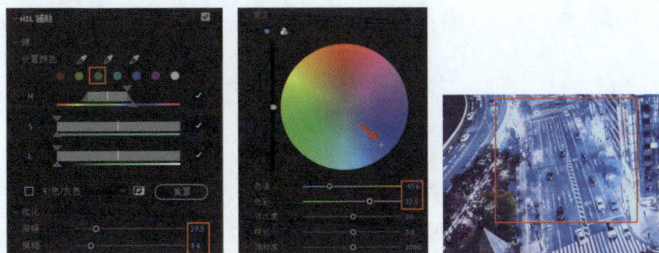

图 2-34

07 在"晕影"列表中移动"数量"滑块，为画面的四周添加晕影，如图 2-35 所示。播放视频，查看效果，如果有不满意之处，重新返回Lumetri颜色面板修改参数即可。

还可以运用前面所学的知识添加更多的视频效果，使视频画面更加具有冲击力与动感。

图 2-35

2.3 Au多轨混音：如果你是DJ，你会如何平衡这些声音

本节学习音频编辑的一个重要功能模块——混音器。混音器可以对音频进行更高效的自动化调节，拥有更加灵活的添加效果的方式，从而使音频编辑变得更加简单。

▎混音器与轨道包络线 ▎

混音通常指音乐制作中的一个步骤，即把多种来源的声音整合至一个音轨中。在混音的过程中，混音师会对每个原始信号的频率、动态、音质、定位、残响和声场进行单独调整，让各音轨最佳化后再叠加于最终成品上，让这些声音呈现出层次分明的效果。

导入两个音频素材至Au中，对其中一个音频添加自动化效果，即在黄色包络线上创建点，通过调节点的位置，定义某段音频的音量高低，如图 2-36所示。

切换至混音器面板，在下拉列表中选择"写入"选项，如图 2-37所示。

包络线的3种绘制模式总结如下。

写入：具有覆盖效应，推子不会自己移动，推子当前在什么位置，包络线就记录什么位置的数值，并且覆盖原有数值。

闭锁：推子自己移动，但用户移动推子后就不会自己移动了，且切换至"写入"模式。

触动：推子全程自己移动，即跟随已有的包络线运动，包络线只在用户移动推子时改变数值并记录。

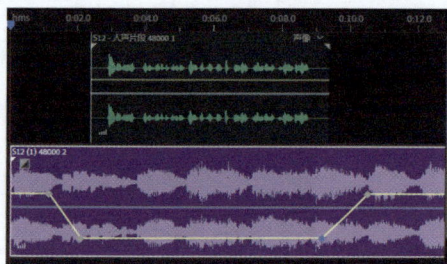

图 2-36

图 2-37

播放音频，在希望降低音量的位置，向下移动推子；在希望升高音量的位置，向上移动推子。

重新从起始点开始播放音频，在混音器面板中观察推子的动作。当音量降低时，推子自动下滑；当音量升高时，推子自动往上移，过程示意如图2-38所示。

"推子"的学名是音量控制器或推拉衰减器，是一种可以对音频信号进行放大或衰减的控制器，主要作用是对信号电平进行粗调，操作十分简单（推上去电平被放大，拉下来电平被减小）。

这是一个针对轨道的自动化操作，在"触动"模式下，在垂直方向上移动推子，可将音量变化的信息记录在包络线上，如图2-39所示。

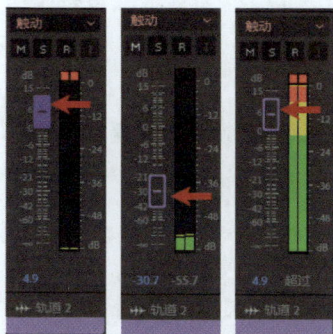

图2-38

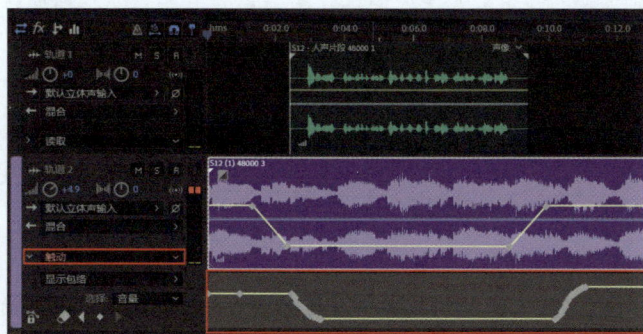

图2-39

以上操作和对单个音频音量进行自动化效果设置在本质上是一样的，只不过现在针对的是整条轨道。即使更换上面的音频，或者调整音频的位置，自动化效果的位置也不会改变。

图2-39中的包络线调整会使所有声音到达添加自动化效果的位置时进行衰减。与音频上的包络线不太一样，这个包络线是通过移动推子绘制而成的。

▎混音器功能拓展▎

混音器面板中的功能按钮几乎都能与编辑器中的功能按钮相对应。对于不熟悉用法的按钮，请尝试操作一遍，加深记忆，方便进行后期的剪辑工作。

在混音器面板中单击"显示EQ编辑器窗口"按钮🖉，打开"音轨EQ：轨道2"对话框，在"预设"下拉列表中选择选项，为当前轨道添加EQ效果。单击"切换开关状态"按钮🟩，如图2-40所示，可以将EQ效果应用到轨道上。

在专业的混音流程里，EQ（均衡器）是非常重要的一环，参数的精细调节可以对声音的性质产生非常大的影响。

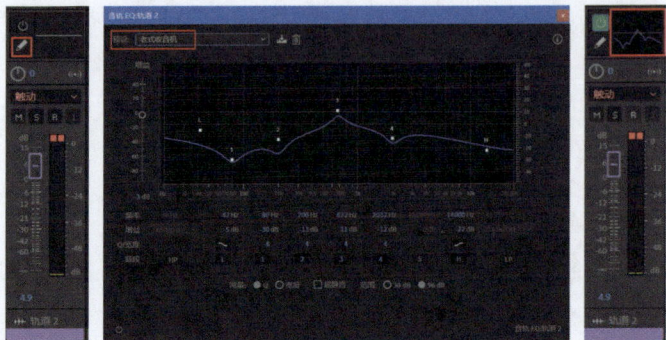

图 2-40

音频剪辑混合器与音轨混合器

音频剪辑混合器作用于音频剪辑，虽然它的表现形式也是A1、A2等轨道，但它只会作用于一条轨道上处于当前播放位置的音频块。

将音频素材导入Pr软件，在音频剪辑混合器面板中单击"写关键帧"按钮，播放音频，在垂直方向上移动推子，音量高低变化的信息会反映在包络线上，如图 2-41所示。具体的原理与Au中的完全一致。

需要先将效果控件面板中的关键帧秒表点亮，如图 2-42所示，才可以实现移动推子绘制速度线的操作。关闭秒表，可以删除关键帧。

图 2-41

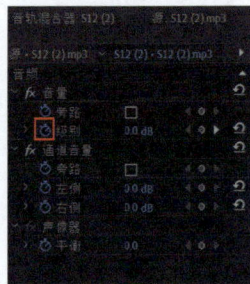

图 2-42

音轨混合器作用于音轨，即A1、A2等不同轨道上的所有音频文件，它与Au的混音器相似。

切换至音轨混合器面板，单击面板上方的三角形按钮，在弹出的下拉菜单中选择效果，如图 2-43所示。选择的效果会被添加至所有的音频文件。通过滑动下方的 ⏎ 按钮，可以调节音频的音量。

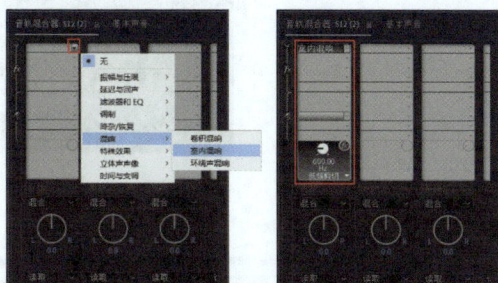

图 2-43

▌ 实践案例：配音视频调音 ▌

本案例介绍在音轨混合器面板与音频剪辑混合器面板中为音频调音的操作方法，包括为音频添加自动化效果、根据旁白内容提高与降低音量等。

01 启动Pr软件，按快捷键Ctrl+O，打开配书资源的对应文件夹中的 "S12-人声配音片段.mp3" 项目文件。

02 试听几遍，利用剃刀工具裁剪音频并调整位置，如图 2-44所示。

03 在音轨混合器面板中，将音频的增益值调整为12，如图 2-45所示。

图 2-44

图 2-45

04 添加背景音乐及视频素材，并将其放置在合适的轨道上，如图 2-46所示。

05 在音频剪辑混合器面板中为音频添加自动化效果，并根据人声旁白来定义背景音乐音量的高低，如图 2-47所示。

图 2-46

图 2-47

06 按住Alt键向下复制音频至A3轨道，如图2-48所示。

07 在音轨混合器面板中，在A3音频区域的上方单击三角形按钮，在弹出的下拉菜单中选择"特殊效果"|"吉他套件"选项。在弹出的对话框中打开"预设"下拉列表，选择"超市扬声器"选项，将音量增益值设置为3，如图 2-49所示。

图 2-48

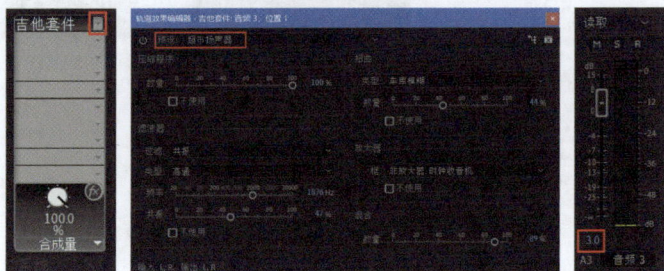

图 2-49

08 在音轨混合器面板中，在A3音频区域中选择"写入"模式，播放音频，当播放线位于两段音频的空隙处时，慢慢向下移动推子，将该空隙处的音量降至最低，按空格键结束，此时切换至"触动"模式。相关设置如图 2-50所示。

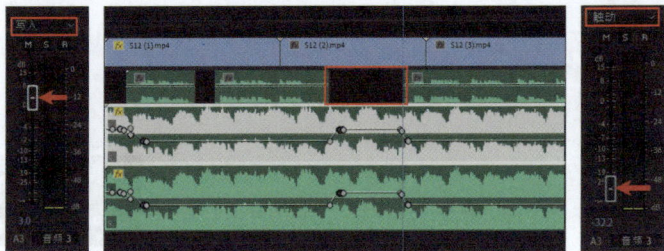

图 2-50

09 在A2音频区域中，选择"写入"模式，向下移动推子；播放音频，当播放线位于两段音频的空隙处时，慢慢向上移动推子，逐渐提高该空隙处的音量；按空格键结束，此时切换至"触动"模式。相关设置如图 2-51所示。

还可以为画面添加字幕、LUT调色效果，使画面呈现出不同的质感。

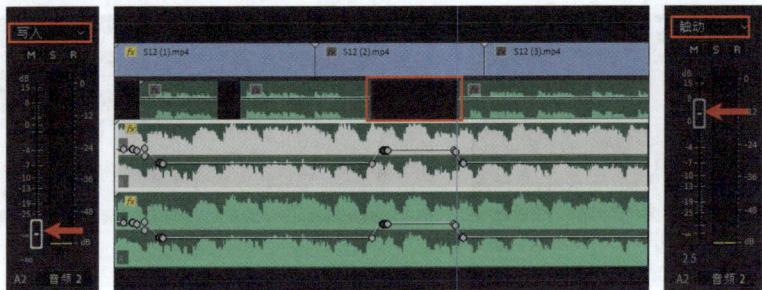

图 2-51

2.4 Au基本声音：剪辑师的万能调音台，一站式音频设计方案

这一节学习基本声音面板的使用方法。该面板是做音频剪辑与视频剪辑时的万能调音台，能够高效地对不同类型的音频进行一站式的编辑。

基本声音面板还能在剪辑的过程中轻松完成一些复杂、棘手的操作，如音量调频、人声回避、音乐长度的调节等。掌握其使用方法可以有效提高音频剪辑的效率与精细度。

基本声音面板基础

在Au软件中，执行"窗口"|"基本声音"命令，打开基本声音面板。选择音频，激活基本声音面板中的选项参数。打开"预设"下拉列表，在其中选择音频类型，可以进一步在子列表中进行音频的选择。

如"对话"类型子列表中有多种音频可供选择，如图 2-52所示。选择其中一种，随即进入对应的参数设置面板。用户可以保持默认值，也可以微调参数，营造不同的效果。

如果对添加的音频类型不满意，单击参数设置面板右上角的 清除音频类型 按钮，可以返回初始设置。

定义好音频的类型后，音频上会显示类型图标，如图 2-53所示。该音频被定义为对话音频，因此显示音频类型图标 。选中多个音频，可以一次性为其定义类型。

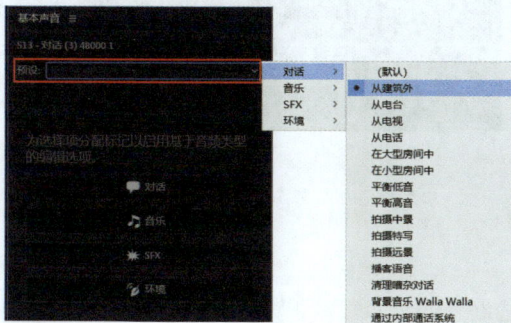

图 2-52

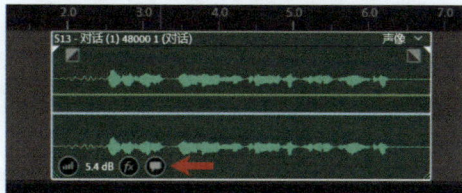

图 2-53

在基本声音面板中，单击音频类型按钮，可以选中该类型的所有音频，用户无须逐个选取，有效提高了工作的效率与准确性。

Pr软件中的基本声音面板与Au软件中的几乎完全一致，读者可自行去探索学习。

对话类型处理

对话类型的参数包括响度、修复、透明度以及创意，下面介绍它们的使用方法。

1. 响度

在录制音频的过程中，说话者距离麦克风时远时近，容易造成音量不平均的问题。这时，就可以利用"响度"参数来解决。

响度是度量声音大小的知觉量。与声强不同，响度是受主观知觉影响的物理量。在同等声强下，不同频率的声音会造成不同的听觉感知。当声音的频率、波形改变时，人耳对响度大小的感觉也将发生变化。

将几段音量不等的音频接在一起，播放时声音忽高忽低，体验感极差。这时，在"响度"参数下单击"自动匹配"按钮，系统开始自动调节音量。通过波形可以判断音量几乎已经处在同一水平，如图 2-54所示，此时播放能得到比较好的体验效果。

单击"复位"按钮，撤销自动匹配结果，返回默认状态。

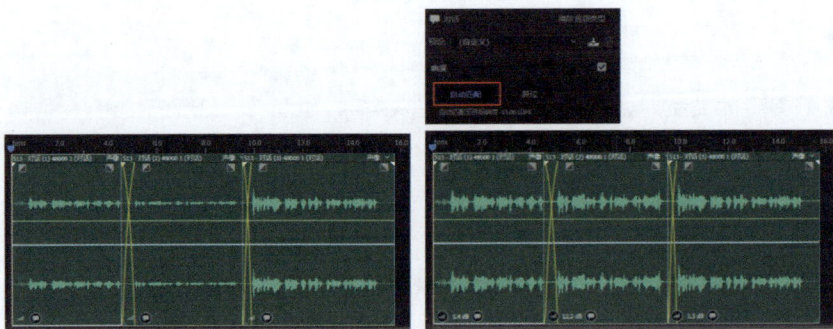

图 2-54

2. 修复

在"修复"参数中，通过勾选相应的复选框，调节参数值，如图 2-55所示，可以达到为音频降噪的效果。降噪的参数值不要太大，否则音频容易失真。

齿音是指人说话时舌尖与牙齿碰撞产生的声音，一般在发出zh、ch、sh等音时容易出现。齿音会对音频处理构成干扰，会在声音高频段带来刺耳的听觉感受。

勾选"消除齿音"复选框，并适当调节参数，可以有效降低齿音所带来的影响。

3.透明度

在"透明度"参数中，增大"动态"值，如图2-56所示，可以使声音更加突出，尤其是在叠加了背景音乐的时候。

在音频编辑过程中，动态范围表示一段时间内最高（最响亮）和最低（最安静）的信号之间的电平差异。与调色中的"对比度"类似，高动态范围会让声音的"重点"更为突出，让声音显得更加集中、鲜明；低动态范围则会让声音显得更加自然、平和。

EQ用来改变声音的频率特征，为其添加某种类型的效果。在"预设"下拉列表中可选择系统提供的效果，包括"背景语音""旧电台"等。

4.创意

混响能为声音带来一定程度的空间感，使得说话者仿佛处在某种特定的声音空间里。"预设"下拉列表中提供了多种混响效果，选择其中一种，如图2-57所示，调节"数量"值，可以增强或减弱音频的混响效果。

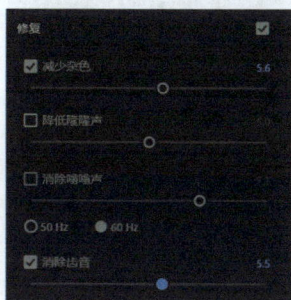

图2-55

图2-56

图2-57

▌音乐类型处理 ▌

在"持续时间"参数下选择"伸展"选项，输入一个持续时间，会将音频拉伸到指定的时长，使音频变快或变慢。

选择"重新混合"选项，可以通过智能识别音乐节拍和段落，重新剪辑音频。还可以通过将不同片段混合在一起，使音频时长符合使用需求。

当选择"重新混合"选项后，音频左上角与右上角将出现锯齿状图标，如图 2-58所示，单击图标并拉动音频，可以控制重新混合的目标时长。

勾选"采用较短片段"复选框，可以提升时间匹配的精细度，但是音频中的剪辑痕迹会随之增加，使得听觉感受不是很流畅。

勾选"回避"复选框，系统将智能调节音量，在有对话的区域自动降低背景音乐的音量，使对话更加突出。通过观察包络线的起伏，可以看到对音频音量进行自动化的效果，如图 2-59所示，向下凹陷的区域音量被降低。也可以通过调节"敏感度"与"闪避量"参数，自定义回避效果。

图 2-58

图 2-59

音效和环境音

SFX参数如图 2-60所示。添加"混响"效果，可以将声音置于某种空间内，增强剪辑的临场感。勾选"混响"复选框，可在"预设"下拉列表中选择混响效果。

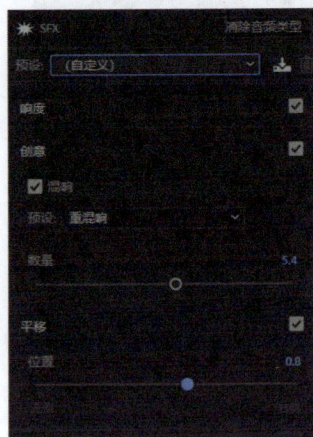

图 2-60

勾选"平移"复选框，调整参数，让声音在空间内更加具有方位感。可以将"混响"与"平移"一起使用，制作更加逼真的音乐效果。

"环境"参数如图 2-61所示。添加"混响"以及"立体声宽度"效果，可以增强声音的空间感。默认选择的混响效果是"外部环境"，在"预设"下拉列表中可以选择其他效果。

勾选"立体声宽度"复选框，对声音进行细微的调整，可以使声音听起来仿佛处在一个开阔宽广的环境中。

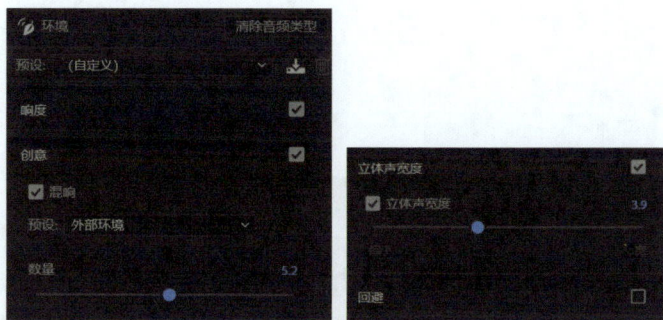

图 2-61

▋ 实践案例：仿纪录片调音 ▋

在本案例中，利用所学的与基本声音面板相关的知识，为一个"仿纪录片"式的片头合理调配各种类型的声音效果。

01 导入视频素材至Pr软件，利用剃刀工具进行裁剪，并在视频轨道上拼接，如图 2-62 所示。

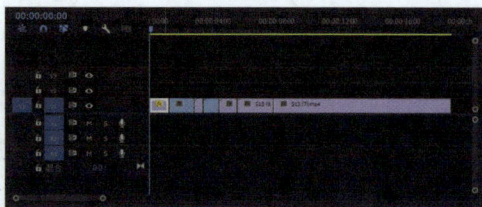

图 2-62

02 导入背景音频素材至Au软件，将音频类型设置为"音乐"。修改目标时长，选择"重新混合"选项，勾选"采用较短片段"复选框，在音频块上观察混合效果，如图 2-63所示。试听音频，如果不满意，可以重新混合。

03 选择剪辑完成的音频块并单击鼠标右键，在弹出的菜单中选择"变换为唯一副本"命令。执行这项操作后，可以将剪辑后的音频渲染为一个新的文件再置入，与合并剪辑视频差不多。可以在左上角的文件面板中找到这个新文件。

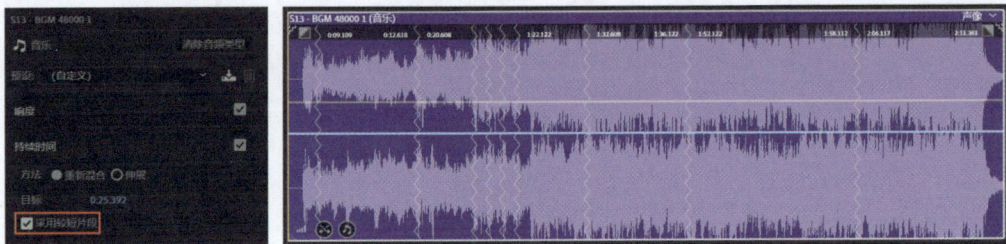

图 2-63

04 导入旁白音频素材至Au软件，利用剃刀工具进行裁剪，设置为"对话"类型。在参数列表中勾选"动态"复选框，调节参数值。勾选EQ复选框，在"预设"下拉列表中选择"略微增强（低音）"效果。勾选"混响"复选框，在"预设"下拉列表中选择"小型干燥房间"效果，调整"数量"值，如图2-64所示。

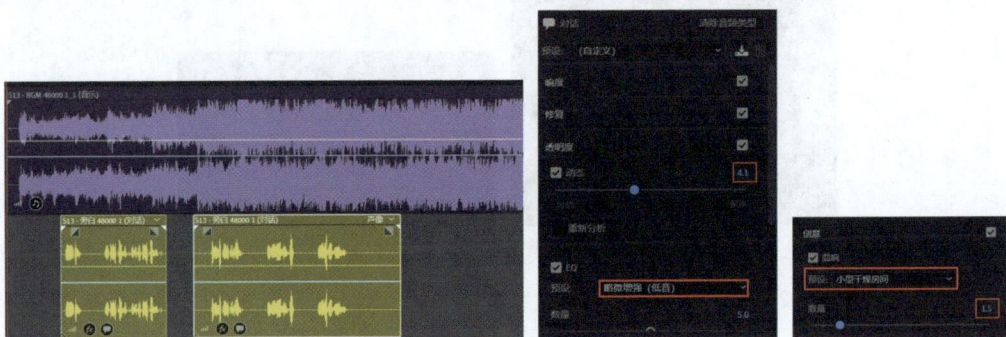

图 2-64

05 选择背景音频，在基本声音面板中勾选"回避"复选框，设置"闪避量"参数，同时单击音频块左下角的音频增益按钮，降低背景音量，如图 2-65所示。

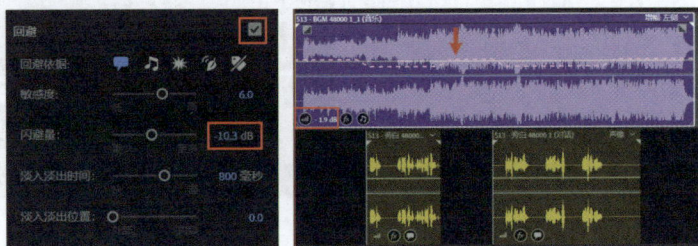

图 2-65

06 选择旁白音频，在左侧的效果组面板中单击1右侧的三角形按钮，在弹出的下拉菜单中选择"时间与变调"|"音高换档器"选项，在打开的对话框中修改参数，如图 2-66所示。

07 在效果组面板中单击2右侧的三角形按钮，在弹出的下拉菜单中选择"振幅与压限"|"多频段压缩器"选项，在打开的对话框中选择"增强低音"效果，如图 2-67所示。

执行上述操作后，效果组面板中将显示所添加的效果，如图2-68所示。

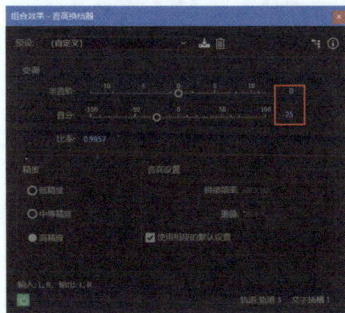
图2-66

图2-67

图2-68

08 执行"文件"|"导出"|"多轨混音"|"整个会话"命令，将剪辑完成的音频导出为MP3文件。再将该文件导入Pr软件中，放置在音频轨道上，如图2-69所示。

09 将环境音频素材导入Pr软件。截取合适的长度，为其添加"恒定功率"过渡效果，如图2-70所示，使其在转换的过程中更加自然。

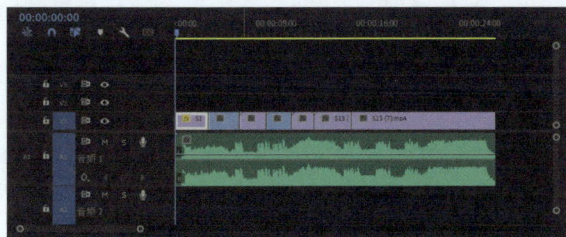
图2-69

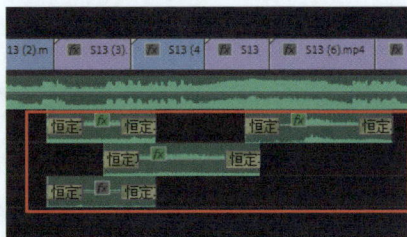
图2-70

10 选择音频块，在基本声音面板中单击"环境"按钮，设置音频类型。在参数设置面板中，单击"响度"下的"自动匹配"按钮，勾选"混响""立体声宽度"复选框，设置参数值，如图2-71所示。

11 继续添加其他效果，例如在画面顶部与底部添加黑色边框，如图2-72所示。将项目导出为MP4文件，结束操作。

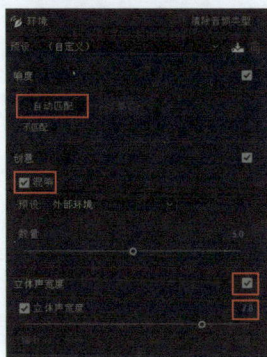
图2-71

图2-72

103

2.5 Ae运动曲线：丝滑的视频动效，全藏在贝塞尔曲线里了！

这一节学习与关键帧插值曲线相关的知识。曲线是做关键帧动画的关键工具，它可以使各类运动效果更加自然流畅、各种参数变化更加顺滑或集中、动画设计效果更加出色。

接下来，先从Pr软件中的实践开始，了解关键帧插值的含义以及基本的曲线使用方法。随后在Ae软件的图表编辑器中，更为细致地调节曲线的形状，以实现特定的速度调整。最后结合实际应用，分析插值曲线的使用逻辑与场合。

在实践环节，将在Ae软件中完成一个非常酷炫的拉镜效果设计，从而充分体现曲线在剪辑中的作用。

▎关键帧插值与运动曲线概念▎

为了使足球在开始运动的时候呈现加速的状态、在将要停下来的时候呈现减速的状态，可以为其添加运动曲线。

在效果控件面板中选择两个关键帧并单击鼠标右键，在弹出的菜单中选择"临时差值"|"贝塞尔曲线"命令，转换关键帧的插值类型为"贝塞尔曲线"，如图 2-73所示。贝塞尔曲线由线段与节点组成，节点是可以拖动的支点，线段类似可伸缩的皮筋。因为用来控制物体的运动状态，所以贝塞尔曲线又称为运动曲线。

插值是指在两个已知的值之间填充未知数据的过程。在视频剪辑中，插值意味着在两个关键帧之间生成新值，从而改变关键帧之间变化的方式。

再次选择转换为贝塞尔曲线的关键帧，通过右键菜单为其添加"缓入""缓出"效果。此时播放视频，可以看到足球从左向右移动时，逐渐加速；快到终点时，逐渐减速，直至完全停下来，如图 2-74所示。

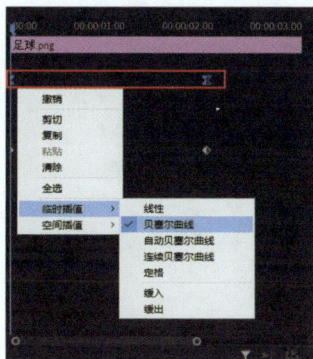

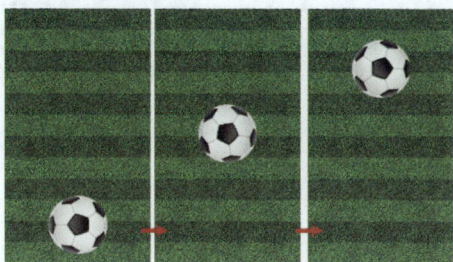

图 2-73   图 2-74

上述的运动过程可以通过曲线来说明。单击"位置"参数左侧的箭头按钮■，观察运动曲线的当前状态。当播放线置于起点时，速率值为0；向右移动播放线，速率值逐渐增大；移到曲线的最高点时，速率值增至最大，当前足球运动的速度最快。继续向右移动播放线，速率值逐渐减小，足球运动的速度减缓；移到终点时，速率值为0，足球停止运动，如图 2-75所示。

可以根据曲线的形状来判断速度变化的快慢。曲线斜率越大，坡度越陡峭，速度变化越剧烈；曲线斜率越小，坡度越平缓，速度变化越温和。

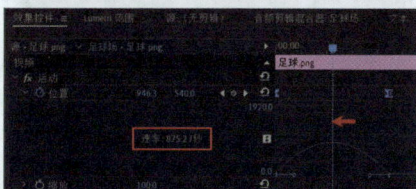

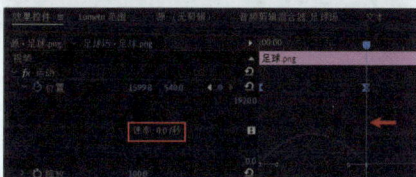

图 2-75

Ae的图表编辑器

在Ae中选择关键帧并单击鼠标右键，在弹出的菜单中选择"关键帧插值"命令，打开"关键帧插值"对话框。在"临时插值"下拉列表中选择"贝塞尔曲线"选项，如图 2-76所示，单击"确定"按钮，转换关键帧的插值类型。

或者选择关键帧并单击鼠标右键，在弹出的菜单中选择"关键帧辅助"命令，在子菜单中选择"缓动"命令，如图 2-77所示，在更改关键帧插值类型的同时为其添加缓入、缓出效果。

缓动=缓入+缓出。

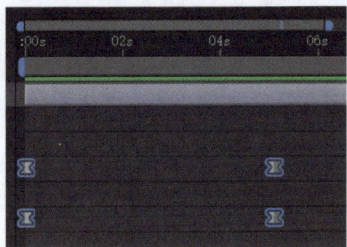
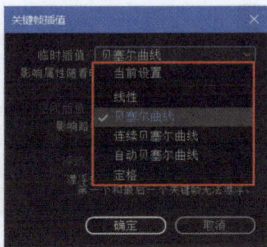
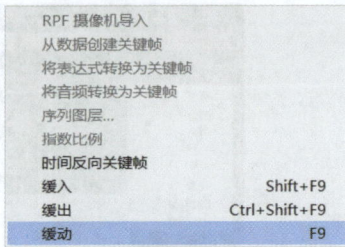

图 2-76   图 2-77

选择关键帧（如选择"旋转"关键帧），单击"图表编辑器"按钮，切换至图表编辑器，如图 2-78所示。在其中，通过调整运动曲线，影响物体的运动轨迹。编辑器下方的按钮用来辅助调整曲线，将鼠标指针置于按钮之上，会显示介绍文字。用户通过阅读这些文字初步了解按钮的功能，上手操作时能更快地掌握操作方法。

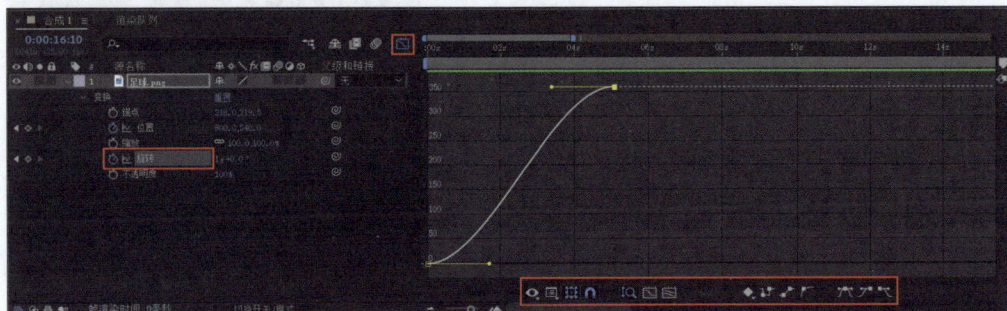

图 2-78

曲线与关键帧插值的应用

为运动添加曲线，可以使运动过程中各个场景在转换时更加自然与顺滑。

为视频添加"缩放"关键帧，可以使指定位置画面中的人物逐渐放大，随着时间的推移，人物又恢复原来的尺寸。

选择"缩放"关键帧并单击鼠标右键，在弹出的菜单中选择"临时差值"|"缓出"命令，此时系统自动为关键帧添加"贝塞尔曲线"插值。也可以先更改关键帧的插值类型，再添加"缓出"效果。

观察运动曲线，可以看到曲线从平缓逐渐升高，最后恢复平缓。这表示随着播放进度向前推进，人物逐渐放大到充满屏幕，接着缓缓缩小，直至恢复初始比例，如图 2-79所示。

曲线的凸起代表速度在该位置发生剧烈变化，是剪辑画面时的"重点"所在。

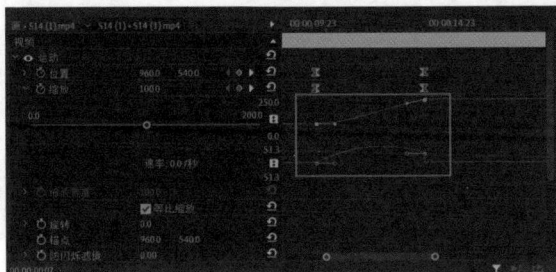

图 2-79

▌实践案例：拉镜效果剪辑 ▌

在本案例中，利用所学的与运动曲线（关键帧插值）相关的知识，在Ae软件中为剪辑添加模拟拉镜运动的富有动态感的效果。

"拉镜"是指在剪辑中通过对运动属性进行编辑，模拟拍摄时镜头的缩放推拉效果。利用拉镜效果可以弥补前期拍摄动态不足的缺陷，也能让观众的视觉感受更丰富。

01 导入素材至Ae软件中，根据需要裁剪素材，并将它们拼接成一段完整的视频，如图 2-80所示。

图 2-80

02 新建一个调整图层，为其添加"变换"效果，如图 2-81所示。

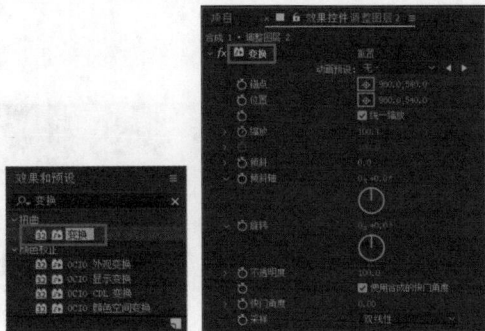

图 2-81

03 创建3个"缩放"关键帧，第一个和第三个关键帧保持默认值，第二个关键帧的"缩放"值设置为300，如图 2-82所示。播放视频，观察通过逐渐拉近、推远镜头实现的转场效果。

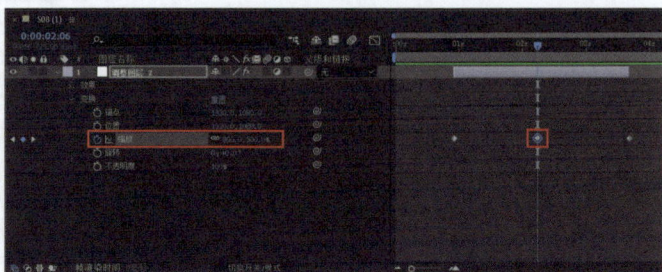

图 2-82

04 选择调整图层，单击"图表编辑器"按钮，切换到图表编辑器。选择这3个关键帧，单击"缓动"按钮，添加缓动效果，激活手柄，调整曲线，如图 2-83所示。播放视频，可以看到转场效果顺畅了许多。

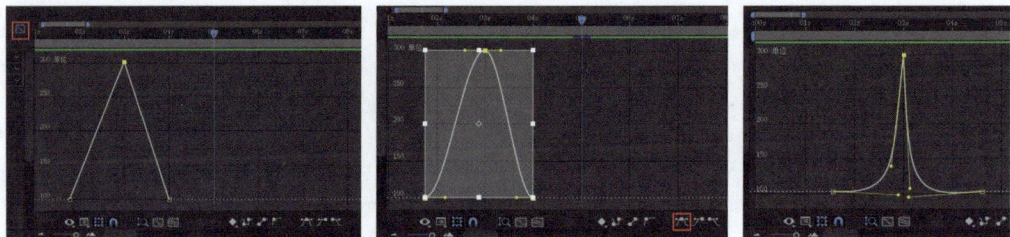

图 2-83

05 单击"运动模糊"按钮，为调整图层添加运动模糊效果，如图 2-84所示。播放视频，可以看到在转场过程中为画面添加了动感模糊的效果。

图 2-84

06 播放视频，随着播放进度的向前推进，镜头逐渐被拉近，直至人物的脸部充满屏幕，紧接着镜头被推远，最后聚焦在人物拿着玫瑰花的手，如图 2-85所示。这是最基本的拉镜运动轨迹，通过推拉镜头实现画面的切换。

图 2-85

07 在调整图层上单击鼠标右键，在弹出的菜单中选择"标记"|"添加标记"命令，在播放线的位置添加一个标记，如图 2-86所示。

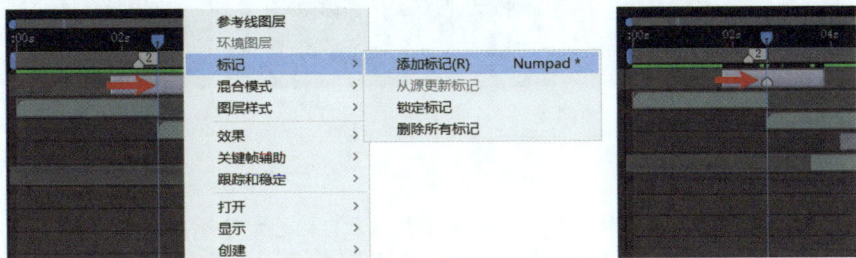

图 2-86

08 选择添加效果的调整图层，按快捷键Ctrl+C、Ctrl+V复制、粘贴，并将复制得到的调整图层移动至合适的位置，如图 2-87所示，为视频的转场添加拉镜效果。

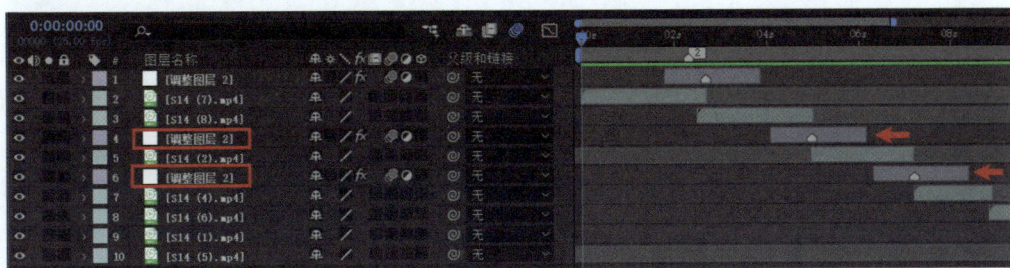

图 2-87

09 在与"缩放"关键帧对齐的位置创建"位置"关键帧，并调整中间关键帧的参数值，使画面中某个焦点在此处被放大，这里选择将人物的眼睛放大，最后为关键帧添加缓动效果。打开图表编辑器调整曲线，使关键帧的运动轨迹更加流畅自然，如图 2-88所示。

图 2-88

10 播放视频，随着播放进度的推进，可以看到人物的眼睛逐渐被放大，最后又恢复为原始大小，如图 2-89所示。在缩放的同时添加位移动作，能使画面更灵动。

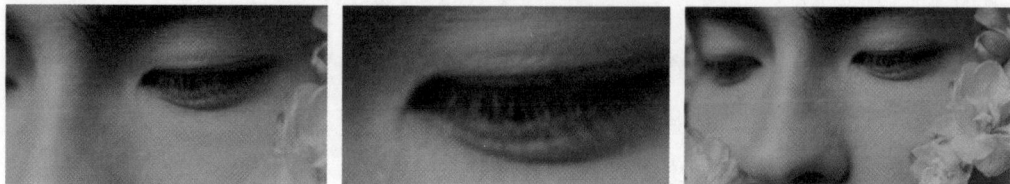

图 2-89

利用关键帧动画可以为视频添加各种运动效果，如位移、缩放等。本案例的最终制作效果请到配套视频中观看，读者可利用本书提供的素材自己动手剪辑。

2.6 Ae混合模式：一键置入神奇的后期特效，混合模式的魅力

这一节学习的内容是混合模式。利用混合模式可以在视频剪辑、平面设计、动效制作等不同领域中进行画面调节。混合模式是一个非常实用且重要的工具。

下面我们首先了解混合模式的基本原理；接着利用混合模式为视频添加点缀；最后运用所学的混合模式知识制作胶片风格的视频剪辑。

混合模式的基本原理

混合模式是图像处理技术中的一个名词，在Pr、Ae等软件中均有广泛应用。它的主要功能是使用不同的方式将对象颜色与底层对象颜色混合，从而创造出一个新的颜色。

在Pr软件中选择视频素材，在左上角的效果控件面板中修改"不透明度"的混合模式。"混合模式"下拉列表中有多种模式，选择其中一种，如"滤色"。此时素材的不透明度被改变，原先被遮挡的背景得以显示，如图 2-90所示。

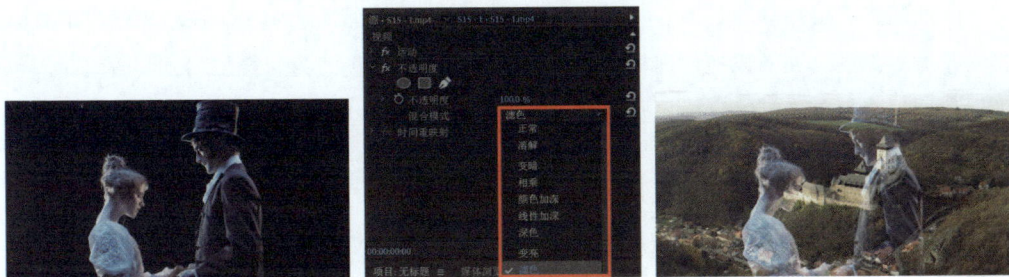

图 2-90

在Ae软件的时间线面板中选择图层，在"模式"下拉列表中选择"相乘"选项，笑脸的白色背景被隐藏，如图 2-91所示。

图 2-91

Ae软件中的混合模式与Pr软件中的混合模式的使用方法相同，但是翻译的偏差会导致相同的混合模式叫法不同。例如Ae软件中的"屏幕"与Pr软件中的"滤色"实际上是相同的模式，因为翻译结果不同，所以才有了不同的名称。

▌混合模式的应用 ▌

利用混合模式和叠层素材，可以为视频画面添加各种各样的效果。在侦探素材上方添加烟雾与雪花素材，在效果控件面板中修改烟雾与雪花素材的混合模式为"滤色"，隐藏素材的黑色背景，使烟雾与雪花覆盖在画面上，从而更好地营造画面氛围，如图 2-92所示。

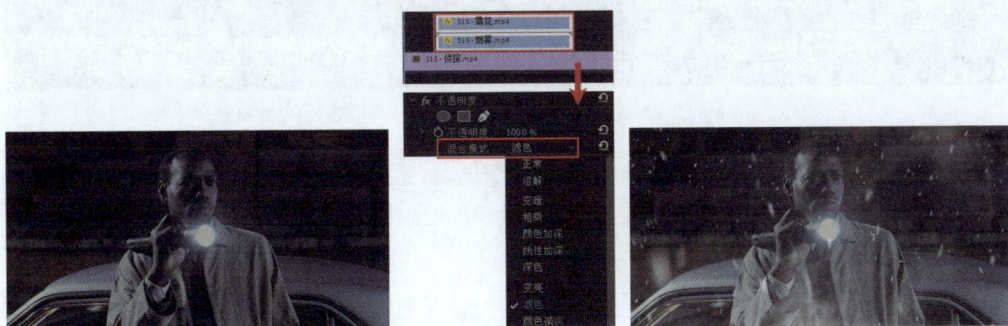

图 2-92

111

添加调整图层并修改其混合模式，同样可以为视频画面添加效果。在城市素材上方添加一个调整图层，在效果控件面板中修改调整图层的混合模式为"叠加"，此时画面颜色的对比度提高，色彩更加鲜艳，如图 2-93所示。

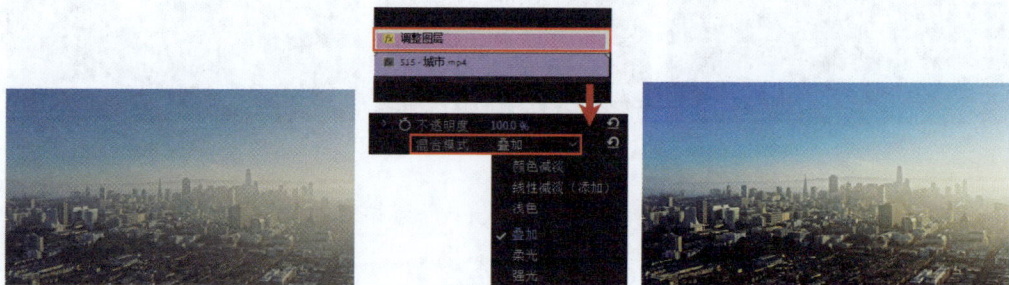

图 2-93

在调整图层上应用混合模式，不会破坏原视频图层。用户通过开或关调整图层，可以查看添加或去除混合模式的效果。删除调整图层，混合模式也会被删除，原视频图层的本来样式将会显现。

实践案例：胶片风格的视频剪辑

在本案例中，运用所学的与混合模式及叠层素材相关的知识，制作一个胶片风格的视频剪辑。

01 导入素材至Ae软件中，根据需要裁剪素材，并通过拼接形成一段完整的视频，如图 2-94所示。

图 2-94

02 添加 "S15-胶片噪点.mp4" 素材，在项目面板中选择素材并单击鼠标右键，在弹出的菜单中选择"解释素材"|"主要"命令，在打开的对话框中设置"循环"为5次，单击"确定"按钮关闭对话框。在时间线面板中延长噪点素材的播放时长，将图层的混合模式设置为"屏幕"，隐藏黑色背景，如图 2-95所示。

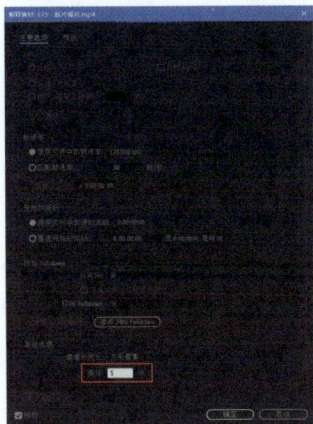
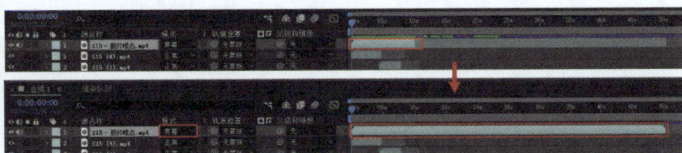

图 2-95

03 使用同样的方法添加 "S15-胶片划痕.mp4" 素材。若素材的尺寸与画面不符, 在合成面板中单击鼠标右键, 在弹出的菜单中选择 "变换" | "适合复合" 命令, 使素材的尺寸与画面一致。将图层的混合模式设置为 "屏幕", 隐藏黑色背景, 如图 2-96 所示。

图 2-96

04 添加 "S15-胶片漏光.mp4" 素材, 设置图层的混合模式为 "屏幕", 为画面添加光效氛围, 如图 2-97 所示。

05 在时间线面板的空白处单击鼠标右键, 在弹出的菜单中选择 "新建" | "调整图层" 命令, 新建一个调整图层。为调整图层添加 "Lumetri颜色" 效果, 在效果控件面板中修改其参数, 以调整画面色调, 如图 2-98 所示。

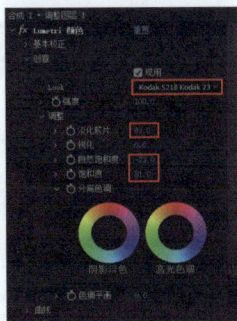

图 2-97

图 2-98

06 在场景转换处添加 "S15-漏光转场素材.mp4"，将图层的混合模式设置为"屏幕"，为其添加"淡入淡出-帧"效果，使转场更加流畅自然，如图 2-99所示。

图 2-99

07 添加 "S15-8mm胶片框.mp4" 素材，设置图层的混合模式为"相乘"，为其添加"变换"效果，调整画面在胶片框中的位置，保证画面场景的主要部分显示在框内，如图 2-100所示。

图 2-100

08 导出合成项目，结束操作。

2.7 Pr蒙版：剪辑如戏，全靠蒙版的巧妙遮挡

蒙版（Mask）是在剪辑过程中用来控制视频和其他素材显示与隐藏的工具。利用蒙版可以实现画面中特定元素的抠取和隐藏。本节主要介绍蒙版的基本原理、蒙版应用与蒙版效果等相关内容。

蒙版的基本原理

在Pr、Ae等剪辑软件中，蒙版特指由矢量的点（锚点）与线（路径）构成的"贝塞尔曲线"划定的区域，如图 2-101所示，被添加到视频中用来定义其显示和隐藏的部分。

将鼠标指针放置到锚点的一侧并拖动，可以旋转蒙版；按住Shift键并拖动，可以等比例缩放蒙版。

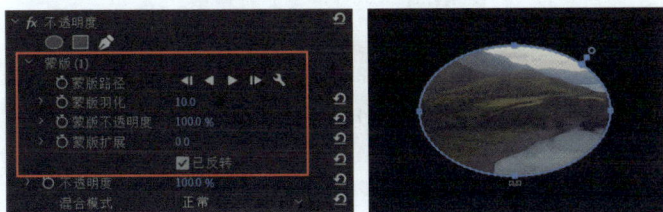

图 2-101

在效果控件面板的"不透明度"列表中单击 ✎ 按钮，在节目面板中绘制闭合路径，创建一个矩形蒙版。勾选"已反转"复选框，此时蒙版区域将显示下方的风景素材，如图2-102所示。

图 2-102

蒙版应用与蒙版效果

在效果控件面板的"不透明度"列表中单击 ✎ 按钮，在节目面板中绘制不规则蒙版框选汽车。打开Lumetri颜色面板，在"色相与色相"中调节曲线，更改汽车的颜色，如图2-103所示。

图 2-103

此时会发现，在更改汽车颜色的同时，汽车素材的背景颜色也被影响。选择"不透明度"下的"蒙版（1）"，按快捷键Ctrl+C复制；单击"Lumetri颜色"，按快捷键Ctrl+V粘贴，Lumetri颜色的影响范围将只限于汽车，如图 2-104所示。

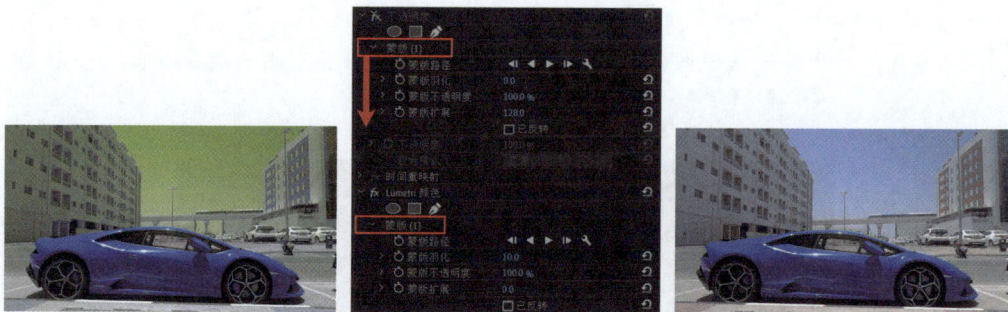

图 2-104

进阶蒙版操作与动态化设计

为视频添加"马赛克"效果。单击"马赛克"下的⬤按钮，在人物的脸部绘制一个椭圆形蒙版。单击"向后跟踪所选蒙版"按钮◀及"向前跟踪所选蒙版"按钮▶，为蒙版添加跟踪动作。

当人物在活动时，蒙版会跟随他的动作始终遮盖其脸部区域，如图 2-105所示。如果不添加跟踪动作，蒙版就会固定在一个地方，即人物在活动时，原本要遮盖的区域会显示出来。

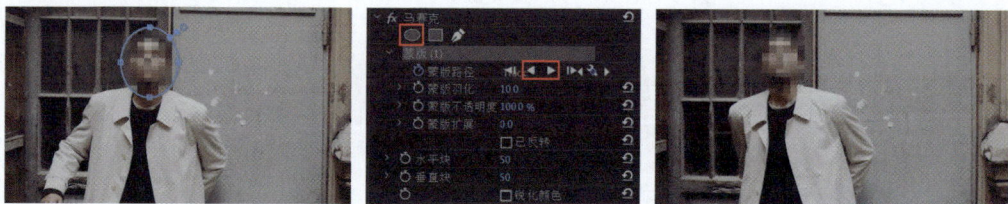

图 2-105

实践案例：文字穿插遮挡剪辑

在本案例中，利用所学的与蒙版相关的知识及操作，在Pr软件中为剪辑添加一系列基于蒙版的文字穿插与场景切换效果。

01 将配书资源的对应文件夹中的视频片段、音频片段导入Pr软件中，裁剪后将它们拼接成一个完整的视频，再根据视频内容裁剪音频。在音频素材的开头和结尾添加"恒定功率"效果，如图 2-106所示。

02 单击"文字工具"按钮**T**,选择合适的字体与字号,在画面中输入白色的文字,如图 2-107 所示。

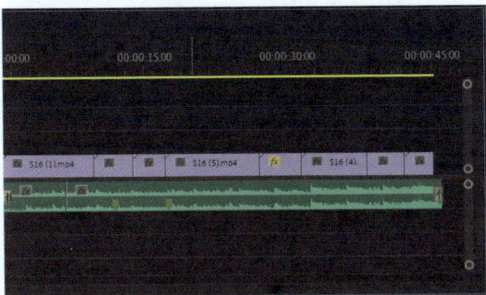

图 2-106

图 2-107

03 暂时隐藏文字。选择视频块,在效果控件面板中单击"不透明度"下的 按钮,在画面中绘制蒙版路径,如图 2-108所示。

04 向右移动播放线至合适的位置,单击"蒙版路径"右侧的"向前跟踪所选蒙版"按钮 ,稍等片刻,跟踪蒙版结束后将显示一系列关键帧,如图 2-109所示。

图 2-108

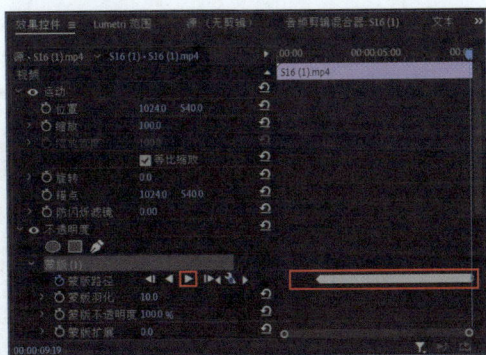

图 2-109

05 将文字向上移动一个轨道,按住Alt键,向上移动、复制视频块。将下方视频块的蒙版删除,选择复制得到的视频块,在效果控件面板中修改"蒙版羽化""蒙版扩展"参数值,如图 2-110 所示。

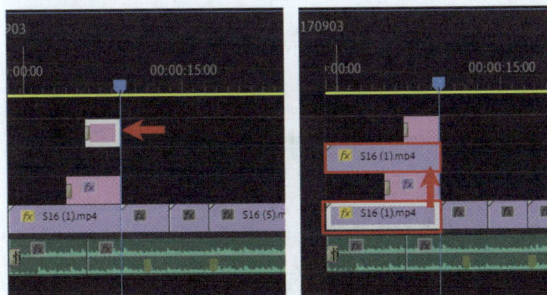

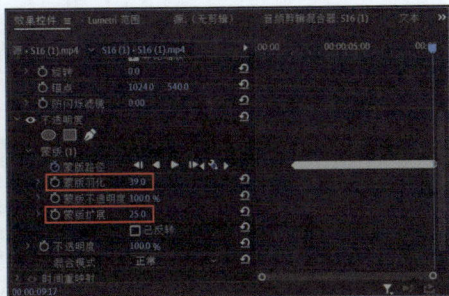

图 2-110

06 再次播放视频，可以看到小王子位于文字的前面，没有再被文字遮挡，如图 2-111所示。

07 在下一个画面中再次输入白色的中文与英文，放置在画面的左下角，如图 2-112所示。

图 2-111

图 2-112

08 为视频块添加"Lumetri颜色"效果，在效果控件面板中单击"Lumetri颜色"下的 按钮，沿着玫瑰花绘制蒙版路径，如图 2-113所示。

09 单击"蒙版路径"右侧的"向前跟踪所选蒙版"按钮 ，开始跟踪蒙版。接着修改"蒙版羽化"参数值，勾选"已反转"复选框，如图 2-114所示。

10 在右侧的Lumetri颜色面板中展开"基本校正"列表，将"饱和度"设置为0，如图 2-115所示。执行该项操作是为了将背景颜色去除。

图 2-113

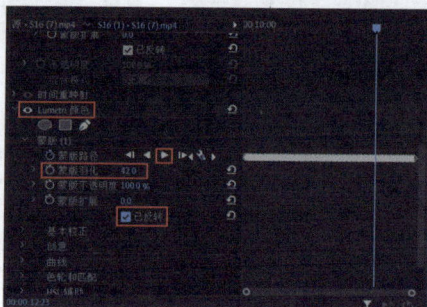

图 2-114

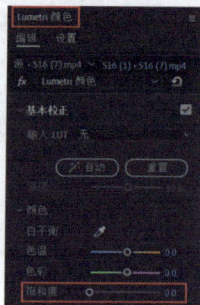

图 2-115

11 播放视频，可以看到画面中只有玫瑰花显示为红色，背景为黑白效果，如图 2-116所示。

12 在下一个画面中选择文字，在效果控件面板中单击"不透明度"下的 按钮，在画面中绘制蒙版路径，如图 2-117所示。

图 2-116

图 2-117

13 单击"蒙版路径"左侧的 ⏱ 按钮，创建第一个关键帧。按住Alt键滚动鼠标滚轮，此时画面将向右移动，手动向右移动蒙版路径，将路径与人物轮廓对齐，重复数次，直至人物完全掩盖文字，如图 2-118所示。

图 2-118

14 继续为视频添加文字与蒙版，丰富画面效果，最终效果如图 2-119所示。

图 2-119

2.8 Pr遮罩：借一个遮罩，轻松做出复杂转场过渡

遮罩（Matte）是剪辑中用来控制图层内容显示与隐藏的工具，与蒙版类似，但使用起来比蒙版要容易很多。搭配种类多样的遮罩素材，可以非常轻松地做出一些令人惊叹的剪辑效果。

本节首先介绍遮罩的基本原理；然后利用亮度遮罩和Alpha遮罩为剪辑添加一些酷炫的转场和视觉效果；最后将遮罩运用到古风水墨剪辑中，制作一个唯美的古风视频。

▍遮罩的基本原理 ▍

遮罩是用来控制视频内容显示与隐藏的工具，以另外一个视频（或者图片、形状等其他元素）中的明暗或透明度信息作为参考，决定当前视频的哪些部分会得到显示。

因为翻译的原因，在一些场合中，遮罩经常会与蒙版相混淆。这两个工具的作用类似，但原理有所不同。

为S17（1）视频添加"轨道遮罩键"效果。单击"椭圆工具"按钮 ⬛，在画面中绘制一个椭圆。选择S17（1）视频，在效果控件面板中展开"轨道遮罩键"列表，设置"遮罩"为"视频2"，因为椭圆位于V2轨道中。设置"合成方式"为"Alpha遮罩"，此时，椭圆以外的画面被隐藏，只显示椭圆内部的画面内容，如图 2-120所示。

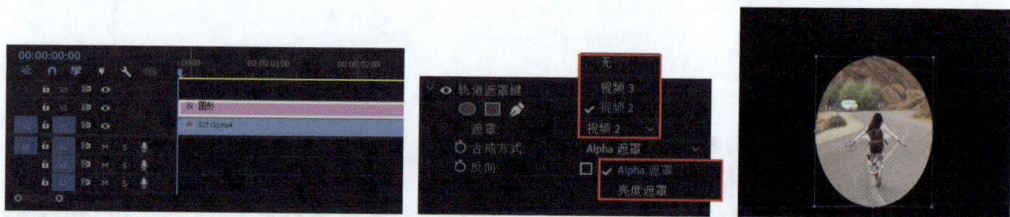

图 2-120

Alpha遮罩的概念来源于Alpha通道，是指一个图像的透明度和半透明度。在图像的像素信息中，会用一部分数据来表示图像的透明度和不透明度，构成Alpha通道。该通道记录了这个图像的哪些部分有像素（显示），哪些部分没有像素（隐藏）。

设置"合成方式"为"亮度遮罩"，可以使画面内容在白色区域内显示，如图 2-121所示。若勾选"反向"复选框，则在黑色区域内显示画面内容。

图 2-121

▍亮度遮罩的应用 ▍

在S17（4）视频块上方添加S17-烟雾遮罩素材，为S17（4）视频块添加"轨道遮罩键"效果，设置"遮罩"为"视频2"、"合成方式"为"亮度遮罩"。

播放视频，在烟雾充满画面的区域利用剃刀工具将S17（4）视频块截断，关闭右侧视频块的"轨道遮罩键"效果。在两个视频块之间添加"交叉溶解"效果，如图 2-122所示，使两段视频过渡更加自然。

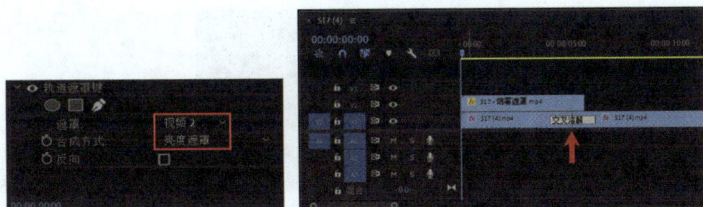

图 2-122

播放视频，可以看到烟雾逐渐充满画面，接着慢慢变淡，直至画面内容完全显示，如图 2-123所示。因为添加了"交叉溶解"效果，所以烟雾从有到无的转换非常自然，没有突兀、生硬之感。

图 2-123

Alpha遮罩动画设计

包含Alpha通道信息的视频格式不多见，.mov格式是其中的一种。若在Ae软件中制作了动态元素，想要将其导入Pr软件中，则可以借助.mov格式的文件，无须手动创建带Alpha通道的视频文件。

将S17（3）视频素材导入Ae软件，再将.mov格式的遮罩素材放置在它的上方。在"轨道遮罩"下拉列表中选择"S17-方块浮现遮罩.mov"选项，如图 2-124所示，为其添加Alpha遮罩。

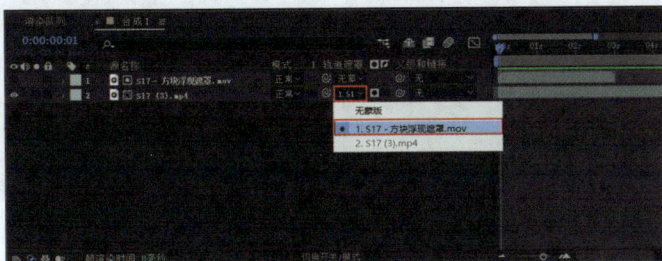

图 2-124

播放视频，可以看到画面内容被限制在方块遮罩中，从画面左下角逐渐向右上角移动，直至完全显示，如图 2-125 所示。将方块遮罩替换成其他类型的遮罩，如圆形、多边形遮罩，或者文字遮罩等，都可以实现使画面以某种方式开始播放的效果。

图 2-125

▍实践案例：制作古风水墨剪辑 ▍

在本案例中，我们将利用所学的与轨道遮罩相关的知识，在 Pr 软件中为剪辑添加一个古风质感的水墨遮罩转场和剪辑效果。

01 将配书资源的对应文件夹中的视频片段、音频片段导入 Pr 软件中，裁剪后将它们拼接成一个完整的视频，再根据视频内容裁剪音频。在视频的开头、结尾添加"交叉溶解"效果，如图 2-126 所示。

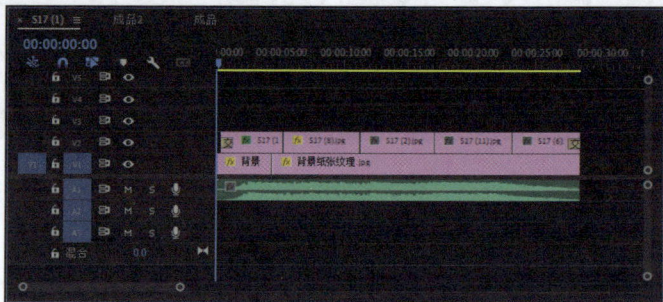

图 2-126

02 添加"S17-水墨遮罩（2）.mp4"素材，将其放置在视频块上方。为视频块添加"位置""缩放"关键帧，并添加缓动效果，使动作更加流畅自然。接着添加"轨道遮罩键"效果，设置"遮罩"及"合成方式"，勾选"反向"复选框，如图 2-127 所示。

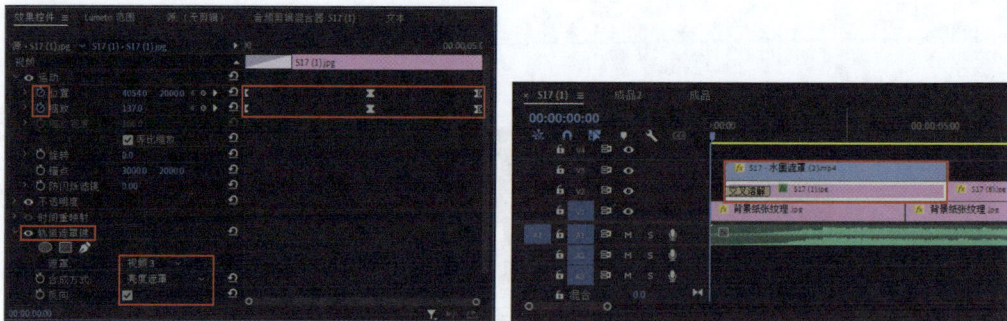

图 2-127

03 适当地调整水墨遮罩的大小，播放视频，观看添加遮罩后的画面效果，如图 2-128所示。

图 2-128

04 继续为下一个视频块添加水墨遮罩，操作方法参考上述步骤。

05 选择视频块与水墨遮罩，将它们向上移动一个轨道，如图 2-129所示。

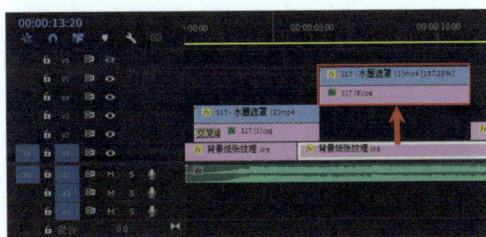

图 2-129

06 选择前一个视频块与水墨遮罩，将它们向右延伸，与下一个视频块、水墨遮罩的开头相互重叠，再为其添加"交叉溶解"效果，如图 2-130所示。

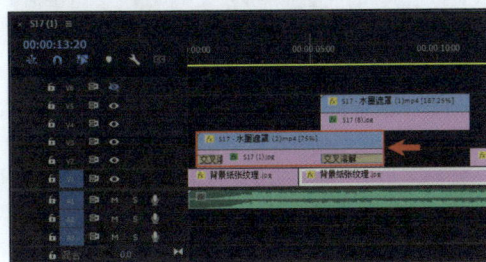

图 2-130

07 播放视频，可以看到在第一段视频即将播完的时候，画面的左上角出现了下一段视频的部分内容，这样做可以很好地衔接两段视频，如图 2-131所示。

图 2-131

08 向右延伸第二个视频块，选择上面的水墨遮罩，按住Alt键向右复制一份。选择水墨遮罩副本，单击鼠标右键，在弹出的菜单中选择"速度/持续时间"命令，在弹出的对话框中勾选"倒放速度"复选框，如图 2-132所示。

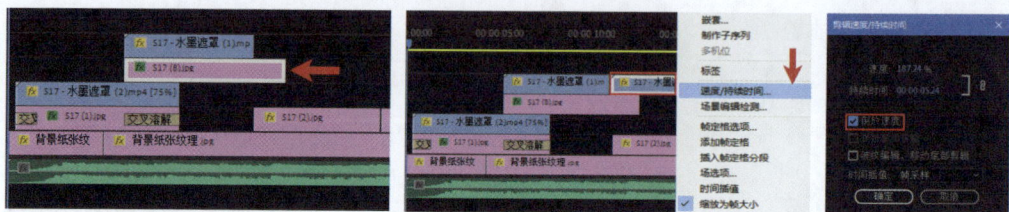

图 2-132

09 调整水墨遮罩副本的长度，使其尾部与视频尾部齐平，再为第三段视频添加其他类型的水墨遮罩，如图 2-133所示。

10 播放视频，可以看到当第二段视频即将播完的时候，画面中出现了第三段视频的部分内容，从而流畅地过渡到下一个画面，如图 2-134所示。

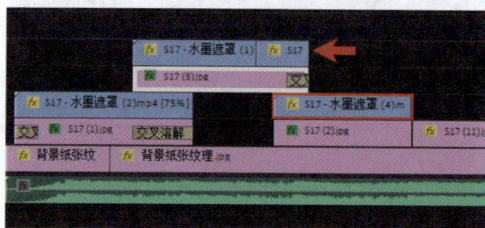

图 2-133

图 2-134

11 在最后一个视频块上方创建标题文字"故宫"，并添加水墨遮罩。移动播放线，定格在水墨刚刚出现的瞬间，如图 2-135所示；为水墨遮罩添加一个矩形蒙版，如图 2-136所示；激活并移动蒙版的夹点，使其覆盖标题文字，如图 2-137所示。

图 2-135

图 2-136

图 2-137

12 调整"蒙版羽化"参数值，使边缘过渡柔和。单击"蒙版路径"左侧的 按钮，创建第一个关键帧。按住Alt键滚动鼠标滚轮，向前移动几帧，然后向下移动蒙版的夹点；重复上述操作，一边向前移动帧，一边向下调整蒙版的夹点，直到标题文字完全显示为止，如图 2-138所示。

图 2-138

13 创建若干个"蒙版路径"关键帧，如图 2-139所示。关键帧的数量不定，但要使蒙版不再覆盖标题文字。

14 为文字添加"轨道遮罩键"效果，参数设置如图 2-140所示。

图 2-139

图 2-140

15 播放视频，可以看到标题文字在水墨的晕染下逐渐显现，最后固定在画面中，如图 2-141所示。

图 2-141

16 使用相同的方法，继续为视频添加效果，并将视频导出为MP4格式，图 2-142所示为部分播放画面。

图 2-142

2.9 Pr键控：亮度键、超级键……Pr里的"键"有什么用？

　　键控是一个在视频剪辑过程中可以灵活操纵视频，控制其内容显示与隐藏的工具。键控能用于制作视频剪辑里许多复杂的特效，如画面切换、绿幕抠像等。

　　本节全面介绍Pr软件中各种键控的用途，最后利用键控与轨道遮罩工具制作撕纸转场效果。

▎键控的含义与亮度键的原理 ▎

　　键控是指两个视频信号输入源的画面在切换过程中的一种基本方式。利用一个视频信号中不同部位的参量（如亮度、色度）的不同，形成画面的某部分被抠取，从而填进另一部分画面的效果，也称为"抠像"。

　　利用"亮度键"效果能够明确识别画面中较亮或较暗的区域，然后执行抠取操作，将识别到的颜色隐藏，使另一个画面显示出来。

　　打开Pr软件，在花纹图案上方添加一个黑白渐变素材，利用"亮度键"效果，可以轻松显示花纹图案。首先为黑白渐变素材添加"亮度键"效果，在效果控件面板中将"阈值"设置为50%，较黑的部分被抠取后，将显示下面的花纹图案。

　　将"屏蔽度"设置为50%，此时可以看到黑白渐变素材的边缘变得清晰，能够更加完整地显示下方的花纹图案，如图 2-143所示。该值越大，抠取的效果越干净。

　　如果将"阈值"与"屏蔽度"均设置为100%，那么黑白渐变素材对于花纹图案的遮盖效果几乎为零。

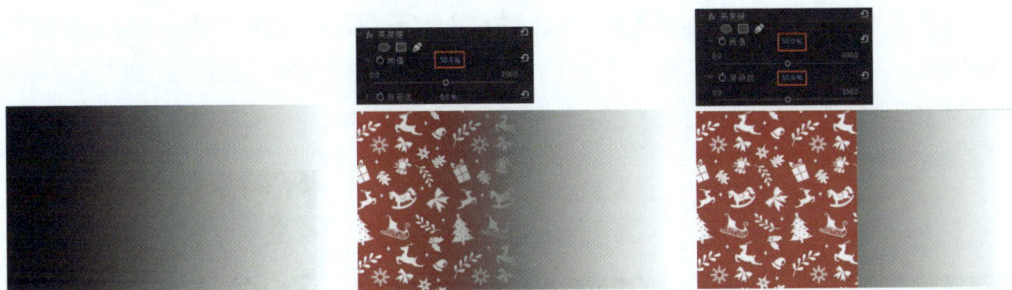

图 2-143

颜色键与超级键的原理

将视频素材导入Pr软件，利用"颜色键"效果可以轻松去除视频的绿色背景。为视频添加"颜色键"效果，在效果控件面板中单击"主要颜色"右侧的吸管工具按钮，在绿色背景上单击，吸取绿色。

此时会发现人物边缘仍然残存绿色，影响观感。调整"颜色容差"值，可以发现绿色逐渐消失。最后添加一个背景素材，就可以很好地将人物置入特定的场景中，如图 2-144所示。

"颜色容差"代表在使用颜色键时拾取色彩的宽容度，参数值越大，被纳入处理范围的邻近颜色越多，从而避免出现杂边问题。

图 2-144

"超级键"效果的使用原理与"颜色键"效果相同，但前者的功能要更加强大。

为视频素材添加"超级键"效果，单击"主要颜色"右侧的吸管工具按钮，吸取绿幕颜色，如图 2-145所示。在"输出"下拉列表中选择"Alpha通道"选项，切换至通道显示模式。此时，黑色区域是被隐藏区域，白色及灰色区域是被保留区域，如图 2-146所示。

灰色区域会影响人物的提取效果，在人物与其他背景融合时造成干扰，所以需要将灰色区域也一起隐藏。调整"基值""对比度""中间点"的参数值，如图 2-147所示，同时观察画面的变化。没有固定的参数值，画面中的灰色区域被完全隐藏即可。

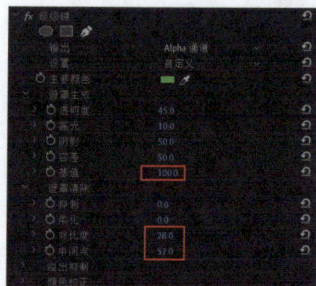

| 图 2-145 | 图 2-146 | 图 2-147 |

背景的灰色区域被隐藏后，人物就能清晰地显示出来。将"输出"方式改为"合成"，添加一个街道背景，如图 2-148所示。

图 2-148

▌亮度键的应用与亮度转场 ▌

利用"亮度键"效果，不仅可以为两个视频画面的切换添加转场效果，还可以定义视频的开始效果。为视频素材添加"亮度键"效果，在起始点单击"阈值""屏蔽度"左侧的 按钮，创建两个关键帧，参数值均设置为100%。向右移动播放线，再次创建两个关键帧，参数值均设置为0%。为了使画面的浮现效果更加自然，将"阈值"关键帧向右移动，与"屏蔽度"关键帧错落放置，如图 2-149所示。

图 2-149

播放视频，可以看到在全黑的画面中，画面内容逐渐显示，直至清晰地显示全部内容，如图2-150所示。

图 2-150

超级键的运用与绿幕素材

利用"超级键"效果，可以轻松抠取绿幕素材，将素材添加至视频中，增加视频的趣味性。

为数学运算素材添加"超级键"效果，在效果控件面板中单击"主要颜色"右侧的吸管工具按钮 🖉，吸取绿幕背景，然后添加一个合适的背景，如图 2-151所示。播放视频，可以看到人物在说话的过程中，数学运算符号从画面中飞过，营造人物边说边思考的氛围。

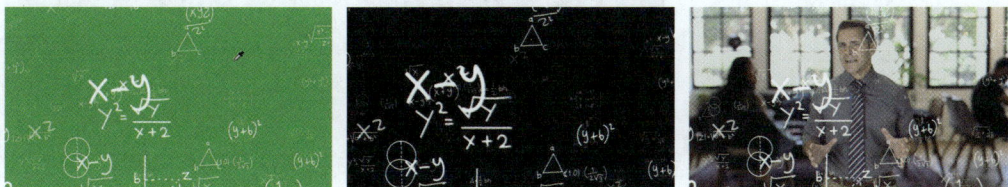

图 2-151

实践案例：制作撕纸转场

在本案例中，利用所学的与颜色键、超级键以及轨道遮罩相关的知识，在Pr软件中为剪辑添加撕纸转场效果。

01 将配书资源的对应文件夹中的视频片段、音频片段导入Pr软件，裁剪后将它们拼接成一个完整的视频，再根据视频内容裁剪音频。为了使音频块之间过渡自然，为其添加"恒定功率"效果，如图2-152所示。

02 将"S18-撕纸转场(1).mp4"素材导入Pr软件，如图 2-153所示，为其添加"超级键"效果，隐藏绿色背景。

图 2-152

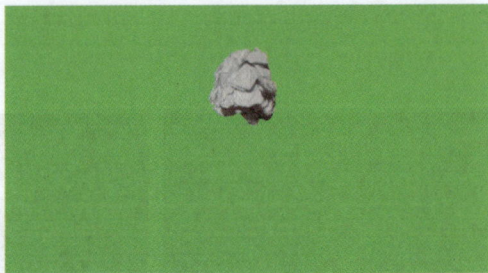

图 2-153

03 将视频与音频素材向右移动几帧,将撕纸转场素材添加至时间线面板,放置在如图 2-154所示的位置。

图 2-154

04 利用剃刀工具截取开头有纸质背景的片段,再利用比率拉伸工具延长视频的时长,使视频画面内容在纸质背景之后出现,如图 2-155 所示。

图 2-155

05 将播放线定位在撕纸转场素材后半段的合适位置并单击鼠标右键,在弹出的菜单中选择"添加帧定格"命令,视频块在播放线所在的位置被截断。为新截取的视频块添加"位置"关键帧,如图 2-156所示,并修改垂直方向上的参数。

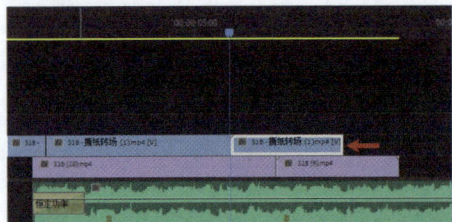

图 2-156

06 添加"位置"关键帧,使得纸团从上向下垂直降落,直至消失在画面中,如图 2-157所示。

图 2-157

07 选择一个视频块,将播放线定位至后半段的合适位置并单击鼠标右键,在弹出的菜单中选择"添加帧定格"命令。将裁剪得到的视频块移至上面的轨道,适当延长时长。

08 添加与之时长相等的调整图层、"S18-揉皱纸张.mp4""S18-老胶片边缘.mp4"素材,如图2-158所示。修改调整图层的"Lumetri颜色"参数,将"S18-揉皱纸张.mp4""S18-老胶片边缘.mp4"素材的"混合模式"均更改为"相乘"。播放视频,画面效果如图2-159所示。

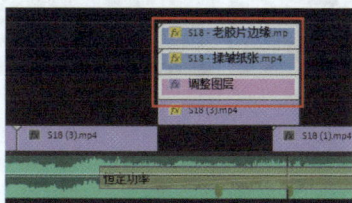

图 2-158

图 2-159

09 选择在上一步中添加的调整图层与视频素材并单击鼠标右键,在弹出的菜单中选择"嵌套"命令,在打开的对话框中设置名称(或者沿用默认名称),单击"确定"按钮创建嵌套,即可将选中的图层与素材合并,如图 2-160所示。双击绿色视频块,进入新的序列,其中包含执行"嵌套"操作前的所有内容。

图 2-160

10 为"撕纸转场1"添加"轨道遮罩键"效果。导入"S18-撕纸转场(3).mp4"素材并添加"超级键"效果,利用"合成"右侧的吸管工具吸取中间的黄色。

11 按住Alt键向上复制"S18-撕纸转场(3).mp4"素材,如图 2-161所示,再添加一个"超级键"效果,利用"合成"右侧的吸管工具吸取外围的绿色。

12 执行上述操作后,"S18-撕纸转场(3).mp4"素材内部的黄色、外部的绿色都被隐藏,只保留白色的撕纸边缘。播放视频,可以看到撕开的裂口中显示下一个画面的内容,如图 2-162所示。

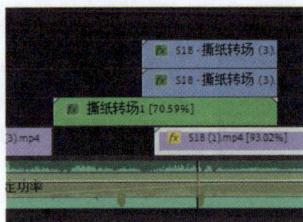

图 2-161

图 2-162

13 沿用上述的方法，继续在两个画面的转场处添加撕纸效果。还可以添加水滴素材，增添画面的动感，如图 2-163所示。

图 2-163

2.10 Ae跟踪和稳定：让效果"跟着"画面走，后期天衣无缝

跟踪器可以锁定画面中的特定元素，让剪辑元素跟着视频画面运动。本节介绍跟踪器面板的基本使用方法，学习如何使用它做跟踪运动以及稳定运动。最后结合所学知识，制作指示线动画。

跟踪运动基础

将跟踪人像视频素材导入Ae软件，执行"窗口"|"跟踪器"命令，打开跟踪器面板。在面板中单击"跟踪运动"按钮，切换至图层面板，画面中显示跟踪点。

移动跟踪点至人物脸部，单击"向前分析"按钮 ，在播放视频的同时记录跟踪点的运动轨迹。视频播放结束后，画面中显示运动轨迹，如图 2-164所示。

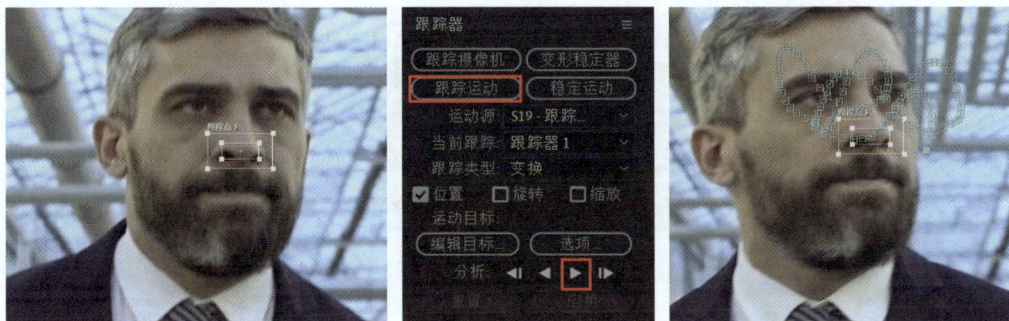

图 2-164

　　将跟踪卡通头像素材导入Ae软件，在跟踪器面板中打开"运动源"下拉列表，选择创建了运动轨迹的跟踪人像视频素材。接着在跟踪器面板中单击"编辑目标"按钮，打开"运动目标"对话框，设置"图层"为跟踪卡通头像素材，单击"确定"按钮。

　　单击"应用"按钮，在打开的对话框中选择应用维度，默认选择"X和Y"，保持选择，单击"确定"按钮。此时，再次播放视频，可以看到卡通头像被牢牢锁定在跟踪点上方，随着画面的运动而运动，如图 2-165所示。

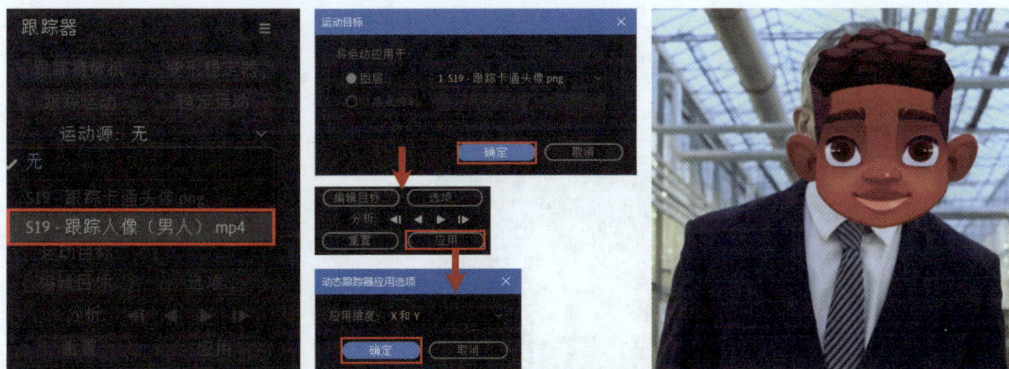

图 2-165

屏幕跟踪与跟踪蒙版

　　将"S-19跟踪屏幕1.mp4"导入Ae软件，单击跟踪器面板上的"跟踪运动"按钮，设置"跟踪类型"为"透视边角定位"，如图 2-166所示。画面中显示4个跟踪点，将跟踪点分别放置在计算机屏幕的4个角点，如图 2-167所示。

　　向右移动播放线，在合适的位置按快捷键Alt+]，将播放线右侧的视频裁剪掉，如图2-168所示。

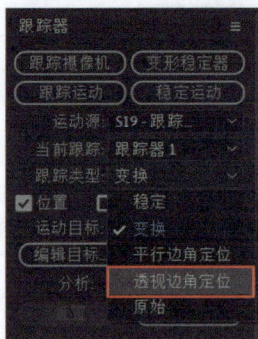

图 2-166

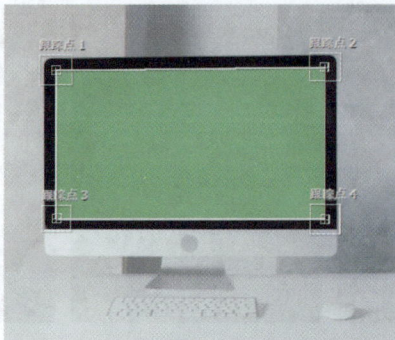

图 2-167

图 2-168

此时播放线位于视频结束处，单击跟踪器面板中的"向后分析"按钮◀，播放线向视频开头移动，开始创建运动轨迹。结束后，跟踪点附近会显示运动轨迹，如图 2-169 所示。

此时将"S-19跟踪屏幕1.mp4"素材导入Ae软件，单击跟踪器面板中的"编辑目标"按钮，在打开的对话框中确认运动目标为"S-19跟踪屏幕1.mp4"素材，单击"确定"按钮。接着单击"应用"按钮，如图 2-170所示，将跟踪轨迹应用至运动目标。

返回合成面板，此时计算机屏幕中显示画面素材，如图 2-171所示。播放视频，确认画面没有出现错误，完成操作。

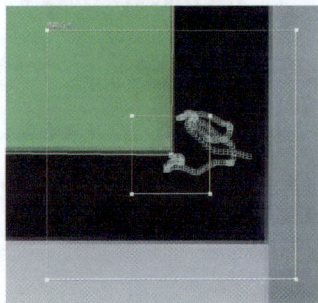

图 2-169

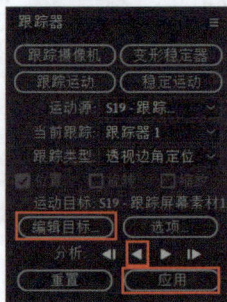

图 2-170

图 2-171

稳定运动

为视频添加"稳定运动"跟踪器，可以使画面主体在视频播放过程中始终处于画面中间，有助于吸引观众的注意力。

在跟踪器面板中单击"稳定运动"按钮，如图 2-172所示，画面中将显示跟踪点。将跟踪点移动至舞者的眼睛处，如图 2-173所示，定义跟踪点的位置。

在跟踪器面板中单击"向前分析"按钮▶，播放视频，随着舞者身体的移动，跟踪点偏离眼睛位置，如图 2-174所示。在跟踪的过程中，假如跟踪点的位置发生变化，可以采取逐帧移动跟踪点的方式，使得跟踪的轨迹符合使用需求，直到跟踪点再次找到目标或者跟踪结束。

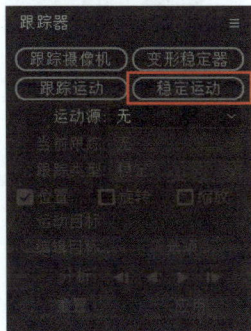
图 2-172

图 2-173

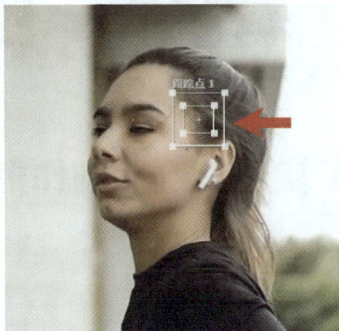
图 2-174

手动将跟踪点移动到舞者的眼睛处。此时单击"向前分析一个帧"按钮▶，播放下一帧，再次移动跟踪点到眼睛处。即使舞者已经转身，背对着镜头，用户也可以根据常识分析得知眼睛的大概位置，移动跟踪点，使其始终处于眼睛的位置，如图 2-175所示。

图 2-175

继续播放视频，等待舞者再次转身，面对镜头，确认跟踪点始终在眼睛处，单击"向前分析"按钮▶，使跟踪运动继续进行，如图 2-176所示。

在跟踪器面板中单击"编辑目标"按钮，弹出的对话框中将显示当前视频所在的图层，直接单击"确定"按钮即可。单击"应用"按钮，在弹出的对话框中保持默认值，单击"确定"按钮，如图 2-177所示。

播放视频，可以看到无论画面如何晃动，舞者始终处在画面的中间位置，如图 2-178所示。

图 2-176

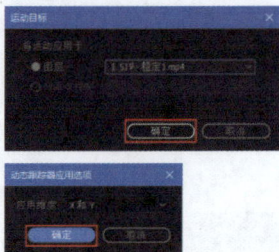

图 2-177

图 2-178

实践案例：制作指示线动画

利用所学的与跟踪器以及文字、图形相关的知识，在Ae软件中为剪辑制作一系列用来标注信息的指示线动画。

01 将配书资源的对应文件夹中的视频片段、音频片段导入Ae软件，裁剪后将它们拼接成一个完整的视频，如图 2-179所示。

图 2-179

02 单击工具栏上的"椭圆工具"按钮◯，按住Shift键绘制一个白色的圆形，如图 2-180所示。

03 选择形状图层，按快捷键Ctrl+C、Ctrl+V复制、粘贴，选择最上面的形状图层，关闭填充，设置描边为白色。在下面的形状图层上单击鼠标右键，在弹出的菜单中选择"变换"|"在图层内容中居中放置锚点"命令，如图 2-181所示，使得锚点位于圆心，方便进行缩放或位移。

图 2-180

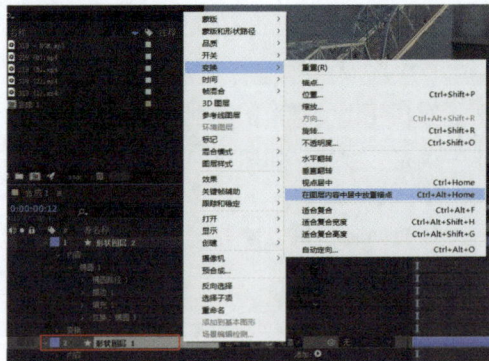

图 2-181

04 按住Shift键等比放大圆形，结果如图 2-182所示。

05 单击工具栏上的"钢笔工具"按钮，按住Shift键绘制45°斜线与水平线段，如图 2-183所示。

06 单击工具栏上的"横排文字工具"按钮，选择合适的字体与字号，在横线上输入白色文字，如图 2-184所示。

图 2-182

图 2-183

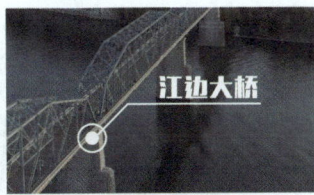
图 2-184

07 选择形状图层与文字图层并单击鼠标右键，在弹出的菜单中选择"预合成"命令，如图 2-185所示。

08 在打开的"预合成"对话框中自定义新名称，如图 2-186所示。

09 单击"确定"按钮，创建合成的效果如图 2-187所示。双击"江边大桥"合成，进入编辑模式，显示形状图层与文字图层，可以独立编辑这些图层。

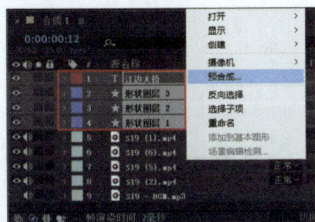
图 2-185

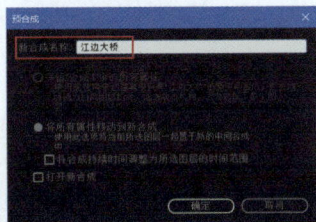
图 2-186

图 2-187

10 选择视频图层，单击跟踪器面板上的"跟踪运动"按钮，定位跟踪点。单击"向前分析"按钮，开始跟踪操作，如图 2-188所示。

11 单击"编辑目标"按钮，在打开的对话框中选择目标图层，如图 2-189所示，单击"确定"按钮。

12 单击"应用"按钮，保持默认值，在打开的对话框中单击"确定"按钮，如图 2-190所示。

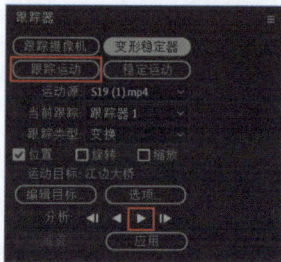

图 2-188　　　　　　　　　　图 2-189　　　　　　　　　　图 2-190

13 在"江边大桥"预合成的列表中调整"锚点"参数,使文字与跟踪路径的端点对齐,如图 2-191 所示。播放视频,可以看到文字始终跟随大桥在移动。

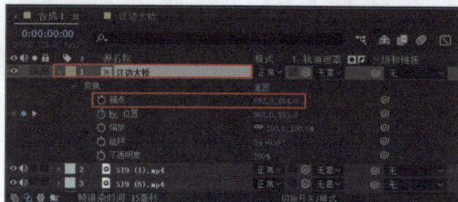

图 2-191

14 双击"江边大桥"预合成,进入编辑模式。展开"形状图层1"(实心圆形所在图层),在开始的 位置添加"缩放"关键帧,设置参数值为(0,0),向右移动播放线,修改参数值为(100,100), 按Enter键创建第二个关键帧,如图 2-192所示。

15 播放视频,可以看到圆形从无到有,再逐渐放大,如图 2-193所示。

16 使用同样的方法,为另一个圆形和指示线添加动画效果。

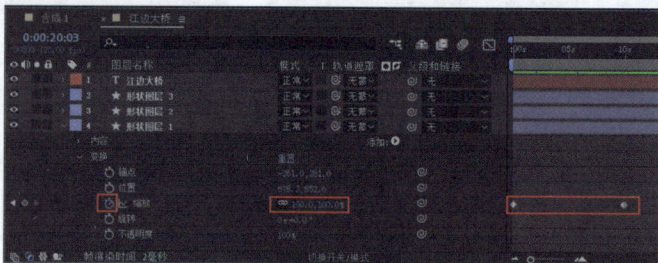
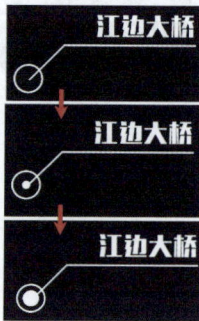

图 2-192　　　　　　　　　　　　　　　　图 2-193

17 在项目面板中选择"江边大桥"预合成,按快捷键Ctrl+C、Ctrl+V,复制、粘贴得到一个副本并 重命名为"社区图书馆"。双击进入"社区图书馆"预合成,修改文字内容。

18 重复操作, 对视频图层执行 "跟踪运动" 操作, 使文字在视频播放过程中始终指向对应的建筑物, 如图 2-194 所示。

图 2-194

19 单击工具栏上的 "钢笔工具" 按钮 ✎, 沿着建筑物的外轮廓绘制形状。设置填充为无、描边为虚线、颜色为白色, 如图 2-195 所示。

20 使用所学的跟踪器知识, 对视频图层执行 "跟踪运动" 操作, 使虚线框在视频播放过程中始终跟随建筑物移动, 如图 2-196 所示。

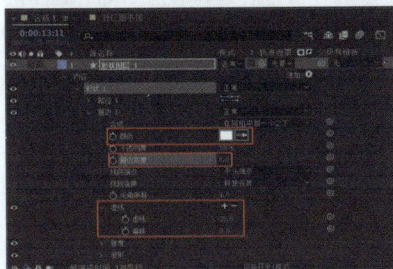

图 2-195

图 2-196

21 单击 "填充1" 左侧的 ◉图标, 设置 "颜色" 为黄色, 添加 "不透明度" 关键帧, 第一个关键帧的值为0%, 第二个关键帧的值为60%, 第三个关键帧的值为0%, 如图 2-197 所示。

图 2-197

22 播放视频, 可以看到黄色填充区域从无到有, 最后逐渐淡化, 如图 2-198 所示。

图 2-198

23 添加引线文字以及标题文字，完成视频的剪辑，如图 2-199所示。

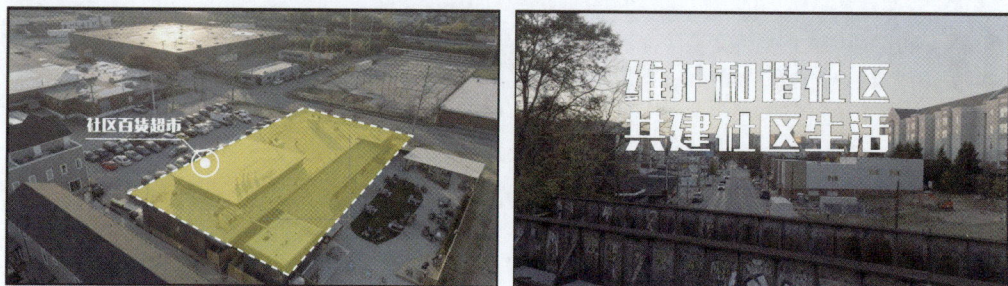

图 2-199

2.11 Ae 3D效果：突破平面，深度解析3D场景与摄影机视角

　　应用3D素材制作效果，可以令视频内容更加丰富、逼真。Ae软件对3D功能有着绝佳的支持，本节介绍Ae软件中与3D功能有关的知识，如3D概念基础摄像机基本操作、3D图层与摄像机的应用等，最后利用场景文字跟踪效果，将文字融入画面，制作一个场景文字动画。

3D概念基础

三维（3D）通常用来指代"三维空间"，日常生活中可指代由长、宽、高3个维度所构成的空间。

编辑3D对象都在活动摄像机视图中进行。摄像机指代用来观测3D物体的视角。借助动画推动摄像机移动，可以使画面内容发生变化，类似于在真实生活中使用摄像机拍摄视频，从不同的角度看到的对象是不同的。

在Ae软件中输入文字，在合成面板中选择文字并单击鼠标右键，在弹出的菜单中选择"3D图层"命令，如图 2-200所示，可以使2D图层转换成3D图层，并在文字上显示三维坐标，如图 2-201所示。

将鼠标指针放到对应的箭头或控制点上，旁边会提示用户当前操作的是哪个轴（X轴、Y轴、Z轴）。

图 2-200

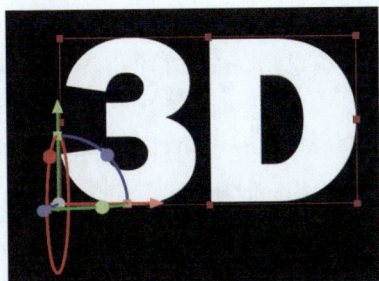
图 2-201

将鼠标指针放置在文字上，按住Alt键拖动，可以切换至3D视图，如图 2-202所示。为文字添加两个"位置"关键帧，第一个关键帧将Z轴位置设置为−5000，第二个关键帧将Z轴位置设置为200，如图 2-203所示。

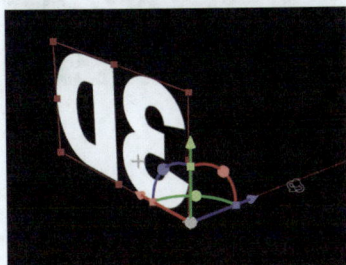
图 2-202

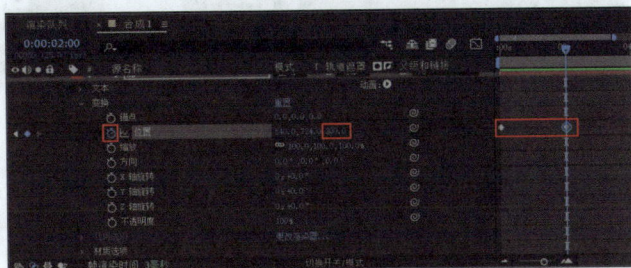
图 2-203

播放视频，可以看到文字沿着红色的轨迹从远处逐渐移近，如图 2-204所示。在这里，没有更改文字的尺寸，只调整了文字的位置。遵循近大远小的原则，当文字距离视点较远的时候，看起来尺寸较小；而在移动的过程中，看起来尺寸逐渐增大。

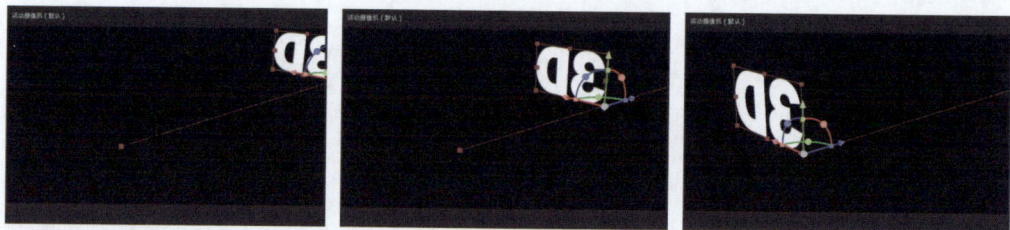

图 2-204

摄像机基本操作

在时间线面板中单击鼠标右键，在弹出的菜单中选择"新建" | "摄像机"命令，打开"摄像机设置"对话框。在"预设"下拉列表中选择摄像机的胶片尺寸，如图 2-205所示。胶片尺寸可以理解为摄像机中的"景观"大小，默认值是50毫米，可以自定义参数值。单击"确定"按钮，新建一个摄像机图层。

在合成面板的右下角打开"选择视图布局"下拉列表，在其中选择"4个视图"选项，此时面板中同时显示4个不同的视图，如图 2-206所示。处在摄像机取景框内的对象为可见状态，对象超出取景框则被隐藏。可以切换至不同视图，从多个角度查看对象。

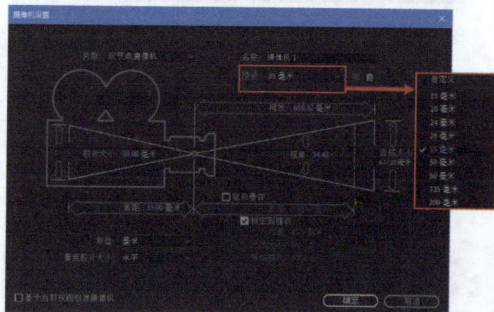

图 2-205

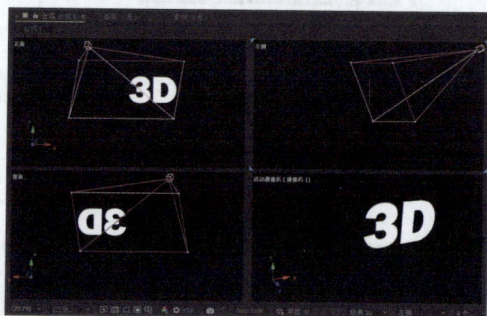

图 2-206

按住Alt键+鼠标左键拖动，可以改变摄像机的角度。

按住Alt键+鼠标右键拖动，可以前后缩放摄像机。

按住Alt键+鼠标滚轮拖动，可以平移摄像机。

从多个角度查看对象，如图 2-207所示。如果想要返回初始状态，可以打开合成面板右下角的3D视图下拉列表，选择"重置摄像机1"选项，如图 2-208所示。

图 2-207

图 2-208

3D图层与摄像机的应用

利用3D图层与摄像机，可以使静止的照片"动"起来。首先将素材照片与背景图片导入Ae软件，在素材照片的下方创建一个白色矩形，为照片添加一个白色边框，如图 2-209所示。选择照片与矩形并单击鼠标右键，在弹出的菜单中选择"预合成"命令，将照片与矩形打包，方便复制与移动。

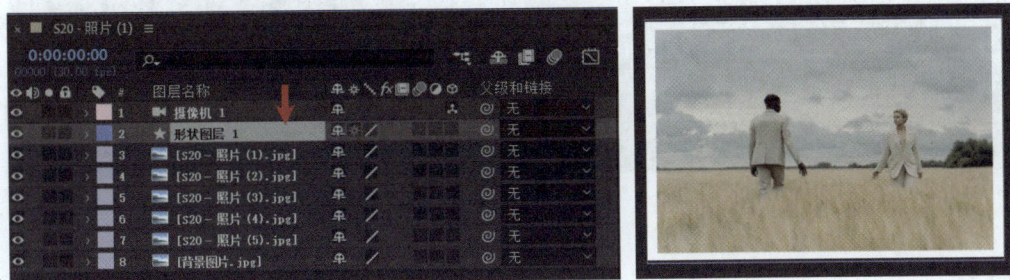

图 2-209

为"摄像机1"图层添加"目标点""位置"关键帧，第一个关键帧定位在起始点，向右移动播放线，调整摄像机的位置与角度，创建第二个关键帧，如图 2-210所示。

图 2-210

　　播放视频，可以看到照片随着关键帧的运动轨迹"动"了起来，直至定格在某个点，如图 2-211所示。

图 2-211

▍实践案例：制作场景文字动画 ▍

　　本案例利用所学的与3D、摄像机相关的知识，结合跟踪器，在Ae软件中为剪辑添加一个跟随场景移动的文字动画。

01 将配书资源的对应文件夹中的视频片段导入Ae软件，按照需要裁剪，并将它们放置在合适的位置，如图 2-212所示。

图 2-212

02 单击工具栏上的"横排文字工具"按钮 **T**，在画面中输入文字，如图 2-213所示。

图 2-213

03 选择视频块，单击跟踪器面板中的"跟踪摄像机"按钮，如图 2-214所示，开始执行跟踪操作，画面如图2-215所示。

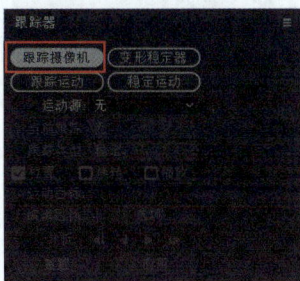
图 2-214

图 2-215

04 稍等片刻，即可完成跟踪，如图 2-216所示。如果跟踪完成后，在屏幕上看不到跟踪点，先在效果控件面板中勾选"渲染跟踪点"复选框，再取消勾选。这是一个"刷新"操作。记得要取消勾选"渲染跟踪点"复选框，否则最后的成片会显示这些花花绿绿的跟踪点。

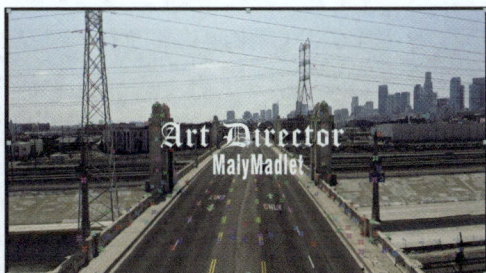
图 2-216

05 将鼠标指针放置在跟踪点上，会显示一个圆盘，单击后将高亮显示跟踪点。单击鼠标右键，在弹出的菜单中选择"创建文本和摄像机"命令，在跟踪点的位置创建一个3D文字。调整3D文字的角度与位置，使其符合透视规则，如图 2-217所示。

图 2-217

06 将前面输入的文字替换成3D文字，播放视频，可以看到文字随路面的移动逐渐向镜头靠近，如图 2-218所示。

图 2-218

07 使用相同的方法在另一个视频画面中创建3D文字,并调整文字的方向与位置,如图 2-219所示。

08 将3D文字尽可能地移动至远处,展开文字图层,单击"位置"左侧的◎按钮,创建第一个关键帧;向右移动播放线,再将3D文字移至画面外,如图 2-220所示,此时可以创建第二个关键帧。为3D文字创建的关键帧的位置如图 2-221所示。

图 2-219

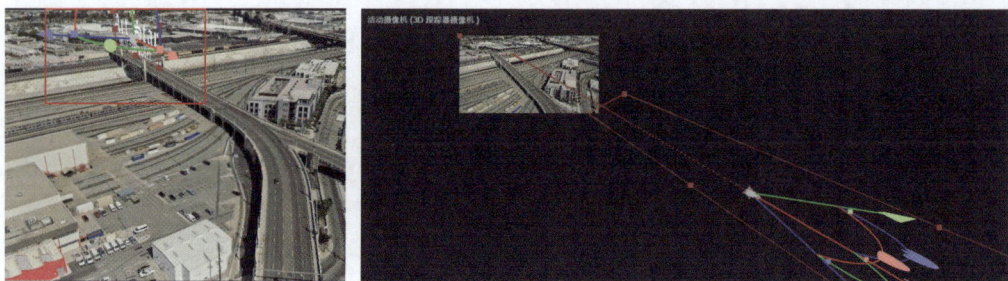

图 2-220

图 2-221

09 在两个关键帧的中间再新建一个关键帧。然后选择这3个关键帧并单击鼠标右键,在弹出的菜单中选择"关键帧辅助"|"缓动"命令,如图 2-222所示。

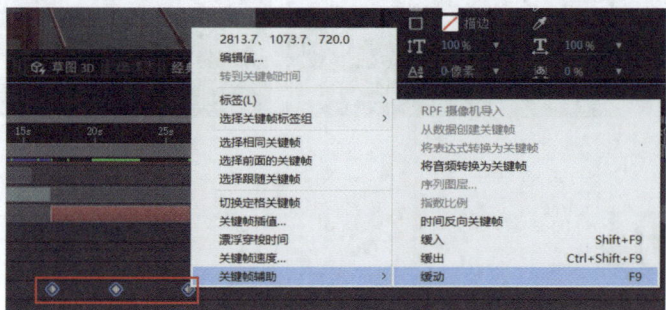

图 2-222

10 单击"图表编辑器"按钮![icon]，进入图表编辑器，如图 2-223所示。

11 移动手柄调整曲线，如图 2-224所示，从而影响3D文字的运动速度。

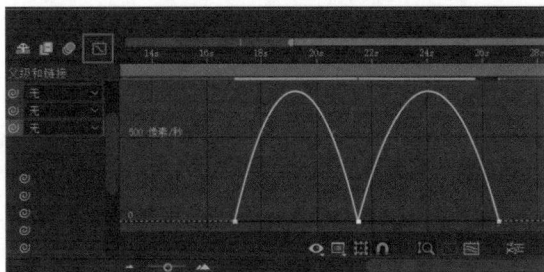

图 2-223

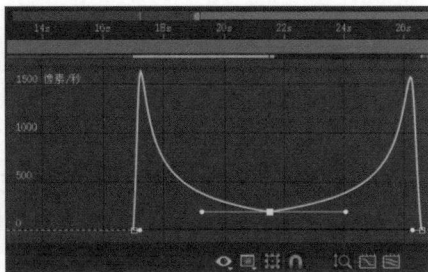

图 2-224

12 播放视频，可以看到3D文字先快速地向前运动，然后变缓，接着再次加快，最终滑出画面，如图 2-225所示。

图 2-225

13 单击工具栏上的"横排文字工具"按钮![icon]，在画面中输入文字，如图 2-226所示。

14 选择文字图层，单击![icon]按钮，将文字图层转换成3D图层，如图 2-227所示。

图 2-226

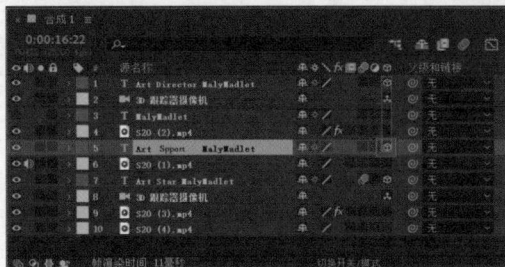

图 2-227

15 在时间线面板的空白处单击鼠标右键，在弹出的菜单中选择"新建"|"摄像机"命令，新建一个摄像机。

16 展开摄像机图层，添加"目标点""位置"关键帧，如图 2-228所示。

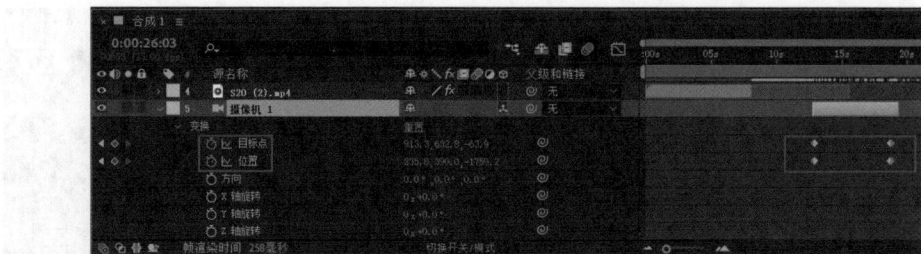

图 2-228

17 播放视频，随时调整摄像机的角度，使文字始终在大桥的左侧，如图 2-229所示。

图 2-229

18 将Logo素材导入Ae软件，裁剪至合适的时长，为其添加"缩放"关键帧，为关键帧添加缓动效果，并在图表编辑器中调整曲线的形状，如图 2-230所示。

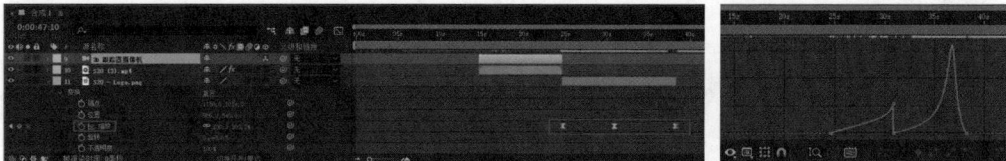

图 2-230

19 播放视频，可以看到Logo逐渐增大，最后充满整个画面，如图 2-231所示。

图 2-231

20 添加音频及其他的效果，完成剪辑的制作，部分画面效果如图 2-232所示。

图 2-232

2.12 Ae表达式：在Ae里当"码农"，却是做大片的奥义

表达式是一种能够在Ae软件中以函数、代码的形式实现参数值变化的一种工具。利用表达式，可以实现很多关键帧做不到或者做起来特别麻烦的动态特效。

本节介绍Ae软件表达式的相关知识，包括表达式的基本操作方法、表达式的内容与应用，最后利用表达式制作一个3D文字环绕动画。

表达式基础

表达式是Ae软件内部基于Java Script编程语言开发的一种编辑工具，其语法及命令源自程序员所使用的这门语言。利用表达式，可以使一些参数以程序化的方式进行自动变化，还能基于逻辑判断和条件命令等方式，实现一些常规关键帧做不到的特殊效果。

将卡通图片素材导入Ae软件，在时间线面板中展开图层列表，在"位置"参数上单击鼠标右键，在弹出的菜单中选择"单独尺寸"命令，如图 2-233所示。执行该项操作，可以将一些包含多个数值的参数分离成每个方向上的单独参数，方便进行后续的编辑。

"位置"参数被分离成"X位置""Y位置"参数，如图 2-234所示，通过编辑参数，可以独立修改x轴方向、y轴方向上的尺寸。

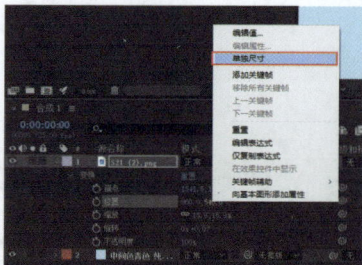

图 2-233

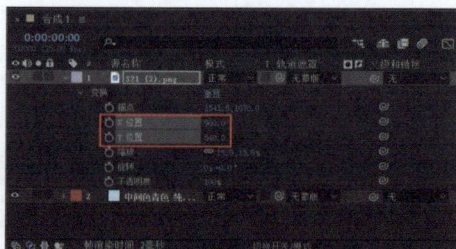

图 2-234

选择"X位置"参数，单击鼠标右键，在弹出的菜单中选择"编辑表达式"命令，进入表达式编辑模式，同时显示表达式的内容，如图 2-235所示。

在原有表达式的基础上输入新的参数，如图 2-236所示。在表达式中，所有的标点符号都是英文半角格式。

图 2-235

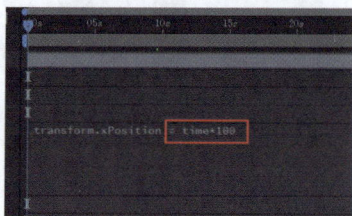

图 2-236

输入参数后，在空白位置单击，即可应用表达式，此时原本位于画面中间的汽车向左移动指定的距离。播放视频，可以看到汽车从画面左边移动至右边，如图 2-237所示。

还可以为"Y位置"参数添加表达式，使汽车在垂直方向上以指定的距离移动，打造汽车在行进过程中上下颠簸的情形。

图 2-237

▌时间与变化表达式▐

利用变化表达式，可以为所选对象添加有规律的变化效果。沿用上一小节介绍的方法，为小狗素材添加"缩放"表达式。单击右下角的 ▶ 按钮，在下拉列表中选择如图2-238所示的选项。

此时时间线面板右侧显示了包含5组参数的代码，手动修改参数，如图 2-239所示。

其中，第一项参数说明变化是随着时间发生的。写作time，才能得到基于秒计数的时间数值。

第二、第三项参数分别说明变化开始、结束的时间点，如inPoint表示从入点开始，inPoint+1表示在1秒内结束这个变化的动作。

第四、第五项参数说明起始点至结束点的变化。对一些拥有"多个维度"（即包含多个数值）的参数（如缩放、位置等）应用表达式时，需要以同样包含多个数值的数组的形式去表达数值。

如"从0到100"，准确地说是"缩放"参数值从"0,0"变成"100,100"。在表达式里，需要写成[0,0]和[100,100]，才可以实现缩放过程。

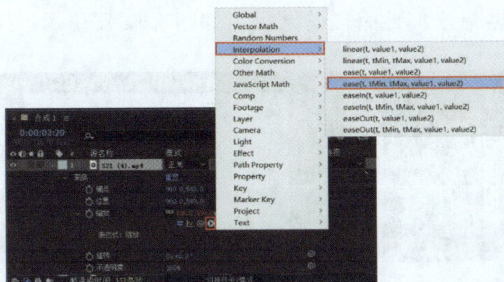
图2-238

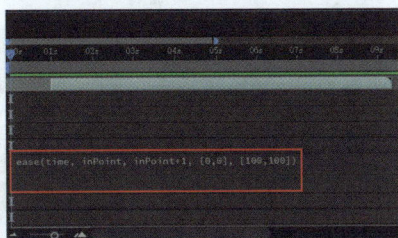
图2-239

播放视频，当播放线来到视频的起始点，即1秒的位置时，开始出现缩放动作；播放线移动至2秒的位置时，缩放结束，显示正常尺寸的视频画面，如图 2-240所示。

图2-240

摇摆与循环表达式

为对象添加循环表达式，可以使对象循环地进行某个动作。

在时间线面板中单击鼠标右键，在弹出的菜单中选择"新建"|"纯色"命令，新建一个纯色图层。选择纯色图层，单击"钢笔工具"按钮 ，在合成面板中绘制一条路径，如图 2-241所示。

展开纯色图层列表，选择"蒙版路径"参数，如图 2-242所示，按快捷键Ctrl+C复制路径。

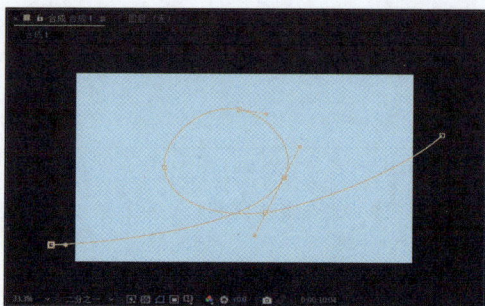

图 2-241

图 2-242

打开图像图层列表，选择"位置"参数，如图 2-243所示，按快捷键Ctrl+V粘贴路径，如图 2-244所示。此时，合成面板中会显示粘贴路径的结果，如图 2-245所示。

图 2-243

图 2-244

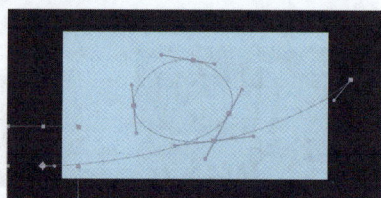

图 2-245

播放视频，可以看到宇航员沿着设定的路径在运动，如图 2-246所示。

图 2-246

为"位置"参数添加表达式，单击右下角的 按钮，在弹出的下拉列表中选择如图 2-247所示的选项。表达式参数显示在时间线面板的右侧，如图 2-248所示。保持默认参数不变，播放视频，可以看到宇航员沿着路径在做循环运动。

通过修改表达式参数，可以更改宇航员的运动速度，限于篇幅无法赘述，请读者自行练习。

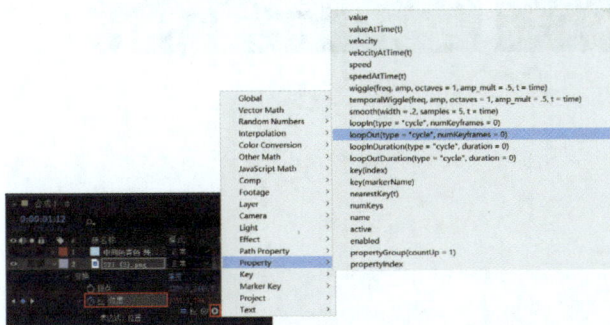

图 2-247

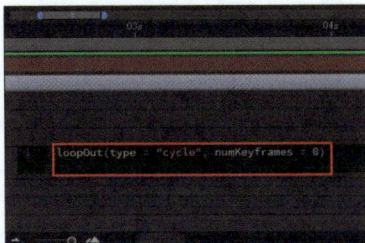

图 2-248

▌实践案例：制作3D文字环绕动画 ▌

在本案例中，利用所学的与表达式相关的知识，结合3D运动和摄像机，在Ae软件中为剪辑添加一个3D文字环绕动画。

01 将配书资源的对应文件夹中的视频片段、音频片段导入Ae软件。

02 单击工具栏上的"横排文字工具" T，在画面中输入文字，如图 2-249所示。

03 选择文字图层，单击工具栏上的"椭圆工具"按钮 ，按住Shift键绘制一个圆形，创建圆形蒙版，效果如图 2-250所示。

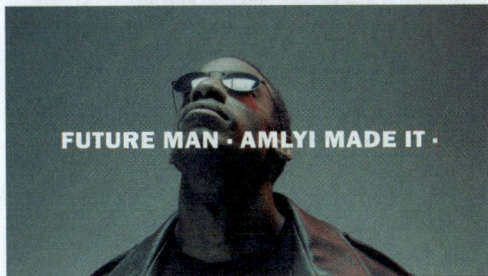

图 2-249

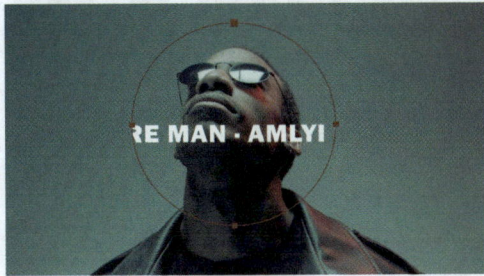

图 2-250

04 在文字图层下展开"路径选项"列表，在"路径"下拉列表中选择"蒙版1"选项，使文字沿着蒙版路径排列，如图 2-251所示。

图 2-251

05 在右侧的文本面板中调整文字的字号与间距，使文字排满路径，如图 2-252所示。

06 单击"动画"按钮 ⚫，在弹出的下拉列表中选择"启用逐字3D化"选项，如图 2-253所示，将文字图层转换为3D格式。此时文字显示效果如图 2-254所示。

图 2-252

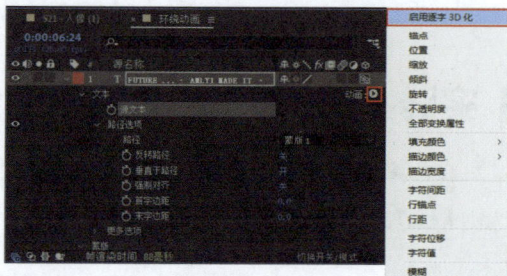

图 2-253

07 再次单击"动画"按钮 ⚫，在弹出的下拉列表中选择"旋转"选项，如图 2-255所示。

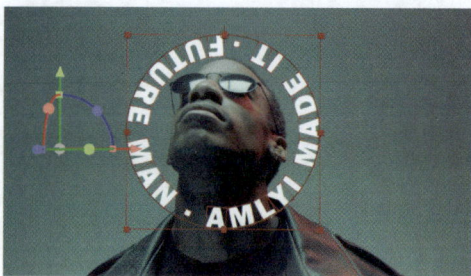

图 2-254

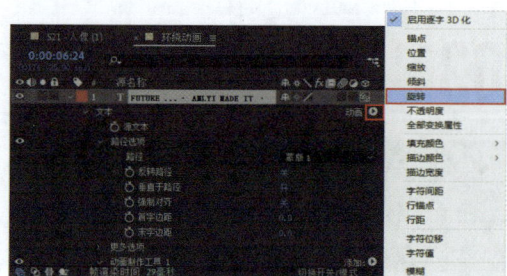

图 2-255

08 在"动画制作工具1"列表中的"范围选择器1"下修改"X轴旋转"参数，如图 2-256所示。

09 按住Alt键拖动，调整文字的角度与位置，如图 2-257所示。

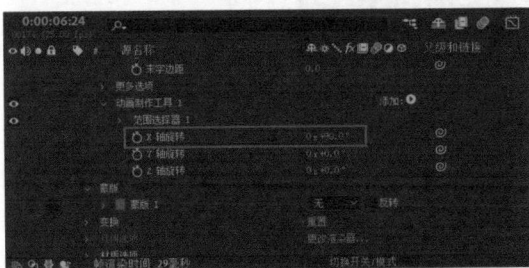

图 2-256

图 2-257

10 在"路径选项"列表中，按住Alt键单击"首字边距"左侧的◯按钮，添加表达式，并在右侧输入表达式time * 500，如图 2-258所示。

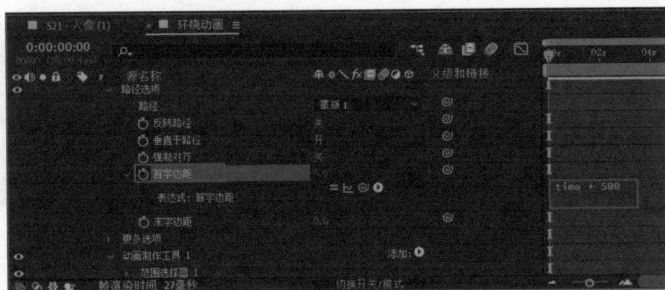

图 2-258

11 播放视频，可以看到文字绕着人物的头部旋转，如图 2-259所示。

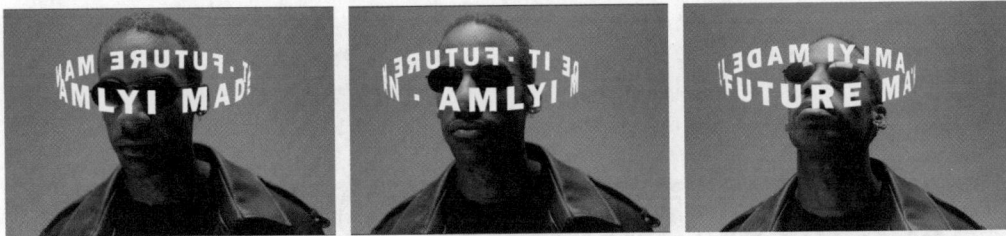

图 2-259

12 单击"动画"按钮◑，在弹出的下拉列表中选择"锚点"选项，如图 2-260所示。

13 单击"锚点"按钮◑，在弹出的下拉列表中选择如图 2-261所示的选项，添加表达式。

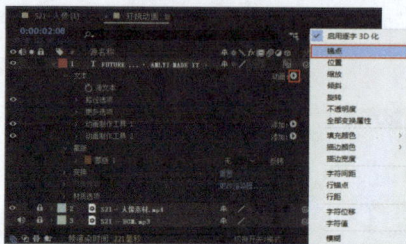
图 2-260

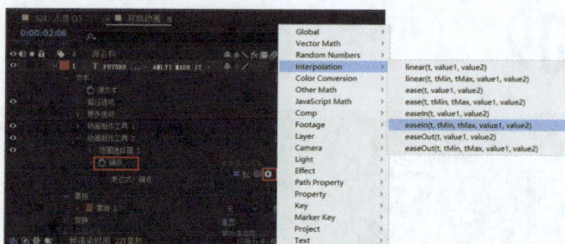
图 2-261

14 在时间线面板右侧输入表达式的内容，如图 2-262所示。

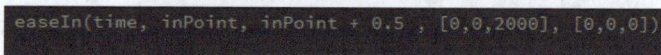

```
easeIn(time, inPoint, inPoint + 0.5 , [0,0,2000], [0,0,0])
```
图 2-262

15 播放视频，可以看到文字从四周向中间聚拢，如图 2-263所示。

图 2-263

16 在效果和预设面板中搜索"发光"效果，选择"风格化"下的"发光"效果，如图 2-264所示，将其添加至文字图层。

17 展开文字图层下的"发光"列表，按住Alt键单击"发光半径"左侧的 按钮，添加表达式，接着在右侧输入表达式的内容。使用同样的操作，添加"发光强度"的表达式。

18 将播放线移动至4s的位置，添加"发光半径"关键帧，将参数值设置为50；向右移动播放线至5s的位置，将参数值修改为0，添加第二个关键帧。重复操作，添加"发光强度"关键帧，如图 2-265所示。为文字添加发光效果后如图 2-266所示。

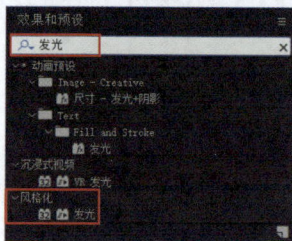
图 2-264

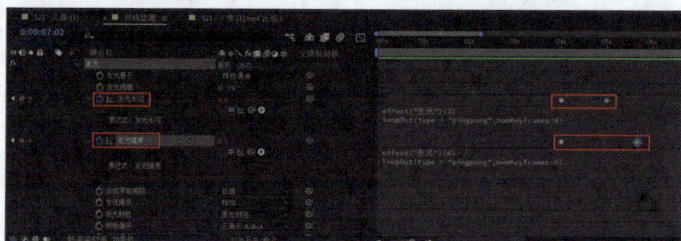
图 2-265

19 选择文字图层，按P键展开列表，按住Alt键单击"位置"左侧的◎按钮，添加表达式，并在右侧输入表达式的内容，如图 2-267所示。播放视频，可以看到文字有上下晃动的效果。

图 2-266

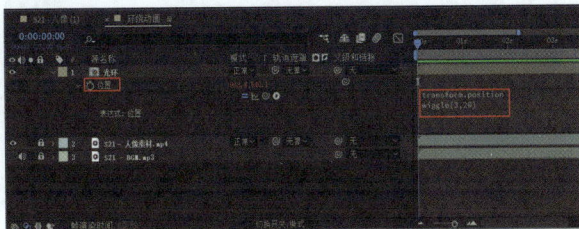

图 2-267

20 按快捷键Ctrl+C、Ctrl+V复制、粘贴人像图层，将人像图层副本移动至文字图层上方。双击人像图层副本，合成面板中将显示视频画面。

21 单击工具栏上的"Roto笔刷工具"按钮，在人像上绘制，如图 2-268所示。松开鼠标左键，系统自动识别人像，并在人像周围创建洋红色的轮廓线。继续绘制，将未选中的部分添加到选区。如果要减选，就按住Alt键绘制多选的区域，结果如图 2-269所示。

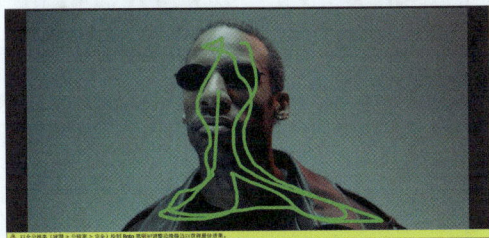

图 2-268

图 2-269

22 执行"视图"|"分辨率"|"完整"命令，画面下方的警告信息消失。此时按住空格键，系统开始跟踪所创建的路径，如图 2-270所示。跟踪的速度快慢与视频的大小有关，视频越大，速度越慢。

图 2-270

23 播放视频，可以看到文字不再遮挡人物面部，如图 2-271所示。

图 2-271

24 选择人像图层副本，单击工具栏上的"矩形工具"按钮■，在人物面部绘制一个矩形蒙版。在"蒙版1"右侧勾选"反转"复选框。播放视频，可以看到文字从人物面部滑过，如图 2-272 所示。

图 2-272

25 结合前面所学的知识，继续为视频添加效果，最终效果如图 2-273所示。

图 2-273

03

思维进阶营
专项开拓剪辑思维

本章介绍视频剪辑的进阶内容。在经过了前面的基础学习后，本章学习为视频添加字幕、设置转场效果、调节画面颜色，以及控制速度与节奏等知识；学习和剪辑有关的思维与逻辑，体会专业的剪辑师如何解决剪辑过程中所遇到的问题，从而培养自己的剪辑思维。

3.1 字幕篇：花式加字幕攻略，剪好视频的"最后一步"

这一节将学习与字幕有关的内容，包括字幕的概念和分类、字幕的转录、生成和校对等。完成学习后，读者可以进一步加深对字幕的认识、增强编辑能力。

▌字幕基础 ▌

字幕是指以文字形式显示的电视、电影、舞台作品里面的对话等非影像内容，也泛指影视作品后期加工的文字。

字幕的类型大致有以下几种。

1.按出现时间划分

片头字幕、片尾字幕、片中（对白）字幕。

2.按字幕对象划分

对白字幕、歌词字幕、说明性（标注）字幕。

3.按出现位置划分

下方居中、屏幕居中、其他合适的位置。

不同规格的视频，字幕的位置也可能有较大差异。如果字幕在画面周围，就以某一侧为依据（横向为左右两侧，纵向为上下两侧）进行字幕对齐；如果字幕在画面中间，就居中对齐。

字幕能够帮助观众更准确地了解与接收视频画面信息，并且能够补充视频画面或以外的信息。

需要添加字幕的情况如下。

1.没有对白的视频可以加字幕

没有对白的视频可以通过字幕实现"讲述"功能,向观众补充信息。

2.只有歌曲的视频可以添加歌词字幕

添加字幕后可以将歌词清楚、直接地展示出来,还能起到点缀、丰富视频的作用。

3.有人物对白的视频推荐加字幕

对中短视频来说,字幕可以非常准确地突出内容。对长视频来说,字幕能够减少观众的观看压力。

4.太长的视频不一定要加字幕,视具体情况而定

视频的时间太长,字幕生成与校对的压力就会较大,并且很容易出错。

用于互联网传播的视频对字幕一般没有特殊要求,保证字体大小清晰可见、不遮挡画面主体内容即可。

添加字幕通常是视频剪辑的最后一个步骤,建立在做好所有剪辑特效的成片基础上。

添加字幕的基本流程如下。

字幕转录→字幕生成→字幕校对→样式设计。

在本书中,主要利用Pr软件来为视频剪辑添加字幕。

▌文本面板基础▌

执行"窗口"|"文本"命令,在左上角显示文本面板。导入视频素材后,按钮被激活,如图 3-1所示。如果没有导入视频素材,按钮就显示为灰色。

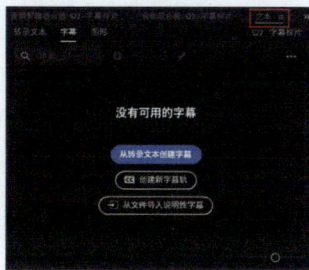

图3-1

单击"创建新字幕轨"按钮，打开"新字幕轨道"对话框，如图 3-2所示。保持默认值不变，单击"确定"按钮关闭对话框。

时间线面板中新增一条字幕轨道，位于视频轨道的上方，如图 3-3所示。创建字幕后，字幕就会在该轨道上显示。在文本面板中单击"添加新字幕分段"按钮⊕，新建一段字幕并输入文字，如图 3-4所示。

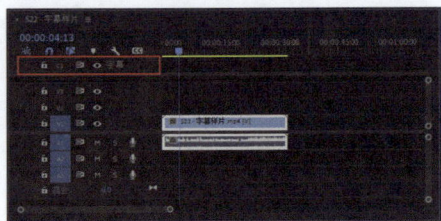

图3-2 　　　　　　　　　　图3-3 　　　　　　　　　　图3-4

在轨道上放置字幕块，调整长度，如图 3-5所示。再创建一段字幕，选中这两段字幕，单击"合并字幕"按钮⟩⟨，如图 3-6所示，或者按快捷键Alt+M，可以将选中的字幕合并。

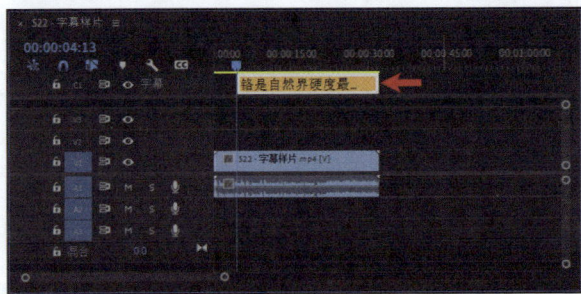
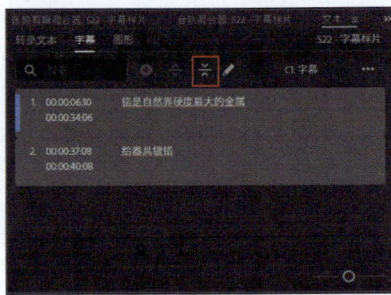

图3-5 　　　　　　　　　　　　　　图3-6

执行合并操作后，文本自动连接，如图 3-7所示。有时候连接不准确，需要手动修改。单击"拆分字幕"按钮⟨⟩，或者按快捷键Alt+S，可以拆分选中的字幕，如图 3-8所示。

拆分是在合并的基础上进行的，不能恢复字幕本来的内容。

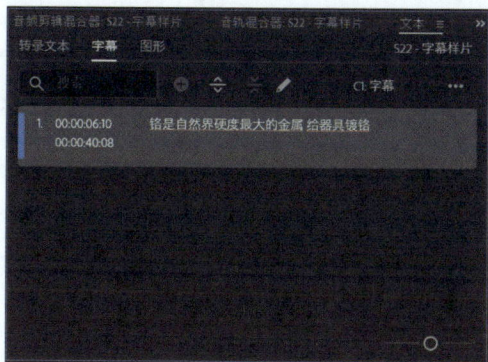

图 3-7

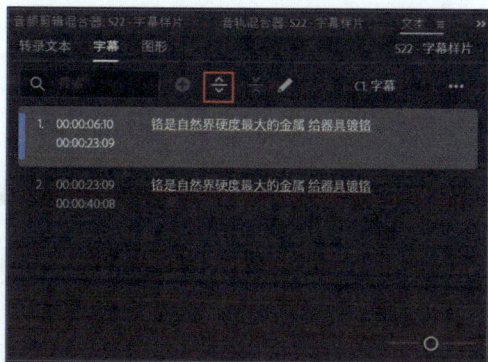

图 3-8

选中字幕，单击"编辑活动文本"按钮 ，进入编辑模式，如图 3-9所示，修改文本内容后在空白区域单击即可结束编辑。选择字幕块，利用剃刀工具，在指定的位置单击，如图 3-10所示，可从该位置切断字幕块。

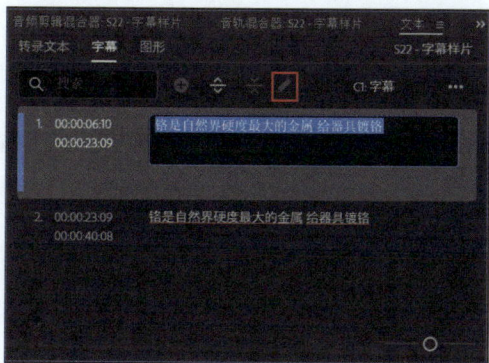

图 3-9

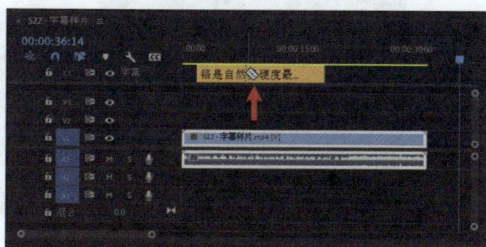

图 3-10

执行裁剪操作后，两个字幕块相互独立，可以自由调整位置或者编辑内容，如图 3-11所示。

选择字幕，在文本面板中滑动右下角的圆形滑块，可以缩小或放大字幕文字，如图 3-12所示。

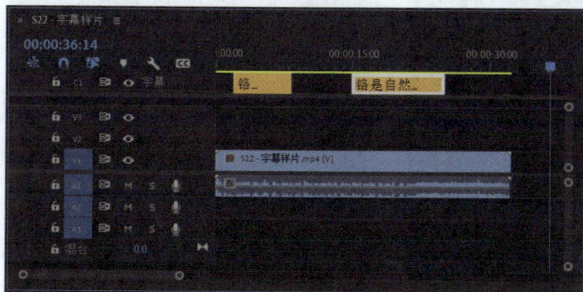

图 3-11

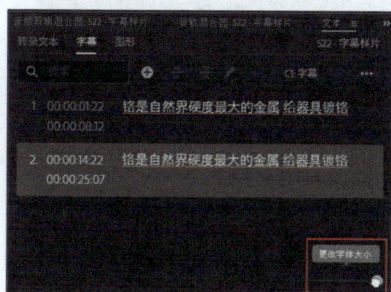

图 3-12

163

字幕转录、生成与校对

1.字幕转录

在文本面板中切换到
"转录文本"选项卡，单击
"转录"按钮，如图3-13
所示，系统开始进行自动转
录操作，如图3-14所示。
稍待片刻，等待转录完成
即可。

图3-13

图3-14

文本面板中显示转录的结果，将鼠标指针放置在字段上，字段会高亮显示，如图
3-15所示。单击选中字段，时间线面板中播放线会自动移动到与字段对应的位置，如图
3-16所示。

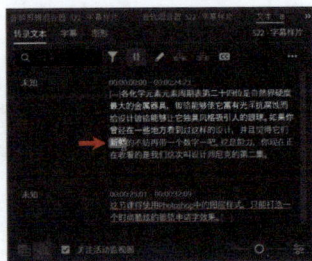

图3-15

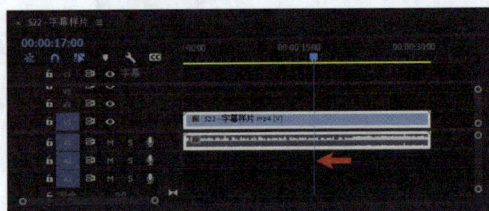

图3-16

2.字幕生成与校正

单击文本面板右上角的▦按钮，在弹出的下拉列表中选择"创建字幕"选项，如图
3-17所示。在打开的"创建字幕"对话框中设置参数，如图3-18所示。单击"创建字
幕"按钮，开始创建字幕，如图3-19所示。

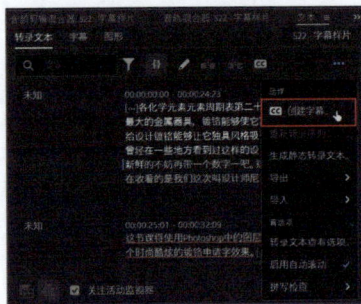

图3-17

图3-18

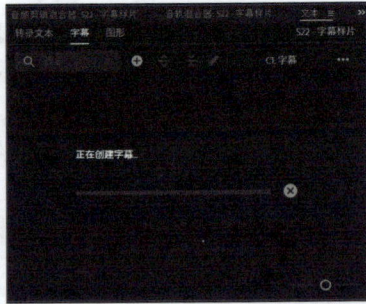

图3-19

每句话都对应一段单独的字幕，如图 3-20所示。选择字幕，播放线会自动定位至与视频相对应的位置，方便用户再次倾听这段视频的语音，以便校正字幕。

可以利用搜索框搜索字幕中的文字。在搜索框中输入文字，如"它"，此时字幕中高亮显示搜索到的所有"它"字，如图 3-21所示。向下滚动列表，查看选择是否有误。单击"替换"按钮，可以将"它"字替换为其他文字，如图3-22所示。

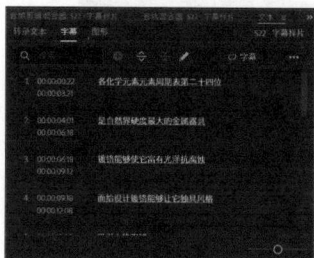

图 3-20

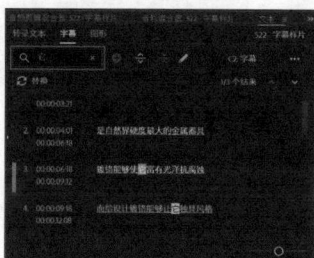

图 3-21

图 3-22

在"替换为"文本框中输入要替换的文字。单击"全部替换"按钮，可以全部替换选中的文字。单击"替换"按钮，只会替换一个选中的文字；再次单击"替换"按钮，将再次替换一个选中的文字。

智能转录的字幕难免存在错误，这时需要手动修改。在文本面板中修改字幕，如图3-23所示，可以实时反映到视频画面中，方便用户查看修改结果，如图 3-24所示。

图 3-23

铬，化学元素，排元素周期表第二十四位

图 3-24

在字幕节奏的划分上，如果视频的节奏较慢，可以在一段字幕里安排较多的字数；如果视频的节奏较快，最好将字幕划分得更加细致。

也可以借助其他软件来生成字幕。此时，先在Pr软件中导出一个低分辨率、低比特率的"低清版"或者纯音频文件（.mp3格式），节约渲染时间并提高上传效率。

常见的文本字幕有SRT、SMI、SSA等格式，它们记录的信息包括其时间码加上对应时间点上的字幕文本内容，内容精练。跨软件制作、修改相当简单。

将字幕文件（SRT格式）导入Pr软件的项目面板中，如图 3-25所示，然后将其拖放至右侧的字幕轨道上并调整位置，使其与视频、音频相对应，如图 3-26所示。

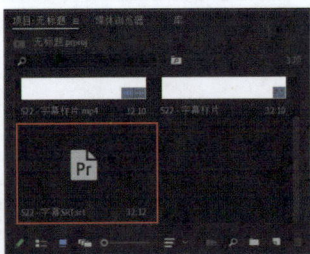

图 3-25

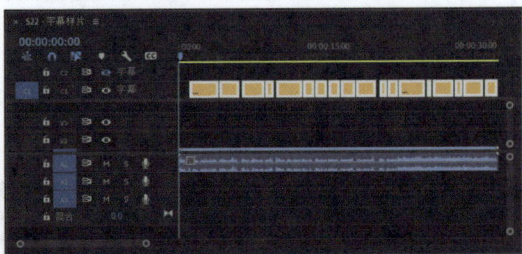

图 3-26

实践案例：字幕样式设计

确认字幕文字准确无误后，就可以为其添加样式了，使其看起来更加美观和谐。

01 为字幕选择一个便于辨认的字体，方便观众获取正确的信息。为字幕选择粗体的效果如图3-27所示。

02 在节目面板中单击鼠标右键，在弹出的菜单中选择"安全边距"命令，画面中显示安全边距，如图 3-28所示。安全边距为调整字幕位置提供依据。

图 3-27

图 3-28

03 字幕需要位于安全边距内，通过设置"对齐并变换"中的"设置垂直位置"参数，调整字幕在垂直方向上的位置，如图 3-29所示。

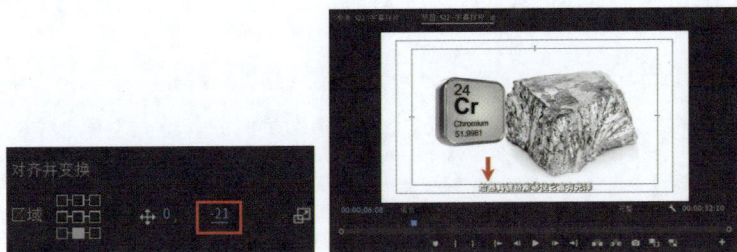

图 3-29

04 为文字设置白色填充、黑色细描边，开启阴影效果，能够使文字在画面中清晰地显示，如图 3-30所示。

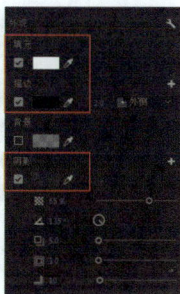

给器具镀铬能够使它富有光泽

图 3-30

05 勾选"背景"复选框，设置不透明度、大小参数，为字幕添加背景。适当调整阴影的参数，使字幕在背景的衬托下显得更加自然，如图 3-31所示。

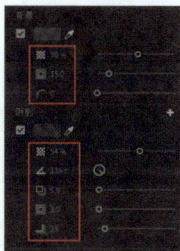

给器具镀铬能够使它富有光泽

图 3-31

06 打开"轨道样式"下拉列表，选择"创建样式"选项，在打开的对话框中设置样式名称，如图 3-32所示，单击"确定"按钮，新建样式。此时，新建样式为当前样式，如图 3-33所示，并自动为其他字幕块应用该样式。

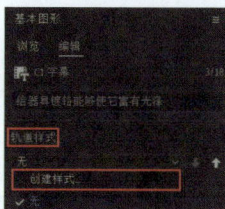

图 3-32

图 3-33

07 播放视频，可以看到每段字幕都应用了相同的样式，如图 3-34所示。

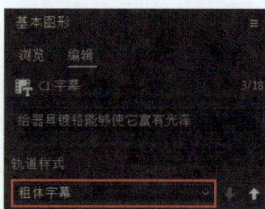

图 3-34

08 项目面板中会显示新建的字幕样式。选中样式并单击鼠标右键，在弹出的菜单中选择"导出文本样式"命令，如图 3-35所示，将字幕样式导出至指定的路径，方便日后随时调用。

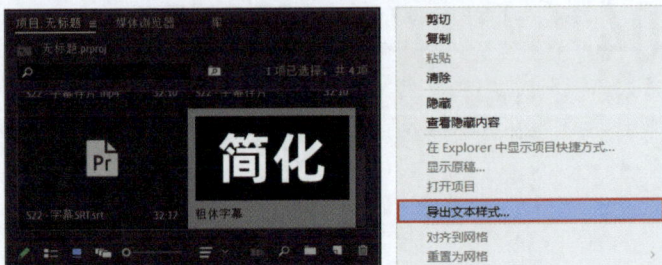

图 3-35

3.2 转场篇：转场如何"丝滑流畅"？五分钟转场实操演练

本节学习转场的设计方法。别出心裁的镜头过渡与段落切换可以吸引观众的目光，并极大地丰富剪辑内容。除了基本的生硬切换与简单的淡化过渡外，还可以综合利用Pr和Ae软件中的许多功能模块，做出更加与众不同的转场设计。

▌转场基础▐

构成电影、电视作品的最小单位是镜头，每个镜头往往都具有某种单一的、相对完整的意义，如表现一个场景、一个动作过程，表现一种相关关系，表现一种含义等。类似于戏剧中的戏剧场面，每个镜头连接在一起，就形成了完整的电影、电视作品。

因此，电影、电视作品在内容上的结构层次是通过段落表现出来的。镜头与镜头之间的过渡或转换，往往带有一些场景与场景的切换，这在剪辑中被称为"转场"。

1. 转场的分类

广义的转场， 指在拍摄和剪辑层面所利用的各种衔接画面的手段。

拍摄层面包括同景别转场、特写转场、空镜头转场、封挡镜头转场、相似体转场、地点转场，以及运动镜头转场、同一主题转场、声音转场等。

剪辑层面包括淡入淡出转场、黑白转场、划像（擦除）转场、定格转场、拉镜转场、分割屏幕转场、故障转场、拟物转场等。

狭义的转场，指在剪辑中利用技术手段处理两段视频之间的衔接，使其流畅且富有看点。

淡化类转场，用于搭建比较温和、自然的转场场景，通过基本效果就可以实现。

擦除类转场，用于搭建比较富有连续性的转场场景，通过视频效果、蒙版或遮罩来实现。

位移类转场，用于搭建比较富有冲击力的转场场景，通过运动（变换）动画与视频效果来实现。

遮挡类转场，用于搭建衔接紧密的转场场景，通过叠层素材和视频效果来实现。

无缝类转场，用于搭建"意料之外"的转场场景，通过蒙版、键控等来实现。

2.转场的优势

（1）增强视频的连续性

转场有机地衔接本来分离的各个镜头，无形间将观众带入下一个画面，从而增加观众看下去的动力。

（2）增强视频的观赏性

转场是特效手段"一展身手"的绝佳时机，通过转场可以为视频添加更多看点，如"丝滑"效果、"高能"效果等，给人留下深刻印象。

转场的添加需要慎重考虑。干净利落的镜头切换，也有其独特的优势。在营造段落感和突变感时，视频往往离不开简单的硬切。

太多转场效果的盲目堆砌，容易让观众产生视觉疲劳。添加效果太强烈的转场，也会模糊视频本身的重点，喧宾夺主。

主要利用Pr和Ae软件来为剪辑添加转场效果，也可以依赖一些发展成熟的插件与预设来实现转场效果。下面主要介绍在Pr软件中为剪辑添加转场效果的方法。

淡化类转场

淡化类转场一般适用于搭建比较温和、自然的转场场景，通过基本效果就可以实现。当缺乏太多的帧时，并不建议使用淡化类转场。假如强制将其放置在片段中间，会出现一些由于帧不足生成的"重复帧"，反映到视觉上就会出现卡顿的效果。

在两个视频片段之间添加"交叉溶解"效果，弹出如图 3-36所示的对话框，提醒用户视频片段包含的帧不足。单击"确定"按钮，就可以添加"交叉溶解"效果，如图 3-37所示。

图 3-36

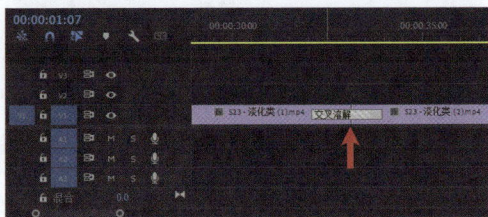

图 3-37

播放视频，查看转场效果，如图 3-38所示。可以看到上一个画面逐渐淡出，下一个画面逐渐淡入，直至完全显示下一个画面为止。

图 3-38

黑白转场用在有段落感、间隔感的场景切换中。在视频片段中间添加"黑场过渡"效果，可以看到上一个画面逐渐被黑色覆盖，直至屏幕显示为全黑，才逐渐显示下一个画面，如图 3-39所示。

"白场过渡"效果的使用方式和结果与"黑场过渡"相同，只是利用白色来覆盖屏幕，从而达到转场的目的。

图 3-39

在视频片段的中间添加"交叉过渡"效果后，更改其中一个视频片段的混合模式，可以丰富转场效果。将上一个视频片段的混合模式设置为"相乘"，可以看到在衔接下一个画面的时候，屏幕暗了下来，如图 3-40所示。当下一个画面逐渐显示时，屏幕恢复正常亮度。

尝试使用不同的混合模式，使视频转场效果更加多样化。

图 3-40

擦除类转场

擦除类转场适用于搭建比较富有连续性的转场场景，可以通过视频效果、蒙版或遮罩来实现。

在两个视频片段之间添加"划出"效果，可以看到下一个画面逐渐从左向右滑动，慢慢覆盖当前画面，直至完全显示下一个画面为止，如图 3-41所示。

图 3-41

为视频添加几何形状的遮罩，在播放的时候，可以看到几何形状滑过画面，带出下一个画面的局部内容，直至下一个画面完全显示为止，如图 3-42所示。

图 3-42

▎位移类转场▐

位移类转场适用于搭建富有冲击力的转场场景，通过运动（变换）动画与视频效果来实现。

在视频片段的连接处创建两个调整图层，分别为两个调整图层添加"偏移"效果，并创建关键帧。在此基础上再创建一个调整图层，为其添加"方向模糊"效果并创建关键帧。

3个调整图层的位置如图 3-43所示。

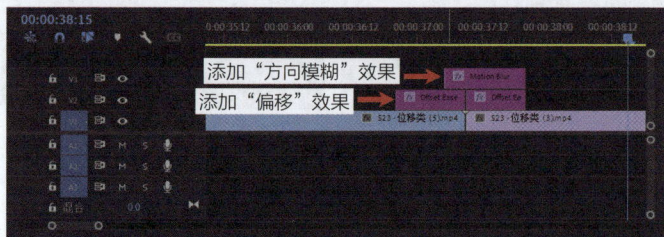

图3-43

选择左侧的调整图层，展开"偏移"列表，单击"将中心移位至"左侧的 按钮，创建关键帧，保持默认值不变。选择右侧的调整图层，向右移动播放线，添加关键帧，设置参数值，如图 3-44所示。

选择最上方的调整图层，展开"方向模糊"列表，单击"模糊长度"左侧的 按钮，创建关键帧。向右移动播放线，设置不同的参数值，完成3个关键帧的创建，如图 3-45所示。

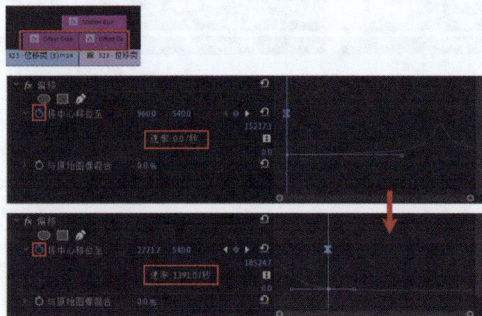

图3-44

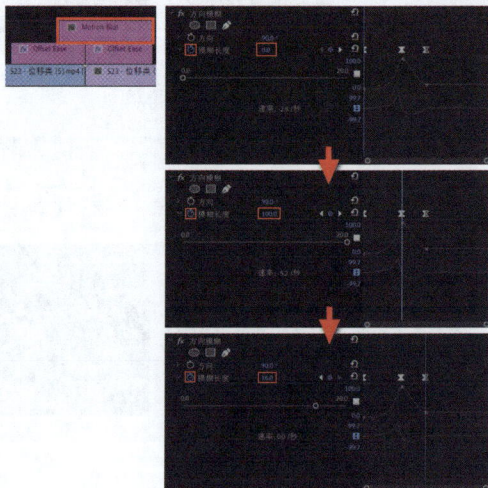

图3-45

播放视频，可以看到画面在快速移动的过程中产生运动模糊效果，直至下一个画面完全显现，如图 3-46所示。

在视频片段上创建调整图层，并为调整图层添加"旋转扭曲"效果，添加关键帧，在转场时通过扭曲画面来进入下一段视频，如图 3-47所示。

图 3-46

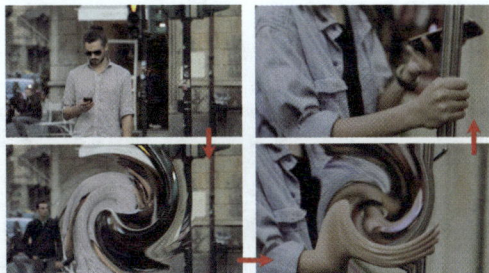

图 3-47

遮挡类转场

遮挡类转场用于搭建衔接紧密的转场场景，通过叠层素材和视频效果来实现。

在视频片段上创建调整图层，并为调整图层添加"高斯模糊"效果。创建"模糊度"关键帧，使模糊度从0增大至100，画面由清晰转为模糊；接着将模糊度从100减小到0，画面由模糊变得清晰。关键帧参数设置如图 3-48所示。

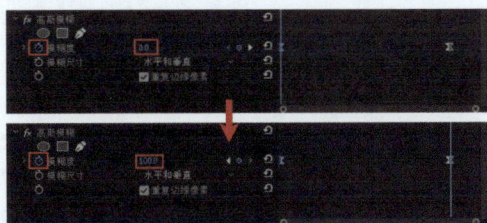

图 3-48

播放视频，可以看到在临近转场的位置，画面逐渐变得模糊，并在模糊中显示下一个画面，最终画面清晰显示，开始播放下一段视频的内容，如图 3-49所示。

图 3-49

无缝类转场

无缝类转场适用于搭建"意料之外"的转场场景，一般通过蒙版、键控等来实现。

为视频添加蒙版，使得在转场的时候，上一个画面从左向右滑过，逐渐显示下一个画面，直至完全显示为止，如图 3-50 所示。

无缝类转场可以使画面衔接自然，得到较好的播放效果。

图 3-50

3.3 调色篇：从色彩校正到风格化调色，专业级调色流程梳理

本节介绍与调色有关的各种内容，包括调色的基础知识、明暗平衡的调整、偏色的校正，以及套用 LUT 样式的方法等。

调色基础

调色是电影制作和视频编辑中常见的后期制作工作，即改变画面的颜色。

图像有各种属性，如对比度、颜色、饱和度、细节、阴影和白平衡等。无论是动态图片、视频还是静态图像，都可以通过调节参数的方式达到调色的目的。

调色可通过创造性地混合和合成源图像的不同图层蒙版来产生艺术效果。调色可以具体划分为色彩校正、风格化调色等出于不同目的的调色。

色彩校正可以使画面的色彩更加"准确"，更符合进一步调整的要求，可以解决明暗不平衡、色差或偏色等问题。

风格化调色可以使画面的色彩更加"有风格"，更符合剪辑内容的需要，可以解决画面太平淡、普通等问题。调色还可以为画面营造某种氛围，使其能向观众传达特定的情绪。

调色的流程一般是先进行一级调色（色彩校正），再进行二级调色（风格化调色）。但是流程并不是一成不变的，可以根据需要灵活变通，并反复进行调整以达到最佳效果。

Lumetri 范围面板基础

Lumetri范围面板以可量化的形式显示视频画面的明暗、色彩信息，包括5个不同的图形，即直方图、波形图、分量图和两种矢量图（矢量示波器）。这些图形可以帮助剪辑师更科学地评估剪辑的真实情况并进行色彩校正。

1.直方图

直方图用来指示颜色在不同的亮度区间里的数量，从而表现视频整体的亮度或暗度，体现出较亮的区域与较暗的区域。

在Lumetri范围面板中单击鼠标右键，在弹出的菜单中选择"直方图"命令，如图3-51所示，即可显示直方图。纵轴表示由明到暗的区间，横轴表示每个区间所分布的信息，如图 3-52所示。

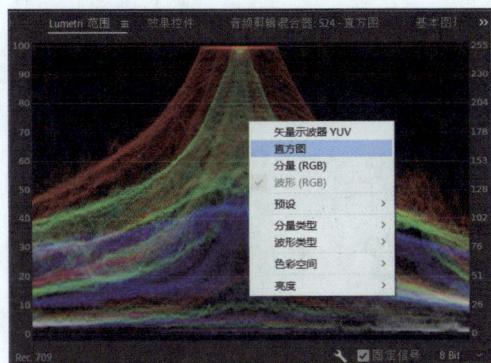

图 3-51

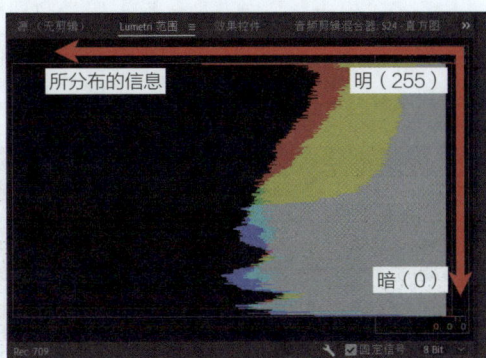

图 3-52

整体降低视频的亮度后，可以看到在画面变暗的同时，直方图也在发生变化。波形向下压缩，聚集在下方的暗部区域，表示当前画面光线不足、画面较暗，如图 3-53所示。

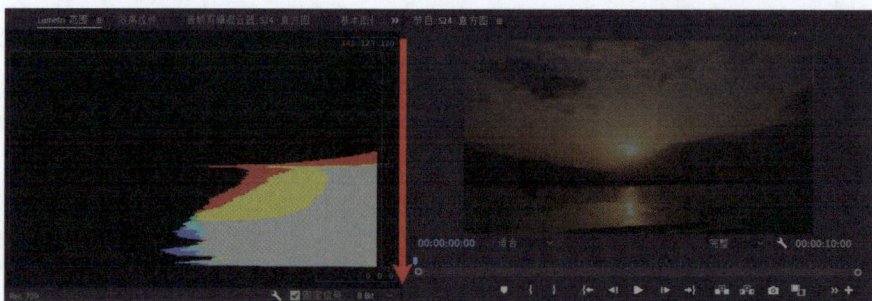

图 3-53

增强画面的曝光度，直方图的波形向上移动，并充满上方区域，表示当前画面光线较为充足，甚至有点过度曝光，如图 3-54所示。

图 3-54

2.波形图/分量图

波形图如图 3-55所示，用于显示画面的亮度信息。波形图的亮度范围与画面的明暗程度相对应，当前的画面中只有中间的火焰明亮，两侧为黑色背景，如图 3-56所示。反映到波形图中，则只有中间显示波形，两侧没有任何信息。

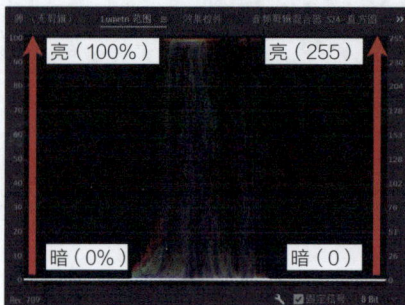

图 3-55

图 3-56

在面板中单击鼠标右键，在弹出的菜单中选择"波形类型"|"亮度"命令，如图 3-57所示，以黑白两色表示当前画面的明暗波形，如图 3-58所示。

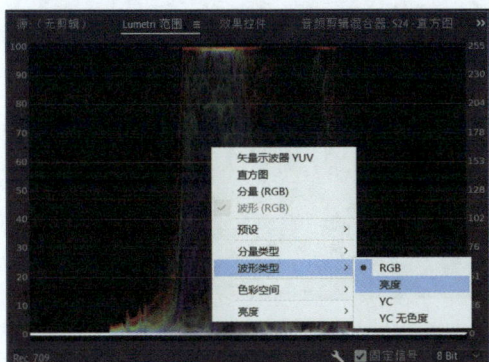

图3-57

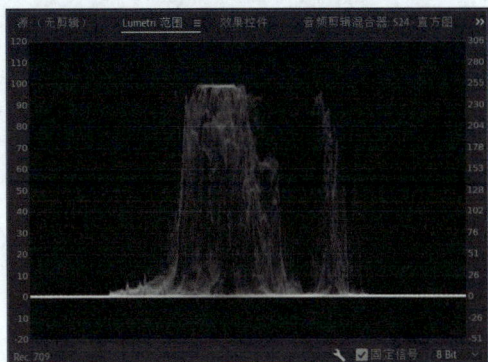

图3-58

在面板中单击鼠标右键，在弹出的菜单中选择"分量（RGB）"命令，显示分量图。右侧的波形图将红、绿、蓝3种颜色叠加显示，左侧的分量图则将这3种颜色分开来单独表示当前画面的明暗信息，如图3-59所示。

在调节画面明暗的时候，波形图和分量图用来分析某种颜色在特定区间内的分布，或者画面整体的颜色倾向。

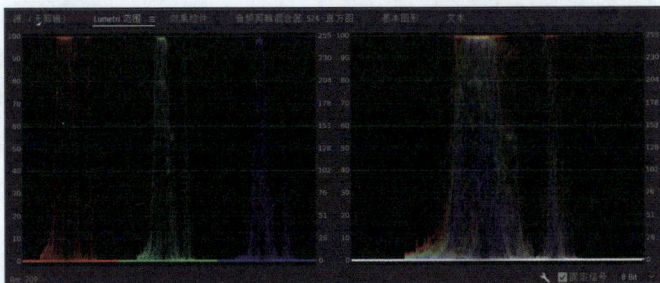

图3-59

3. 矢量示波器

矢量示波器用来展示当前画面的颜色分布。若画面的色调以紫色、蓝色、洋红色为主，则在矢量示波器中，雾状图形显示在红色、紫色颜色区间，如图 3-60所示。每种颜色与其对比色呈对角线分布，如红色→青色、紫色→绿色等。

调整颜色色相或者饱和度，矢量示波器会根据画面色调的变化来自动更新颜色信息。

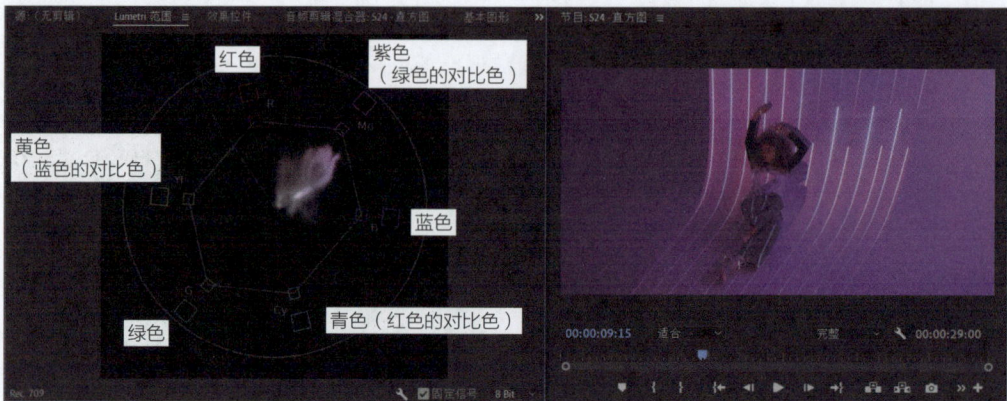

图 3-60

更换视频，此时矢量示波器会自动识别画面中的颜色，并显示在左侧的图表中，如图3-61所示。播放视频，可以看到画面的颜色不断变化，示波器也在实时更新。

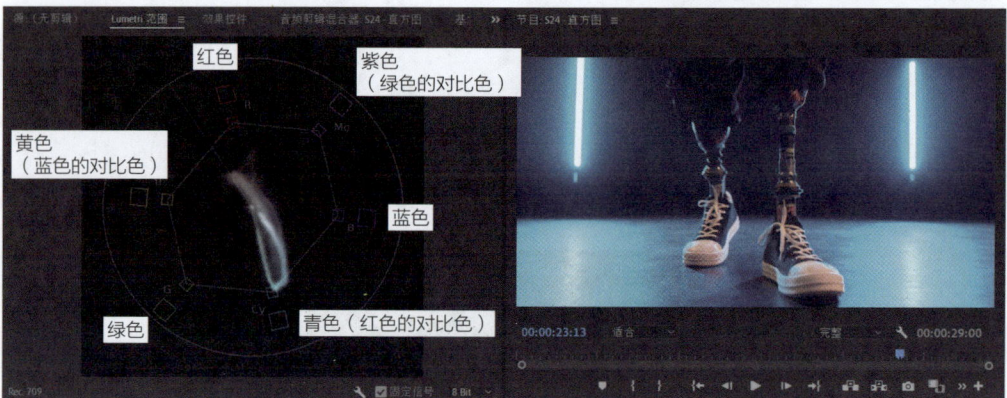

图 3-61

矢量示波器中的雾状图形可以用来表示画面的色相与饱和度。将"饱和度"设置为200，雾状图形偏移至六边形之外，如图3-62所示，表示画面中某类颜色的饱和度过高。

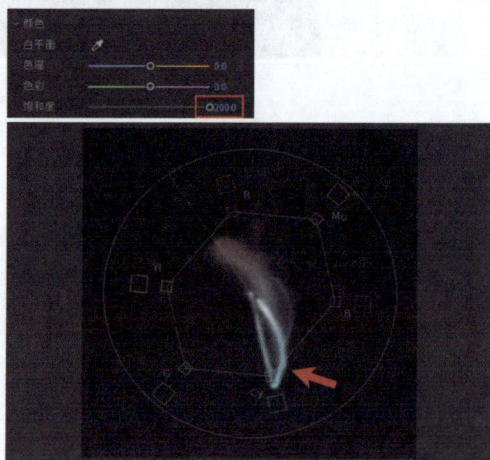

图 3-62

更改"饱和度"为50，雾状图形则向
六边形的中心靠拢，如图 3-63所示。

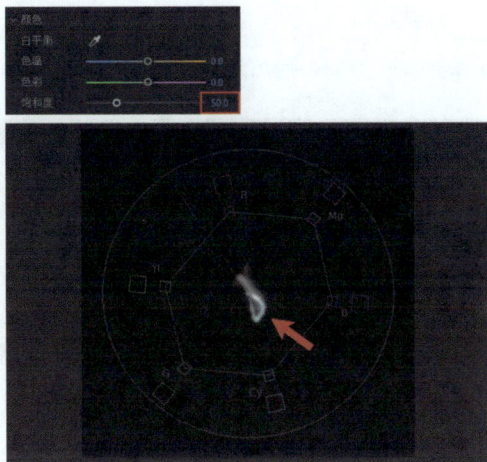

图 3-63

▍色彩校正：明暗平衡与偏色校正 ▍

1.明暗平衡

在对画面执行偏色校正之前，必须平衡画面的明暗效果。在Lumetri颜色面板中，调整"高光""阴影"参数，控制画面中较亮或较暗的部分；调整"白色""黑色"参数，控制画面中最亮或最暗的部分。

反映到波形图上，"高光""阴影"参数影响的是波形的上半部分与下半部分的大部分区域，"白色""黑色"参数影响的则是波形顶端与底端的小部分区域。

观察当前画面对应的波形图，可以看到波形集中显示在中间区域，如图 3-64所示，表示对比度不强，导致画面整体看起来灰蒙蒙的，主体不突出，没有吸引力。

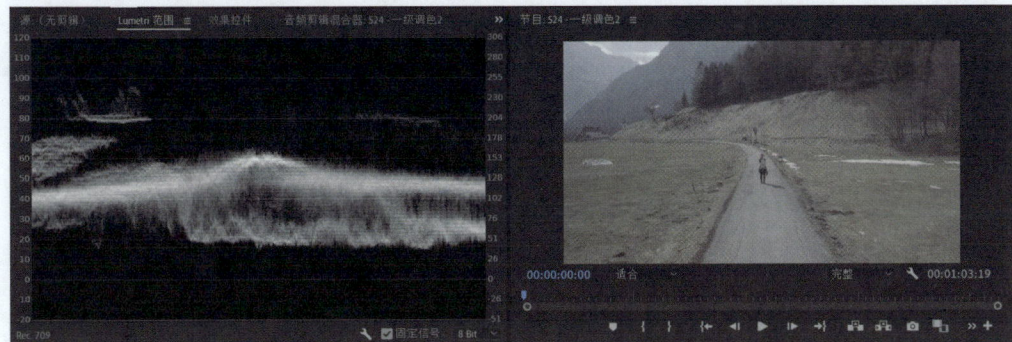

图 3-64

在Lumetri颜色面板中调整参数，包括"对比度""高光""阴影"等。在移动滑块的时候注意观察画面的变化效果，不宜将参数值设置得过大或过小，如图3-65所示。

图 3-65

设置参数值的时候观察波形图，当发现波形向上挤压，靠近100数值线时，如图3-66所示，须减小参数值，使波形回落，如图3-67所示。

控制波形不要逼近100数值线，是为了给后续的偏色校正留余地，使得偏色校正能有一个比较好的效果。

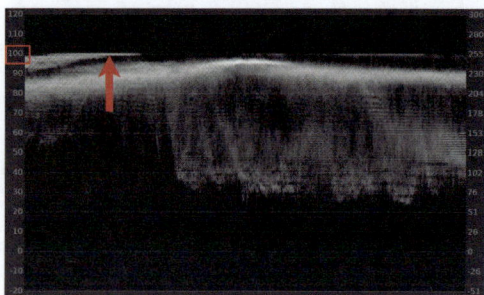

图 3-66

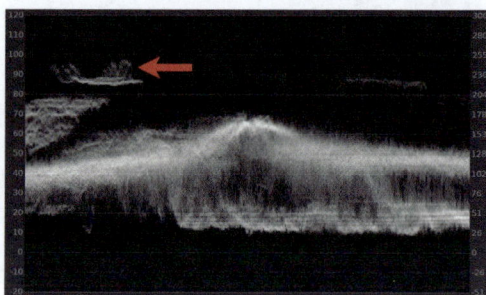

图 3-67

2.偏色校正

利用分量图来校正偏色的好处是，它可以直观地体现颜色的偏向，如偏向红色，或者偏向绿色。所有的颜色都由红绿蓝三原色构成，如果画面出现偏色，那就表明其中一种或两种颜色多了或少了。

初学者在进行调色操作的时候，不需要太过纠结具体的参数值是多少。因为细微的差异对画面造成的影响并不大，只要整体方向正确、画面效果和谐，就能视作实现了相应的调整效果。

观察当前画面对应的分量图，可以看到蓝色和绿色比红色多，使得画面整体的色调偏向蓝绿，如图 3-68所示。

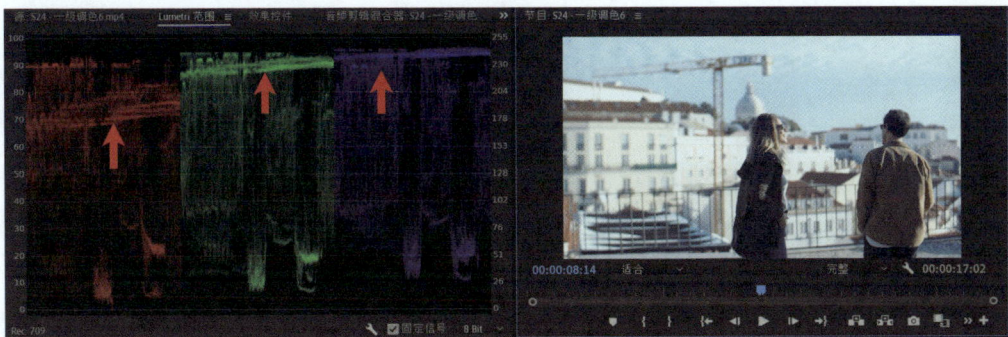

图 3-68

在Lumetri颜色面板中展开"曲线"列表,在"RGB曲线"中分别调整红、绿、蓝曲线,如图 3-69所示,使得画面整体的色调趋于和谐,不会出现明显的色调偏向。这样后期对画面应用LUT样式做风格化调色的时候,就不会有额外的颜色来影响所要呈现的风格效果。

需要注意的是,曲线的调整幅度不需要太大,否则会对画面产生太过强烈的影响。

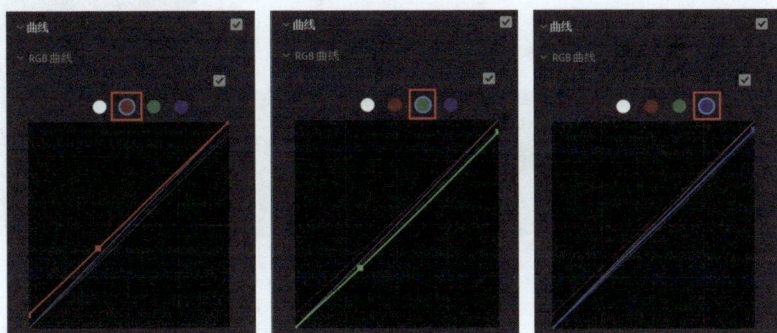

图 3-69

查看分量图,可以看到红、绿、蓝3种颜色的分量近似相等,如图 3-70所示。并非要求每种颜色的分量都相同,只要画面色调和谐即可。

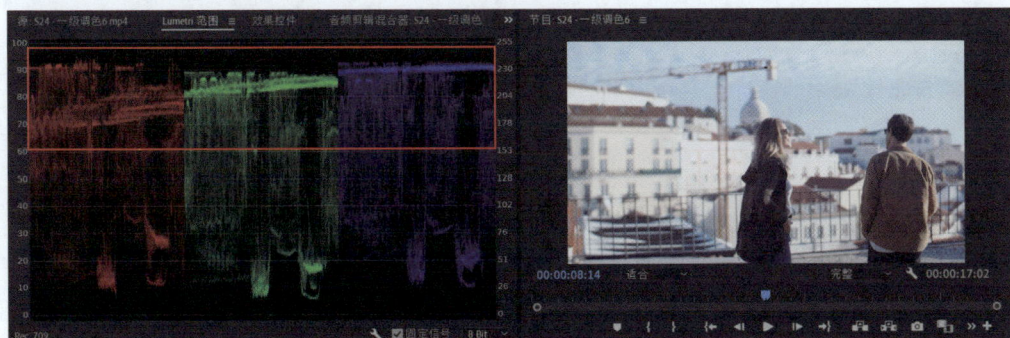

图 3-70

181

在Lumetri颜色面板中单击"颜色"下的吸管工具按钮 ，吸取画面中的浅色墙壁，如图 3-71所示。此时，系统会自动调整"色温""色彩"参数，使画面的颜色看起来更为和谐，如图 3-72所示。

图 3-71

图 3-72

"色温""色彩"参数的调整如图 3-73所示。如果认为调色效果不够理想，还可以调整曲线。将蓝色曲线的右上角端点向下移动，如图 3-74所示，可以减小蓝色对画面的影响。

图 3-73

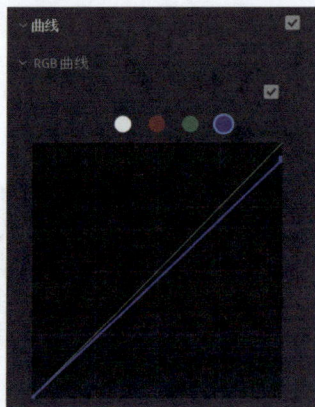

图 3-74

▍风格化调色：应用LUT样式、匹配及修饰 ▍

在Lumetri颜色面板中打开"选择效果"下拉列表，选择"添加Lumetri颜色效果"选项。接着在下拉列表中选择"重命名"选项，在打开的对话框中设置新名称，单击"确定"按钮，即可新建一个Lumetri颜色效果，如图 3-75所示。

执行上述操作的好处就是可以通过执行复制操作，将新建的Lumetri颜色效果应用到其他视频块上，以避免重复设置参数。

图 3-75

在"创意"列表下打开Look下拉列表，选择"[自定义]"选项，在打开的对话框中选择调色LUT文件，如图 3-76所示，单击"打开"按钮。这些样式文件可以到网络上搜索、下载。

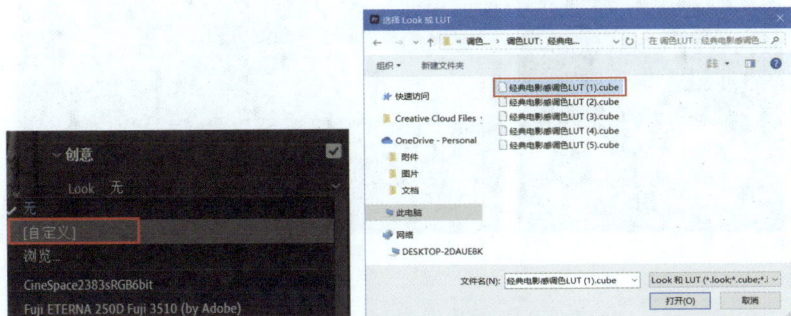

图 3-76

应用LUT样式后，画面的风格发生了变化，前后对比如图 3-77所示。但是应用样式后的画面色彩对比太过强烈，需要进一步调整。

图 3-77

通过调整曲线，可以校正画面的对比度，使画面的色彩效果更为柔和，呈现复古的风格，如图 3-78所示。

图 3-78

在为另一个视频块应用相同的LUT样式之前，需要对该视频块的明暗和色彩进行调整，使两个视频块的基础色调一致。

在"色轮和匹配"列表中单击"比较视图"按钮，节目面板中会显示两个视图，左侧显示参考视图，右侧显示需要调整明暗和色彩的视图，如图 3-79所示。

图 3-79

单击"应用匹配"按钮，将参考视图的颜色参数应用到当前视图，使两个视图的颜色效果趋于一致，如图 3-80所示。

图 3-80

利用这个匹配功能，可以快速实现两个画面的明暗和色彩的初步匹配。这个技巧无论是在色彩校正中还是在风格化调色中都非常实用。

但是调整明暗与色彩是无法一步到位的，还需要调节参数，如图 3-81所示，才能使两个画面的显示效果基本一致。

图 3-81

在效果控件面板中选择"Lumetri颜色（风格化）"效果，按快捷键Ctrl+C复制，选择需要应用效果的视频块，按快捷键Ctrl+V粘贴即可。播放视频，观察最终的效果，如图 3-82所示。如果对效果不满意，还可以返回继续调整参数，直至满意为止。

图 3-82

3.4 速度篇："控速"很重要! 教你抓牢观众的眼球

控制速度是组织视频的一个重点，对做好一个剪辑至关重要。观众能从不同的速度中解读出许多信息，所以好的剪辑师会根据视频的属性以及所要传达的信息来把握剪辑的速度。

本节介绍速度的基础知识、调整速度的方法，以及加速和减速的应用场景等内容。

速度基础

速度指影片的回放速率与录制速率之比。

控速指控制速度与内容需求相契合、与音乐节奏相匹配。

一些特定的画面内容或场景，以合适的速度播放会更加吸引人。音乐本身的快慢与其传递的情绪，也会影响视觉的表达效果。

速度的控制在本质上是粗剪阶段的工作，但是效果设计环节也可以调节速度以满足特定的需要。除了针对视频调速，也可以对音频或者动画特效进行调速，使其时间发生变化。

基础速度调节手段与时间插值

在进行速度调节的时候，加速会使画面的运动倾向（如位移、缩放等）变得更加显著，使画面中的部分细节变模糊（因为播放速度变快了）；减速则会加强这些画面细节，并使运动倾向变弱。

要加快某个视频块的播放速度，可以先将其移动至空白轨道，裁剪开头与结尾，如图3-83所示，再将其放回原来轨道的位置。

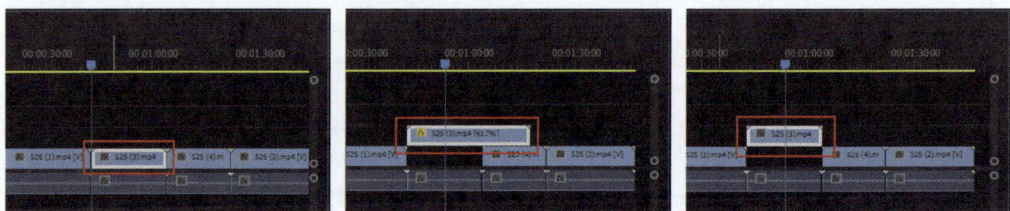

图 3-83

播放视频，由于更改速度而产生的画面晃动影响了观看体验，可以为视频块添加"变形稳定器"效果。稍等片刻，系统需要时间处理画面晃动问题，步骤如图 3-84所示。处理结束后再播放视频，可以看到画面晃动已得到改善。

图 3-84

为视频减速时，视频本身的帧会被"分摊"到相邻的时间上，导致单位时间内可以播放的帧数量减少，也就间接降低了视频的帧速率。此时，视频在播放过程中会出现卡顿现象，没有原来那么流畅。

针对人为减速的视频，一般会使用Pr软件中的"时间插值"或者其他额外的插件为视频"补帧"，即生成额外的帧令视频的播放更加流畅。

在视频块上单击鼠标右键，在弹出的菜单中选择"速度/持续时间"命令，在打开的对话框中设置"速度"值，如图 3-85所示。原先的值为100%，减小参数值，表示降低视频的播放速度。

在视频块上单击鼠标右键，在弹出的菜单中选择"时间插值"命令，在子菜单中选择"帧采样"命令。这么做是为了弥补缺失的帧、重复播放已有帧，使视频播放相对流畅，如图 3-86所示。

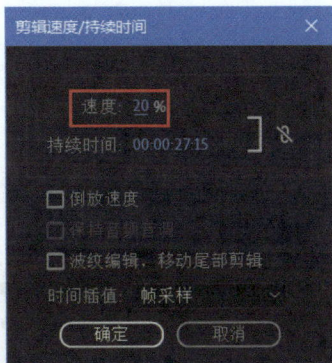

图 3-85

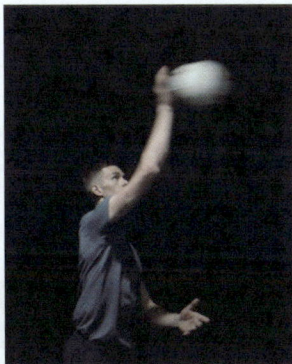

图 3-86

在"时间插值"子菜单中选择"帧混合"命令，在前后两帧之间做"淡入淡出"式的混合过渡，利用不透明度的变化切换帧图像。其泛用性较高，缺点是会在慢放幅度较大时出现类似"重影"的情况，如图 3-87所示。

在"时间插值"子菜单中选择"光流法"命令，根据前后两帧的画面进行智能分析，并通过像素的变形移动模拟中间的运动轨迹。这样做效果相对较好，但是在画面变化幅度过大或出现运动交叉时，影像容易出现模糊变形的情况，如图 3-88所示。

图 3-87

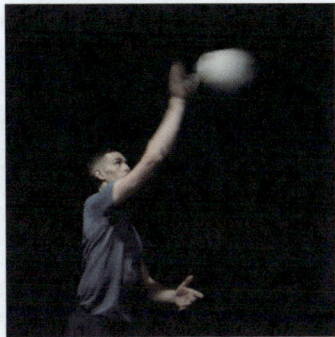

图 3-88

光流法会导致一定程度的预览压力，使预览条变红。假如预览过程中有明显卡顿，可以选择特定片段，按Enter键进行预渲染后再进行播放。

▌时间重映射▐

时间重映射的本质是将原来视频中的各个时间节点"重新映射"到不一样的节点上，从而改变视频各部分的播放速度。时间重映射可以用于延长、压缩、回放或冻结视频的某个部分。

选择视频块并单击鼠标右键，在弹出的菜单中选择"显示剪辑关键帧" | "时间重映射" | "速度"命令，为其添加"时间重映射"效果。将鼠标指针放在视频轨道的分界线上，当鼠标指针显示为向上/向下箭头时，按住鼠标左键向上拖动，拓宽视频轨道，显示速度线，如图 3-89所示。

向右移动播放线至合适的位置，单击左侧的"添加/移除关键帧"按钮🔘，在播放线的位置新建一个关键帧，如图 3-90所示。

图 3-89

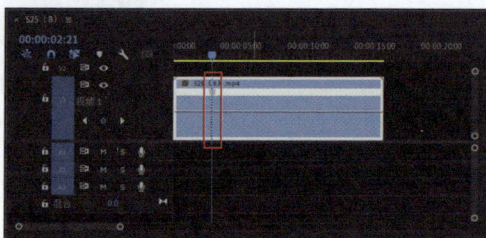

图 3-90

继续向右移动播放线，创建第二个关键帧，如图 3-91所示。将鼠标指针放在两个关键帧之间的速度线上，按住鼠标左键向下拖动至一定的程度，此时视频块自动延长，如图 3-92所示。接着在视频块上单击鼠标右键，在弹出的菜单中选择"时间插值" | "光流法"命令，使播放效果更加流畅。

向下拖动速度线是"减速"，向上拖动则是"加速"。

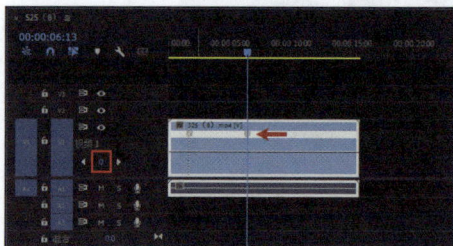

图 3-91

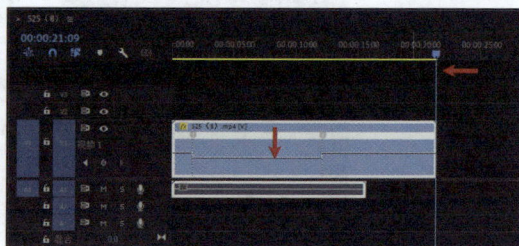

图 3-92

为了缓解突然变速的突兀感，可以将鼠标指针放置在关键帧上，当鼠标指针右下角显示向左/向右箭头时，按住鼠标左键不放向右拖动，在速度线上创建一段斜线，如图 3-93所示。

图 3-93

松开鼠标左键，完成添加斜线的操作。斜线的中点处显示了一个锚点，如图 3-94 所示，拖动锚点的控制柄，可以调整斜线的斜率。使用同样的方法，通过拖动下一个关键帧创建斜线，如图 3-95 所示。这样可使视频在突然减速与恢复正常速度之间丝滑切换。

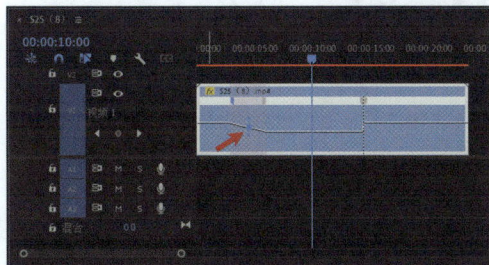

图 3-94

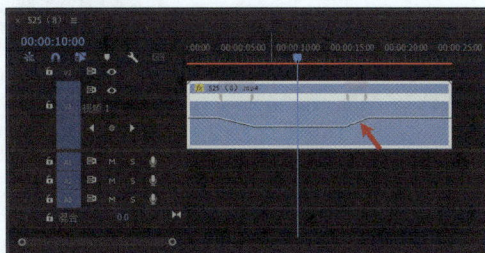

图 3-95

默认状态下，在 Pr 软件中拉伸视频，速度越快，音频音调越高；速度越慢，音频音调越低。为了得到较好的音频效果，常常将音频导入 Au 软件中进行编辑。

将音频导入 Au 软件，将鼠标指针放在音轨右上角的白色三角形上，按住鼠标左键拖动，通过左右拉伸来压缩音频，如图 3-96 所示。选择编辑后的音频，在属性面板中打开"模式"下拉列表，选择"已渲染（高品质）"选项，如图 3-97 所示。渲染完成后再次播放音频，试听编辑后的效果。

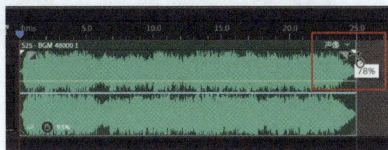

图 3-96

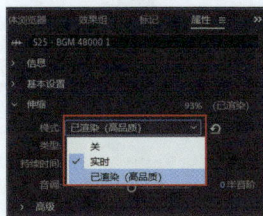

图 3-97

将视频导入 Ae 软件，按住 Alt 键，通过拉伸视频块来调节视频的播放速度，如图 3-98 所示。

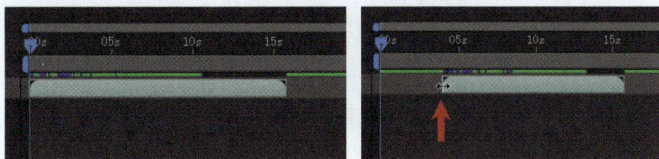

图 3-98

或者在视频块上单击鼠标右键，在弹出的菜单中选择"时间"丨"时间伸缩"命令，在打开的对话框中设置"拉伸因数"参数，如图 3-99所示。需要注意的是，在Ae软件中，拉伸因数越大，播放速度越慢。

在右键菜单中选择"帧混合"命令，打开的子菜单中包含3种添加帧的方式，默认选择"关"，如图3-100所示。选择"像素运动"命令，使视频在播放时不至于卡顿，以便得到较好的观看效果。

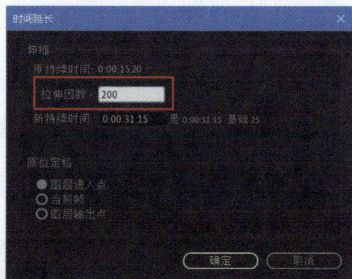

图 3-99

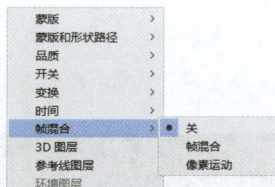

图 3-100

速度调节的应用场景

综合上述内容，接下来介绍速度调节的应用场景，包括添加慢动作、添加快动作等。

1. 添加慢动作

将素材导入Pr软件，在视频块上单击鼠标右键，在弹出的菜单中选择"显示剪辑关键帧"丨"时间重映射"丨"速度"命令，如图 3-101所示。

将视频块移动至上方轨道，如图 3-102所示，避免因为调速产生的长度变化影响到其他素材。

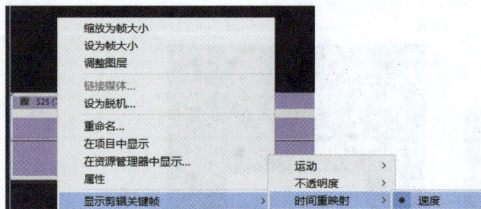

图 3-101

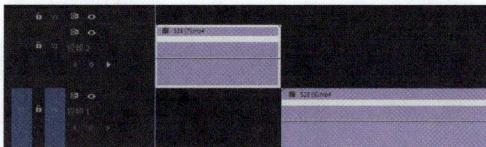

图 3-102

移动播放线，按住Ctrl键在速度线上单击，创建关键帧，如图 3-103所示。将鼠标指针放在两个关键帧中间的速度线上，鼠标指针右下角显示向上/向下箭头，如图 3-104所示。

图 3-103

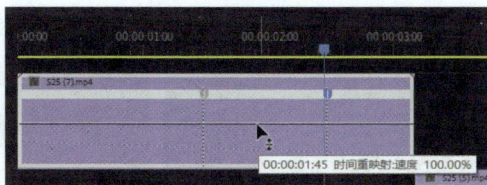

图 3-104

　　将关键帧之间的速度线向下移动，并向两侧移动关键帧，为速度线创建斜线，如图 3-105所示。这样做可以使画面在速度发生变化的时候能自然过渡，不至于太突兀。也可以根据视频素材的具体情况来判断是否应该创建斜线。

　　在视频块上单击鼠标右键，在弹出的菜单中选择"时间插值"|"光流法"命令，如图 3-106所示，掩盖播放过程中产生的一些小瑕疵。

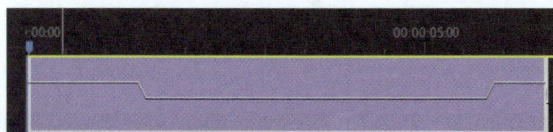

图 3-105

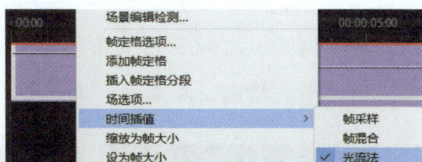

图 3-106

　　播放视频，可以看到从摩托车进入画面开始，视频播放速度逐渐降下来，延长了摩托车在画面中出现的时间，方便观众看清楚，如图 3-107所示。

图 3-107

　　选择结尾的视频块，在速度线上添加一个关键帧，向下移动速度线，并添加斜线进行过渡，如图 3-108所示。

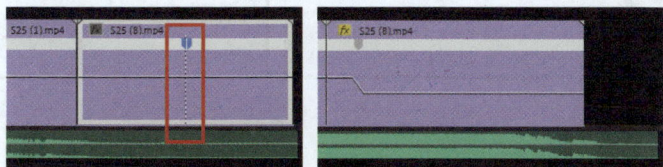

图 3-108

　　视频播放至结尾，音乐即将结束。降低播放速度，使骑手的动作随着音乐的结束而结束，如图 3-109所示，这是一个很好的收尾编辑。

图 3-109

为结尾的视频块添加"交叉溶解"效果,并延长效果的时长,如图 3-110 所示。

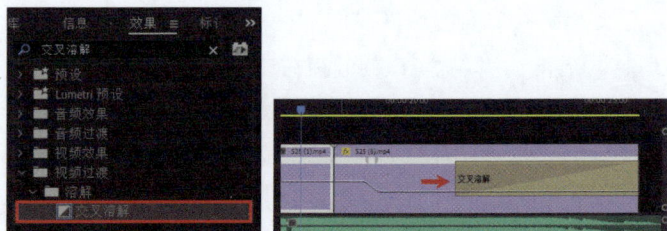

图 3-110

播放视频,可以看到当音乐渐渐隐去的时候,画面逐渐被黑色覆盖,如图 3-111 所示,直至播放结束,画面显示为全黑。这就是利用慢动作去呼应音乐节奏的魅力所在。

图 3-111

2. 添加快动作

在速度线上创建关键帧,将关键帧之间的速度线尽可能向上移动,如图 3-112 所示,处在这一段区间内的视频播放速度会加快。

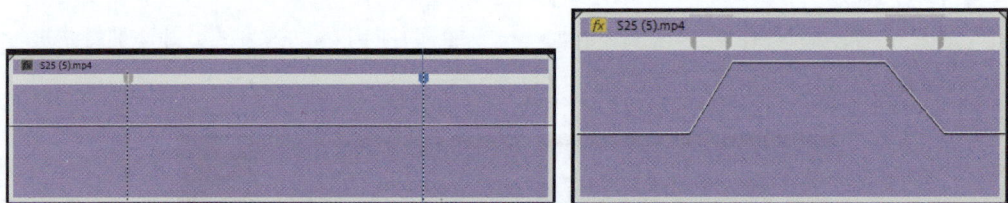

图 3-112

播放视频,在加快播放速度后,骑手快速骑行经过画面,如图 3-113 所示,增强了画面的动感,也压缩了视频的时长,为接下来的剪辑预留空间。

图 3-113

　　当两段视频素材具有相同的运动倾向时，添加加速转场效果，可以凸显画面的动感，巧妙且自然地衔接两个片段。

　　将两段视频素材片段拼接在一起，在拼接线的左右两侧各创建一个关键帧，如图 3-114所示。将速度线尽可能地向上移动，如图 3-115所示。

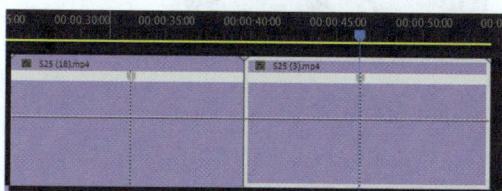

图 3-114

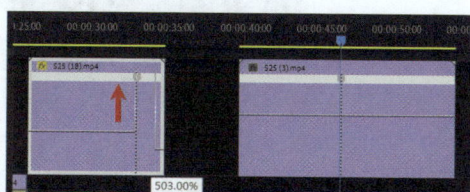

图 3-115

　　重复操作，将右侧片段的速度线同样向上移动，结果如图 3-116所示。向两侧移动关键帧，创建斜线，如图 3-117所示，使变速的时候能够自然过渡。将两个片段再次拼接在一起，如图 3-118所示。

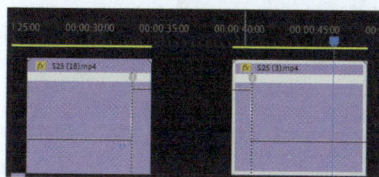

图 3-116

图 3-117

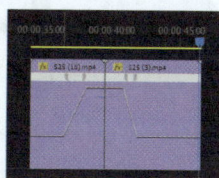

图 3-118

　　播放视频，可以看到在临近变速点的时候，视频的播放速度加快，接着是骑手转弯的动作，行进速度突然加快，并迅速进入下一个场景，如图 3-119所示。

图 3-119

3.制作闪回片段

描述追忆过往的桥段时，常常利用闪回片段。通过快速切换不同的场景，描述某地或某人的过往。这种效果可以通过调节播放速度的方式来实现。

将播放线定位在片段的中间，按住Ctrl键单击速度线，创建一个关键帧，如图 3-120 所示。接着向两侧移动关键帧，如图3-121所示。

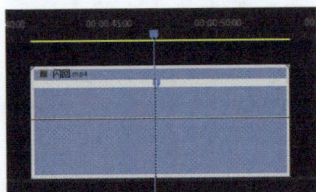

图 3-120

图 3-121

在开头部分，向上移动速度线；在结尾部分，向下移动速度线，创建斜线的结果如图 3-122所示。在项目面板的空白位置单击鼠标右键，在弹出的菜单中选择"新建项目"|"调整图层"命令，新建一个调整图层，并将其放置在视频块上方，如图3-123所示。

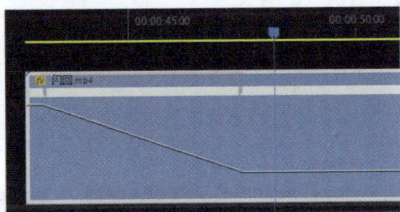

图 3-122

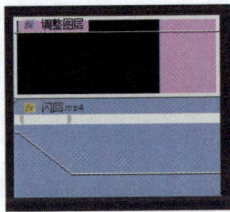

图 3-123

按住Ctrl键单击不透明度线，创建两个关键帧，如图 3-124所示。选择右侧的关键帧并向下移动，创建一段斜线，如图 3-125所示。

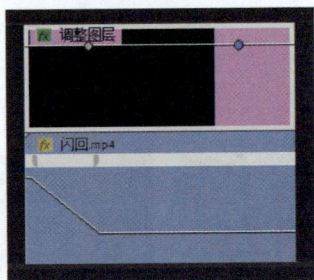

图 3-124

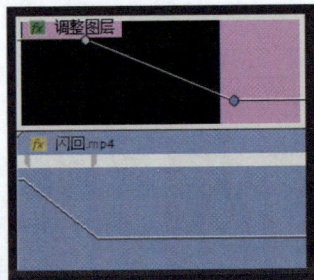

图 3-125

为调整图层添加Lumetri颜色效果，添加创意样式，并修改设置参数，如图 3-126 所示。

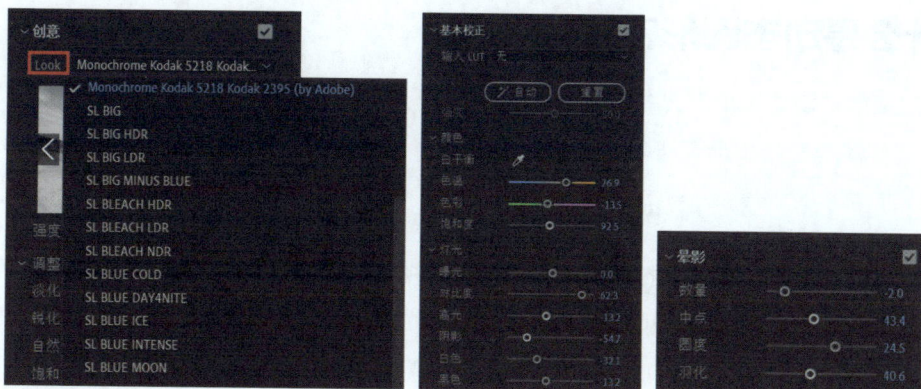

图 3-126

播放视频，可以看到在前面阶段快速闪过的不同画面均为黑白色，直至最后的画面浮现，才恢复为本来的颜色，体现了从回忆穿越到现在的感觉，如图 3-127所示，这是结合 Lumetri颜色与调整图层不透明度实现的效果。

图 3-127

3.5 动态图形篇：神奇动画，让视频妙趣横生

本节介绍剪辑中的动态图形（Motion Graphic，MG）。在很多专业的剪辑中，片头、片尾、片中跳出的各种花字及提示框，都是MG的一部分，能凸显专业性，并丰富视频内容。

本节内容包括MG基础、基本图形模板和Ae模板，以及AtomX插件的应用等。

什么是动态图形？

广义的"动态图形"是指应用在视频中的带有动画的图形元素，可以通过各种动画手段制作而非实景拍摄，可以结合声音设计在多媒体项目中使用，构成常见的"MG"动画。

狭义的"动态图形"是指在剪辑后期运用在视频中的各种MG元素，对视频进行修饰从而给观众留下深刻印象。可以将它视作视频中的"动画组件"，在片头、片中、片尾等不同时段插入视频。

体现视频的专业性有很多手段，如运用拍摄技巧、丰富剧本内容等。在合适的地方添加动画组件，可以加深观众对视频相关信息的整体记忆。

中长视频注重整体包装，片头、片尾的仪式感和专业性很重要，片中可以不做装饰。短视频要求快速吸引注意力，添加片头、片尾反而显得冗余，在片中添加动画组件可以在一定程度上刺激用户继续观看。

在视频的拍摄、剪辑、制作具备极强专业性的情况下，可以选择不添加动画组件。但适当地添加，可以使视频显得更加专业与完善。

假如视频存在某种程度的缺陷，可以选择添加合适的动画组件。这是一种成本最低的提升视频观感的方法。

Pr和Ae软件都可以用来添加动画组件，但是Ae软件对动画效果的处理具有更高的自由度。在Pr软件中借助Mogrt（基本图形模板）可以制作部分简单的特效，渲染所需的时间也较短。

动态图形基本类别梳理

动态图形可以大致分为片头、片尾、指示线标注、花字等类别，简单介绍如下。

视频的片头常用于展示各种与视频、创作者和品牌相关的信息。可以在片头置入名字（品牌名）、Logo（标志）、Slogan（标语）等元素，并搭配图形和动效使得片头生动，如图 3-128所示。

图 3-128

视频的片尾用来补充展示一些与视频相关的信息，如演职人员名单、幕后人员名单、鸣谢名单等，如图 3-129所示。在如今的一些短视频中，可以在片尾对观众的一些反馈行为（如转发、点赞、关注等）进行一定程度的引导。

"下三分之一"是从英文翻译而来，在电视行业中，指的是位于屏幕下半部分的图形叠加层，但不一定真的在三分之一处。下三分之一以文字呈现内容为主，也可能包含图元信息，如框架、图像或底纹等，如图 3-130所示。

图 3-129

图 3-130

指示线标注泛指各种用线条、箭头或类似图形连接到具体对象上的文本或图形内容，如图 3-131所示。在剪辑中，指示线标注体现为类似"点+线+字"的结构。

花字泛指各类视频中的文字装饰内容，对关键信息起到突出、强调的作用，如图 3-132所示，通常字数不多，但动感较为强烈，有时样式较为丰富。

动画组件的设计一般在剪辑的中后期，即做完了转场、调色等主要的剪辑编辑后。添加的动画组件应该覆盖这些效果，避免被效果影响自身的运动逻辑和样式属性。

图 3-131

图 3-132

▎基本图形模板和Ae模板 ▎

利用基本图形模板，可以快速为视频添加动态图形，节约剪辑时间。

Pr软件的基本图形面板中，显示了系统自带的图形模板，选择其中的一个，如图 3-133所示，将其拖动至时间线面板，弹出如图 3-134所示的对话框，提示正在加载模板。

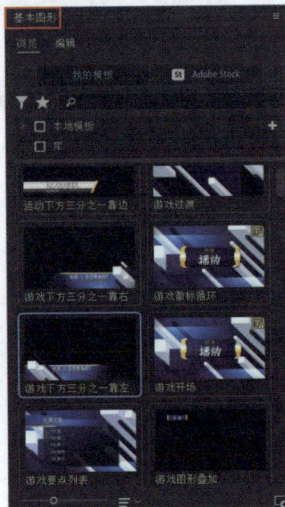

图 3-133

图 3-134

模板默认放置在视频块上方，画面中会显示新增的图形，如图 3-135所示。

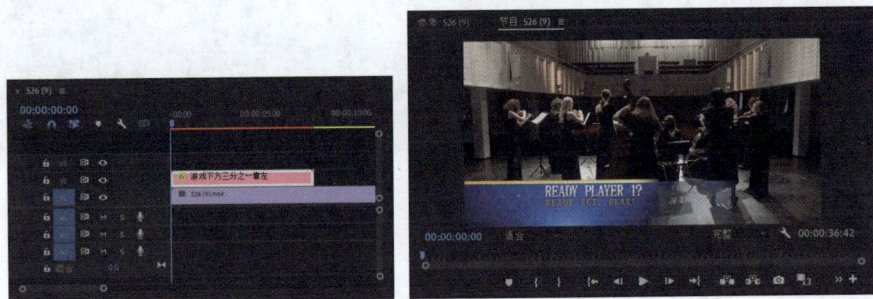

图 3-135

选中模板，在基本图形面板中修改标题、字幕的内容，如图 3-136所示。在效果控件面板中调整"位置"参数，如图 3-137所示，使图形向左移动。修改其他参数也可以影响图形的显示效果，如修改"缩放""旋转"等参数可以调整图形的大小与角度。

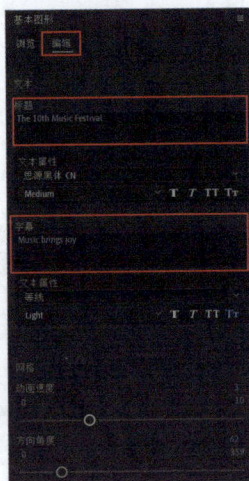

图 3-136

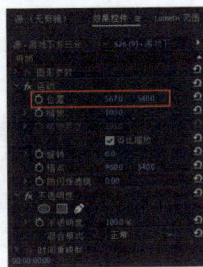

图 3-137

修改后的图形在画面中的显示效果如图 3-138所示。还可以根据需要设置文本内容以及图形的颜色。

图 3-138

在基本图形面板中，单击"本地模板"右侧的 ➕ 按钮，如图 3-139所示。在打开的对话框中选择图形模板文件夹，如图 3-140所示，单击"选择文件夹"按钮，将本地模板添加到Pr软件中。

模板列表中将展示新增的图形模板，如图 3-141所示。选择其中的一个，将其拖动至时间线面板即可调用。

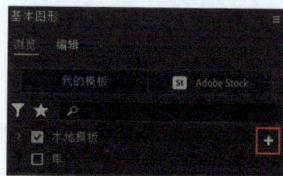

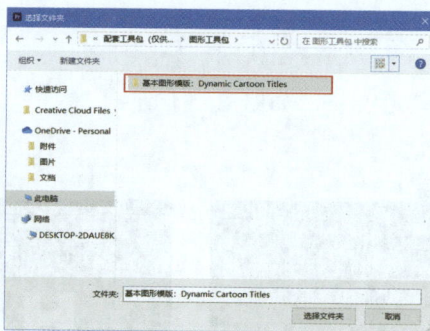

图 3-139　　　　　　　　　　图 3-140　　　　　　　　　　图 3-141

在基本图形面板中切换至"编辑"选项卡，在其中设置文本的字体与字号、图形的颜色，这些操作将实时反映在节目面板中，如图 3-142所示，调整至满意的效果即可。

图 3-142

Pr软件中的基本图形模板只能有限地解决问题，如果想要自由地制作更加复杂的动画，那就使用Ae软件。

打开从网络上下载的Ae模板，显示特效文字的制作效果，如图 3-143所示。在此模板基础上，通过修改参数，可以得到符合使用需求的效果。

在项目面板中双击Logo Comp，如图 3-144所示，这是Ae软件中的合成文件，里面包含了若干图层。为了方便编辑，将其创建为合成。

图 3-143

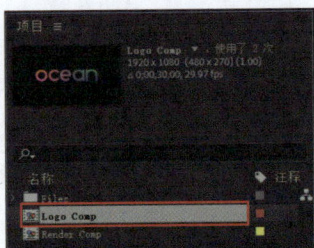
图 3-144

进入合成后，将显示文字的原始状态，如图 3-145所示。此时重新输入文字，如HAPPY，将其放置在画面的中间，如图 3-146所示。暂时隐藏原有的文字图层，或者直接删掉原有的文字图层。

图 3-145

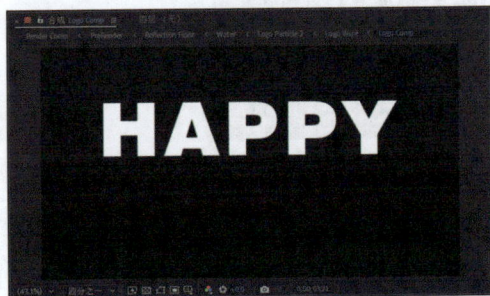
图 3-146

观察修改后文字的效果，如图 3-147所示。它继承了模板的效果，无须用户修改参数。

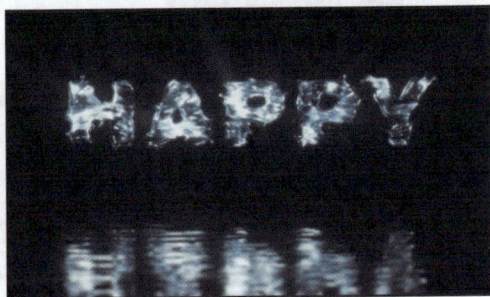
图 3-147

效果控件面板中显示了与效果相关的各项参数。如果想要得到不一样的效果，就可以通过修改参数来实现。如修改Logo Color中的"颜色"参数，可以更改HAPPY文字的显示颜色，如图 3-148所示。

图 3-148

时间线面板中只显示了两个图层，如图 3-149所示，事实上这么复杂的效果仅使用两个图层是无法制作出来的。单击右上角的"消隐"按钮，可以使隐藏的图层显示出来，如图 3-150所示。

隐藏图层是为了方便进行后续编辑，避免在操作的过程中破坏已经制作完成的效果。

图 3-149

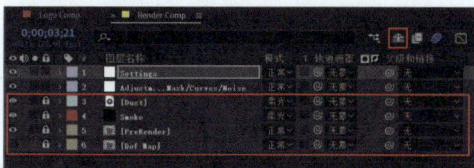

图 3-150

▌AtomX 插件的应用 ▌

正确安装Atomx插件后，在Ae软件中执行"窗口"|"扩展"|"AtomX"命令，如图 3-151所示，打开AtomX面板，如图 3-152所示。AtomX面板默认处于活动状态，用户可以将其固定在工作界面的任意位置。

图 3-151

图 3-152

在AtomX面板中，将鼠标指针放置在要选择的模板上，单击下方的 ⊡ 按钮，如图 3-153所示，即可应用该模板，如图 3-154所示。如果系统中没有安装模板使用的字体，系统会选择字体进行自动替换。

图 3-153

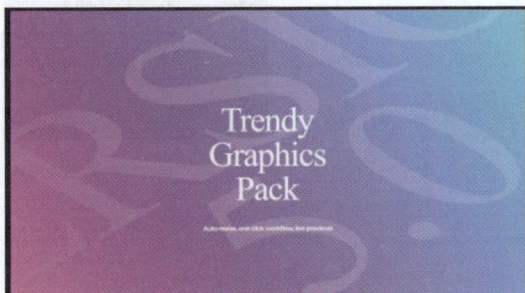

图 3-154

单击AtomX面板左上角的 ⊞ 按钮，进入编辑模式，默认先进入编辑颜色的界面。单击色块，在弹出的拾色器中选择颜色，如图 3-155所示，即可更改模板的颜色。

单击 TEXT/HOLDERS 按钮，进入编辑文字的界面，单击 ✎ 按钮，如图 3-156所示，可以在时间线面板中显示文字图层。

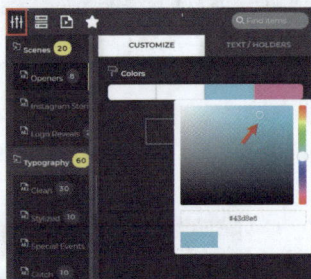

图 3-155

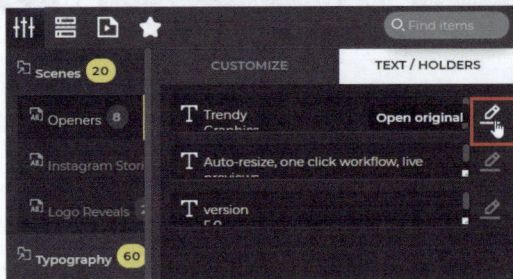

图 3-156

在时间线面板中显示当前模板包含的3个文字图层，如图 3-157所示。选择要编辑的文字图层，自定义文字内容、字体、字号和颜色，修改结果如图 3-158所示。

图 3-157

图 3-158

在效果控件面板中，可以自定义背景颜色，并实时观察修改效果，如图3-159所示。

图 3-159

在AtomX面板中选择标题模板，将其应用到视频中，并修改文字内容和样式，如图 3-160所示。

图 3-160

时间线面板中有IN和OUT两个标记，如图 3-161所示，用于控制动画时长。IN标记表示进入动画持续到标记所在的位置结束。

添加标记后，系统会根据标记的位置，以及整个视频的持续时间，反向推算进入动画和退出动画的持续时间。假如希望进入与退出的过程变得快一些，将两个标记向两端移动即可。

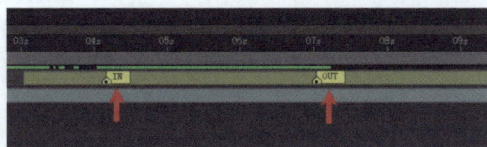

图 3-161

播放视频，观察标题文字的显现过程，如图 3-162所示。

图 3-162

AtomX面板提供了丰富多样的模板，包括图形、背景、音乐等类别，如图 3-163所示。将鼠标指针放在图形、背景模板上，可以预览目标模板的效果，将鼠标指针放在音乐模板上，可以试听音乐的播放效果。

图 3-163

3.6 特效设计篇：让视频"炫"起来，全场都会目不转睛

特效就是那些在视频里看到的能让人眼前一亮的、非常酷炫的视觉元素。无论是逼真的爆炸、火花、烟尘，还是神奇魔幻的粒子、光束、魔法阵，都可以算是后期特效元素的一种。

本节通过分析和实践，帮助读者建立起一个对特效的系统认知框架。

后期特效的"真"与"假"

视觉特效（Visual Special Effect, VFX）是指在视频制作中，在实拍镜头之外创建的图像。随着价格越来越低及相对易于使用的动画和合成软件的引入，它们也被广泛应用于各种影视剧。

在后期剪辑里，通常把利用剪辑手段将各种元素（包括粒子、光效、爆炸以及烟尘等）添加进视频中的过程称为特效制作。特效可以使观众感受到虚假感。

通过特效可以模拟现实中存在的真实元素，取代较为危险、昂贵的实拍场景，或者在后期对拍摄内容进行润色修饰。

特效也可以实现一些现实中不存在的东西，增强影片的视觉冲击力并表达特定内容。

很多特效的制作都需要前期工作，如绿幕拍摄（方便抠像）和动作捕捉（方便定位特效元素）的配合。复杂的特效需要依靠3D建模软件建立场景，并且将特效元素以3D模型的方式置入画面，以实现更为逼真、生动的效果。

后期剪辑中的特效大致分为两种类型：一种是对画面进行细致的光影设计，并添加额外的真实画面元素；另一种是将粒子、光线、魔法阵等"不存在"的元素导入真实的拍摄画面。

混剪类、二创类、动画类、娱乐类的视频常常使用酷炫的特效吸引眼球或者突出节目效果。

影视类、广告片类、MV类、科技类的视频则使用温和的特效辅助拍摄内容的表达，或者突出重点信息。

生活类、教学类的视频不需要太多特效，追求朴素的真实感。

特效制作是独立且大多数时候前置于后期剪辑的一个环节，通常会以片段或分镜为单位做好特效，再导入Pr软件中进行剪辑。

Ae软件中的特效制作大量依赖外置的插件，需要额外花很多时间来理解插件包含的效果与其具体用法。下面介绍在Ae软件中制作特效的方法。

蓝宝石插件：模拟真实光影元素

正确安装蓝宝石插件后，可以在Ae软件的效果列表中找到插件所包含的效果。为视频添加其中一个效果，如S_Glow效果，观察效果对画面产生的影响，如图 3-164所示。

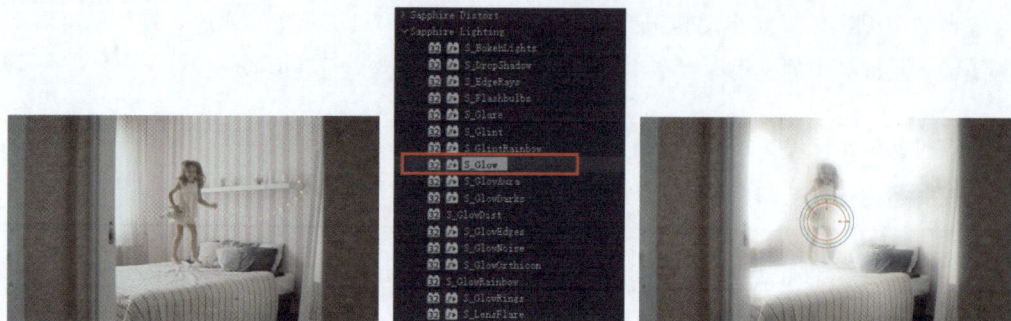

图 3-164

　　效果的参数多达数10个，初学者面对复杂的参数往往不知从何处下手。应用效果后，不需要细致地理解其中每个参数的具体含义。通过分析和试验，可以快速找出其中对效果影响最大的"核心参数"，通过调节这些参数来奠定画面的基调。再设置其他次要的（非核心的）参数，为效果带来更为细致的变化。

　　通过修改Brightness、Threshold、Glow Width参数，调整画面的亮度与亮度范围，如图 3-165 所示。

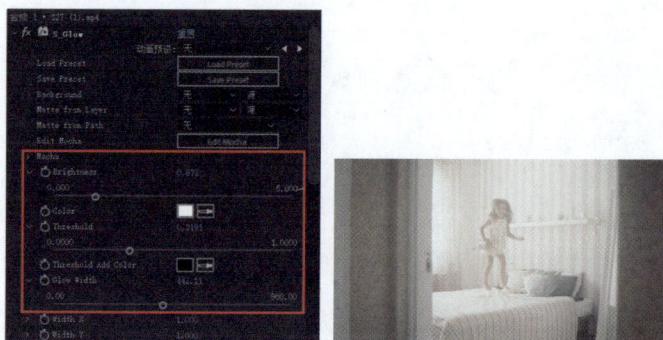

图 3-165

　　继续调整Width Red、Width Green、Width Blue参数，调节画面光影中的红色、绿色、蓝色，如图 3-166所示。拖动画面光圈，可以单独调整某个颜色的影响范围。

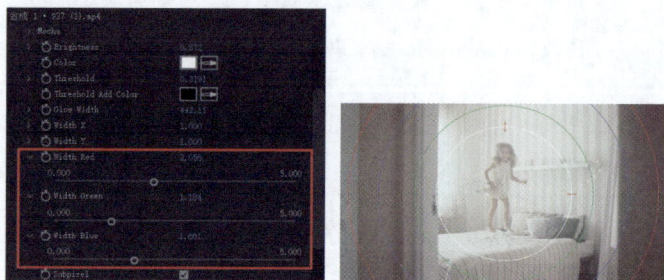

图 3-166

　　单击Color右侧的颜色色块，在打开的Color对话框中设置参数，可以影响画面整体的光影颜色，如图 3-167所示，而非单独调整某个颜色。

图 3-167

Combine下拉列表中默认选择Screen模式，即"滤色"模式。选择其他模式，观察画面的效果，如图 3-168所示，从中选择一种符合使用需求的模式。

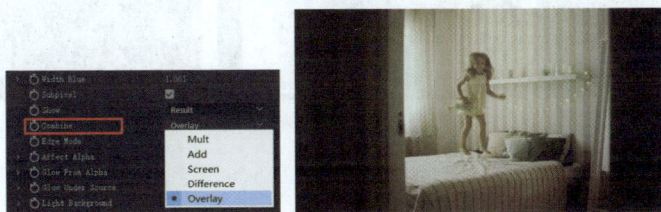

图 3-168

单击Load Preset右侧的Load Preset按钮，如图 3-169所示，弹出提示对话框，如图 3-170所示，稍等片刻即可打开预设面板窗口。

图 3-169

图 3-170

预设面板窗口中有多种调色方案供用户选择。单击调色方案，可以在上方的窗口中预览，如图 3-171所示。双击调色方案，可以关闭预设面板窗口，返回工作界面。在查看应用预设效果的同时，如图 3-172所示，也可以了解该效果的参数设置。

图 3-171

图 3-172

在制作特效时，使用蒙版或遮罩等工具，可以限定特效的范围，使其视觉效果更符合使用需求。蒙版和遮罩可以利用效果控件来实现，也可以搭载调整图层或图层本身。

为视频添加S_Rays效果，利用钢笔工具在窗户的位置绘制闭合路径，创建蒙版。在蒙版列表中将模式类型设置为"无"，并在Matte from Path下拉列表中选择"蒙版1"选项，如图3-173所示。

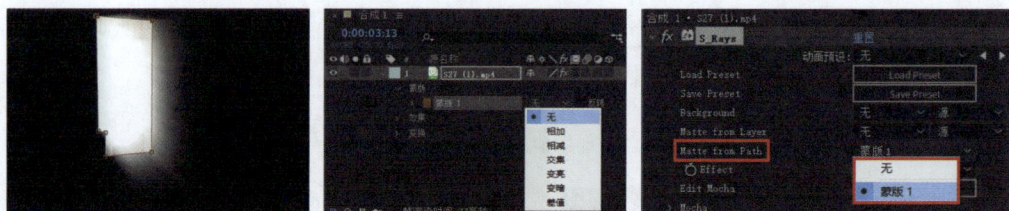

图3-173

执行上述操作后，光线将被限制从窗户进入。图 3-174所示为添加蒙版之前的画面效果，图 3-175所示为添加蒙版之后的效果。

图3-174

图3-175

为视频添加Render类型的效果，可以模拟真实效果。如添加S_Clouds效果，画面呈现黑色背景中云雾缭绕的效果，如图 3-176所示。

图3-176

在Combine下拉列表中选择Screen模式，可以隐藏黑色背景，重新显示视频画面，如图 3-177所示。

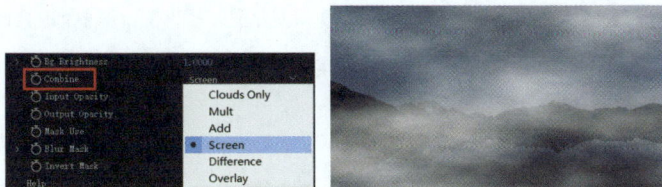

图 3-177

利用钢笔工具在画面中绘制闭合形状，如图 3-178所示，限制云雾显示的范围。接着隐藏形状图层，如图 3-179所示，只保留路径提供参考。

图 3-178

图 3-179

为形状图层添加"高斯模糊"效果，增大"模糊度"参数值，柔化形状的边缘，使云雾飘浮在群山和水面上，如图 3-180所示。

图 3-180

▌置入特效素材 ▌

通过置入外部素材，可以丰富画面的表现效果。如将爆炸素材放置在画面的一侧，如图 3-181所示；添加Keylight效果，单击Screen Colour右侧的吸管工具按钮▣，如图 3-182所示，吸取绿幕后可以去除背景。

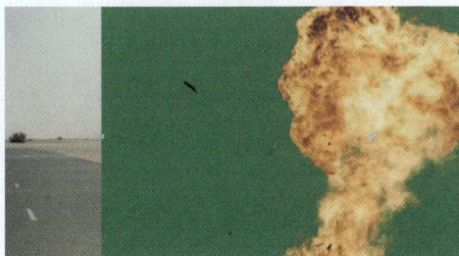

图 3-181

图 3-182

去除背景后再调整素材的位置与大小，效果如图 3-183所示。使用相同的方式，还可以为画面添加更多不同类型的效果，如烟雾效果，如图 3-184所示，使爆炸效果更加真实。

图 3-183   图 3-184

Saber插件：制作魔幻光束特效

利用Saber插件，可以制作非写实的酷炫效果。正确安装Saber插件后，新建一个黑色纯色图层，为其添加Saber效果，画面中将显示闪着辉光的光束，然后在效果控件面板中设置参数，如图 3-185所示。

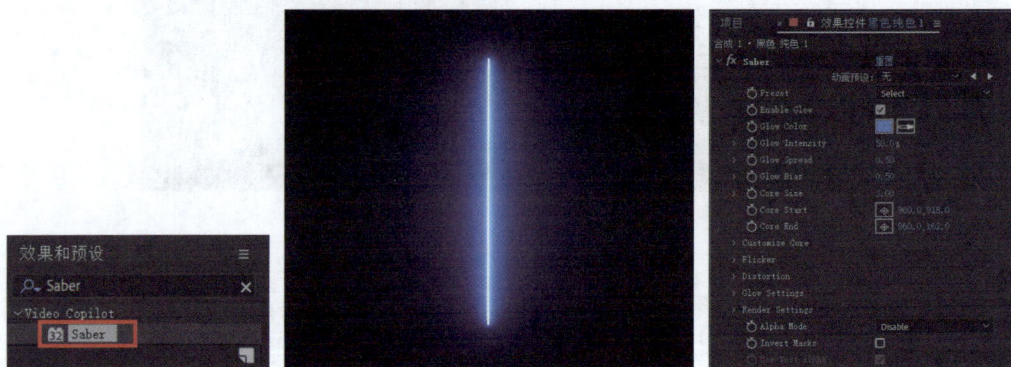

图 3-185

将黑色纯色图层的模式更改为"屏幕"，如图 3-186所示，去除黑色。单击激活光束的一个端点，将其移至人物的掌心，如图 3-187所示。

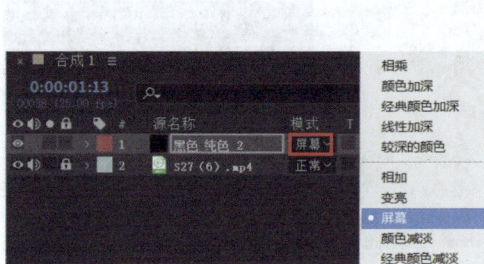 

图 3-186   图 3-187

重复操作，继续将光束的另一个端点移至另一只手的位置，如图 3-188所示。在 Preset下拉列表中根据需要选择光束类型，如图 3-189所示。

图 3-188

图 3-189

选择好光束的类型后，可以在画面中实时查看，如图 3-190所示。单击Glow Color 右侧的颜色色块，在打开的拾色器中修改光束的颜色，如图 3-191所示。

图 3-190

图 3-191

隐藏光束所在的图层。在画面中输入文字，如图 3-192所示。在效果控件面板 中打开Core Type下拉列表，选择Text Layer选项，在Text Layer下拉列表中选择 1.DANCE! 选项，如图 3-193所示。

图 3-192

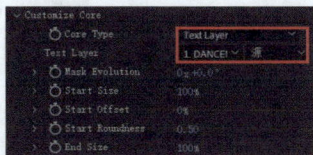

图 3-193

此时，光束被应用到了文字上，产生文字发光效果。选择发光效果的类型，调整发光效果的颜色，使其与人物衣服的颜色相同，此时文字能更好地融入画面，如图 3-194所示。

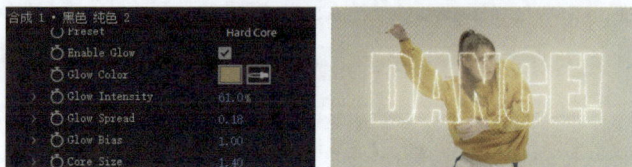

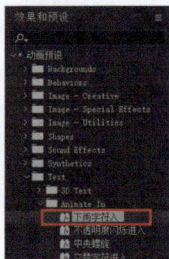

图 3-194

为文字图层添加"下雨字符入"效果，如图 3-195所示。此时，发光效果会受到该效果的影响，跟随文字的运动，逐渐在画面中显现，如图 3-196所示。

图 3-195

图 3-196

选择人物图层，单击工具栏上的"Roto笔刷工具"按钮，进入人物图层窗口，沿着人物描绘，松开鼠标左键后系统会自动识别人物轮廓。再根据识别结果进行调整，使人物轮廓绘制完整，如图 3-197所示。

图 3-197

确定人物轮廓后，单击右下角的"冻结"按钮，冻结人物轮廓。冻结后，所有的边缘信息都会被固定，如图 3-198所示，无须反复传播渲染，在预览的时候相对没有那么卡顿。但冻结后的人物轮廓是无法修改的，如果需要修改，就需要先将其在同一位置解冻。

图 3-198

执行"图层"|"自动追踪"命令，在打开的对话框中选择"工作区"选项，其余参数保持默认值，如图 3-199所示。单击"确定"按钮，开始自动追踪操作。结束后，会在人物边缘创建蒙版轮廓线，如图 3-200所示。

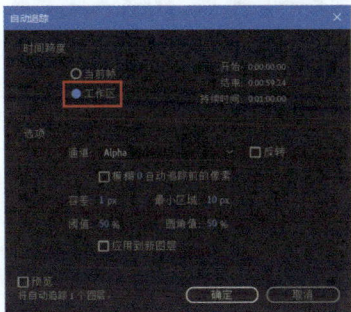 

图 3-199   图 3-200

在人物图层中展开"蒙版"列表，除"蒙版1"外，其余蒙版不包含实质性的内容，保留"蒙版1"，选择其他蒙版并按Delete键删除，如图 3-201所示。

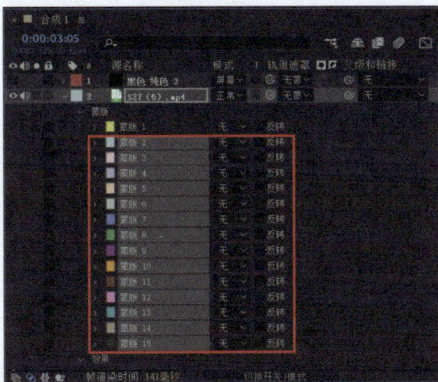 

图 3-201

选择"蒙版1"，按快捷键Ctrl+X剪切蒙版，选择黑色纯色图层，按快捷键Ctrl+V粘贴蒙版。在效果控件面板中打开Core Type下拉列表，选择Layer Masks选项。位于黑色纯色图层中的光束会自动沿着蒙版边缘显示，形成发光效果，如图 3-202所示。

 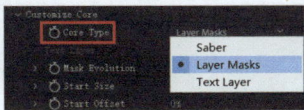 

图 3-202

3.7 配乐与音效篇：从BGM到一声"叮"，靠声音把握观众情绪

本节介绍视频剪辑中的配乐与音效。一个视频除了要拥有出彩的画面，还应当给予观众舒适的听觉体验。本节的内容包括声音设计、音乐选取及音效等。

▌ 声音设计的作用和意义 ▌

声音设计是根据各种需求创建配乐的艺术和实践，涉及使用音频制作技术和工具指定、获取或创建听觉元素。声音设计被用于各种学科，包括电影制作、电视制作、视频游戏开发、戏剧、声音录制和复制、现场表演、声音艺术、后期制作、广播、新媒体和乐器开发等。

在视频剪辑里，声音设计一般包括选择合适的音乐，以及为视频添加合适的音效。

利用声音驱动的视频类型有踩点混剪、电影预告片等。踩点混剪的视频纯粹依赖节奏感强的BGM，视觉画面与听觉体验的和谐令观众感到愉悦、舒适。电影预告片在片段衔接的基础上，会通过多样化的音效推进画面切换，以吸引观众注意力并调动观众情绪。

声音设计的两大方向包括音乐和音效。挑选合适的视频背景音乐，运用音频处理手段对音乐进行裁剪、加工或者混合多首音乐。在视频的各个部分加入不同的音效，并对其进行适度加工，以达到铺垫画面内容、吸引注意力等目的。

互联网上有丰富且庞大的声音素材库，把握搜索的类目和标准，可以轻松地找到对剪辑有帮助的声音素材。当素材无法满足剪辑需要时，一些专业的声音设计师会以各种方式模拟或创造自己想要的声音。

声音设计具有较高的自由度，可以选择先做完剪辑再独立设计，也可以选择在剪辑的过程中即时加入。

如果驱动视频的声音内容相对固定，就可以在Au软件中对音频进行加工后生成音频

文件，再导入Pr软件中进行剪辑。如果视频的内容结构相对固定，就可以考虑从Pr软件中导出视频到Au软件中进行设计。

▌从流派和节奏入手挑选音乐 ▌

结合音乐流派和音乐节奏来辨析音乐情绪，如图 3-203所示，从而为视频选择合适的音乐。

图 3-203

音乐流派是对音乐作品归属的传统性分类。常见的流派有流行、摇滚、民谣、嘻哈等。音乐流派与音乐形式（如管弦乐、电子乐等以性质定义的形式）并不相同，尽管它们在现实中有时会混用。

音乐可以以不同方式分属不同的类型，而且许多类型往往会相互交叉，这是由音乐的艺术本质决定的。

常见的音乐流派包括流行、摇滚、舞曲及嘻哈、古典等。不同流派带来的听觉感受不同，如流行音乐节奏鲜明，风格丰富多样，朗朗上口；摇滚音乐慷慨激昂，节奏强烈。根据视频的类型选择音乐，可以为视频增色，以达到锦上添花的效果。

与此同时，节奏对于音乐的选择也很重要。慢节奏的音乐悠扬、舒缓，快节奏的音乐紧张、激昂，如图 3-204所示。BPM（Beat Per Minute,每分钟节拍数）是用于描述音乐速度的指标。可以通过多种方式测量音乐的BPM数值，并且基于它判断音乐的性质。BPM的数值会影响作品的情感表达与演奏难度。

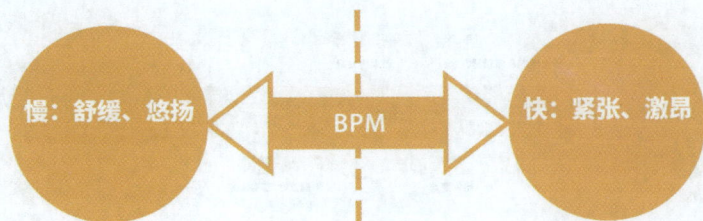

图 3-204

把握音乐的BPM数值，有助于在剪辑中为视频卡点，这样在播放视频的时候能够借助音乐节奏增强视频的表现力。

有时候需要根据个人的感觉去选择音乐。多听几遍选中的音乐，感受其中的情绪是否与视频相匹配。如果不匹配，就继续寻找合适的音乐。

搜索音乐的途径

搜索音乐的途径包括音乐流媒体与音乐平台。在这些媒体或平台上试听音乐，合适的话就将其下载下来，在剪辑时作为视频的配乐。

在流媒体与平台上可以通过榜单与歌单查找音乐。榜单上的音乐实时更新，并且通过了市场检验，契合大众口味。歌单由一些"发烧友"根据音乐的类型收集整理而成，比较容易找到某种类型的音乐。

在音乐平台上搜索音乐时，输入一些和剪辑相关的词汇，如"混剪""踩点""Vlog""背景音乐"等，可以非常高效地锁定相关类型的歌单。

在使用音乐的时候，需要注意音乐的版权问题。如果要在商业领域进行传播，需要向音乐拥有者购买版权。

免版权音乐是指可以在内容中使用一次性授权的音乐，不必担心要向版权所有者支付任何进一步的费用。传统的音乐授权模式一般会基于音乐被应用的场景（如视频）产生的收益，按一定的比例扣除授权费用。

有免费的免版权音乐，也有付费的免版权音乐，这一点需要仔细甄别。

如果音乐本身的属性，包括长度、效果、速度等，与视频不匹配，就可以使用前面所学的方法，如图 3-205所示，将其导入Au软件中进行编辑。

图3-205

如果要分离人声与背景音乐，就可以将音频文件导入Au软件，在效果组面板中添加"中置声道提取器"效果，如图 3-206所示，在打开的提示对话框中单击"确定"按钮，如图 3-207所示。

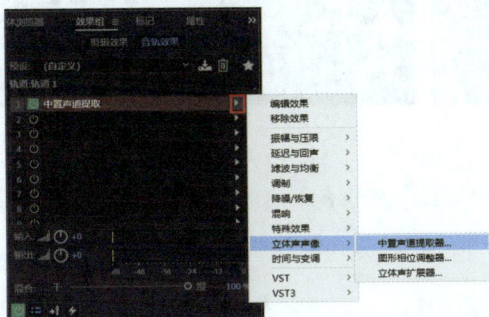

图 3-206

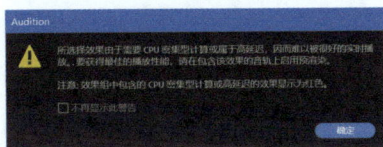

图 3-207

在打开的对话框中打开"预设"下拉列表，选择"人声移除"选项，接着在"频率范围"下拉列表中选择"高音人声"选项，如图 3-208所示。试听音频，可以发现人声已经被移除，只保留了背景音乐。

在"预设"下拉列表中选择"无伴奏合唱"选项，如图 3-209所示，可以移除背景音乐，只保留人声。

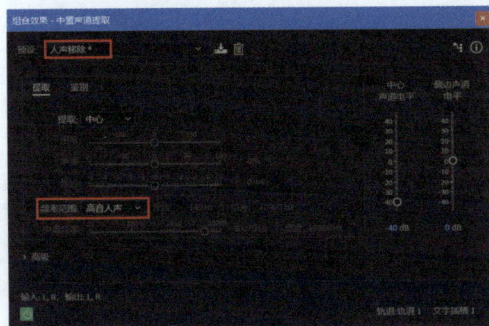

图 3-208

图 3-209

也可以在互联网上搜索能够智能分离音乐的软件，一键分离人声与背景音乐。

内容性音效

内容性音效拥有具体要表达的情景与含义。要制作某种类型的音频，只需要在Ae软件中逐渐添加各种效果，直至呈现符合预期的听觉效果即可。

将背景音频导入Au软件，弹出提示对话框，单击"确定"按钮，如图 3-210所示。若音频的采样率与Au软件会话的采样率不一致则不会影响音频质量。

图 3-210

添加第一个效果音频。首先将鼠标指针放置在音频右上角的白色三角形上，按住鼠标左键向左拖动，缩短音频的时长；接着将鼠标指针放在█按钮上，按住鼠标左键向左拖动，添加淡入、淡出效果，如图 3-211所示。

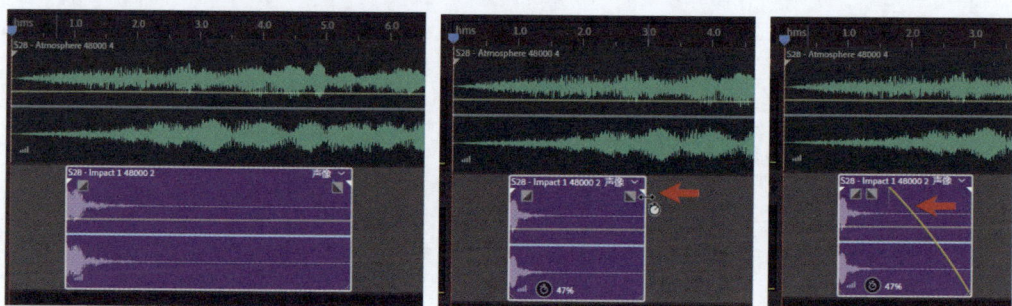

图 3-211

添加第二个效果音频。选择音频，将其向左移动，使其与第一个效果音频重叠，系统会自动添加淡入、淡出效果，使两个音频自然衔接。通过增大、减小两个音频的音量增益，音频的频率基本处在同一水平，如图 3-212所示。

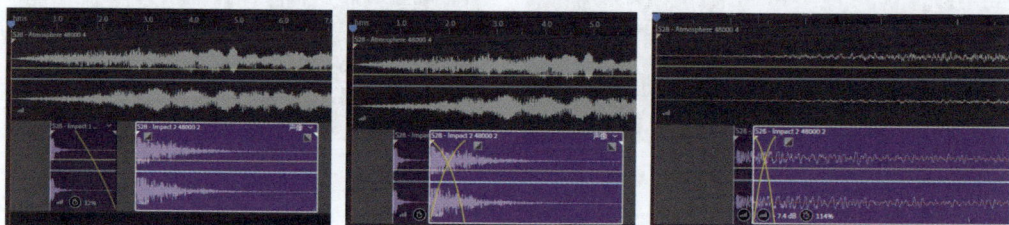

图 3-212

在效果组面板中添加"音高换档器"效果，在打开的对话框中调节"半音阶"参数值，如图 3-213所示，使两个音频的音量更加趋同，播放的时候不至于显得突兀。需要注意的是，"半音阶"参数值需要反复调整，直至效果满意为止。

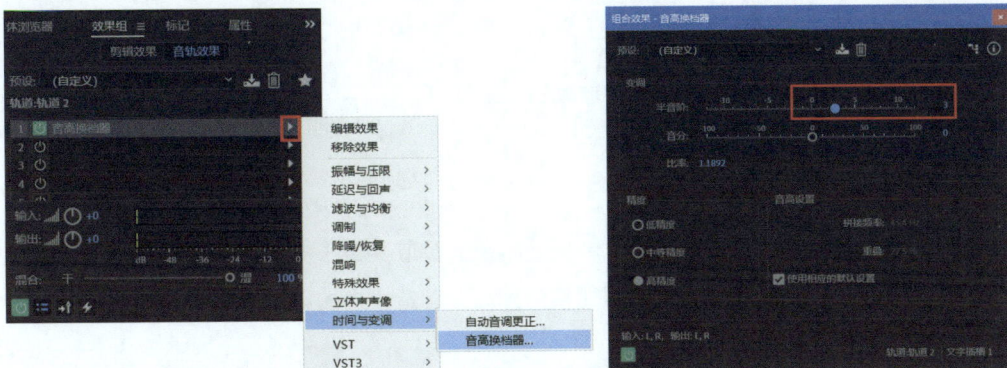

图 3-213

添加第三个效果音频。将其与前一个效果音频重叠，方便系统创建淡入、淡出效果。在音量包络线上创建点，向下移动包络线，营造声音逐渐向一侧远去的感觉，接着添加淡入、淡出效果，如图 3-214所示，使声音逐渐消失。

即使音频素材本身带有一些渐强、渐弱效果，也可以为它们添加淡入、淡出效果，这样能有效避免最后一点音量带来的"卡顿感"。

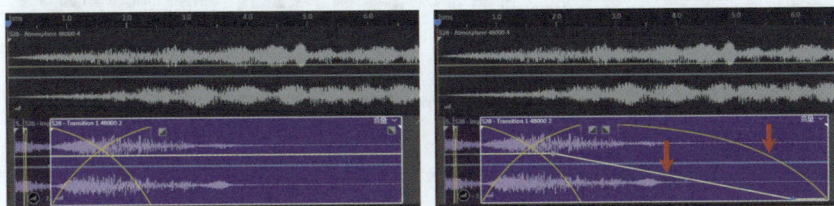

图 3-214

选择3个效果音频并单击鼠标右键，在弹出的菜单中选择"分组"|"将剪辑分组"命令，或者按快捷键Ctrl+G，使选中的音频成组，如图 3-215所示。这样可以同时选中这几个音频，方便进行后续的编辑。

使用上述方法，继续添加效果音频，并利用Au软件中的工具进行编辑，直到音频效果符合使用需求为止。

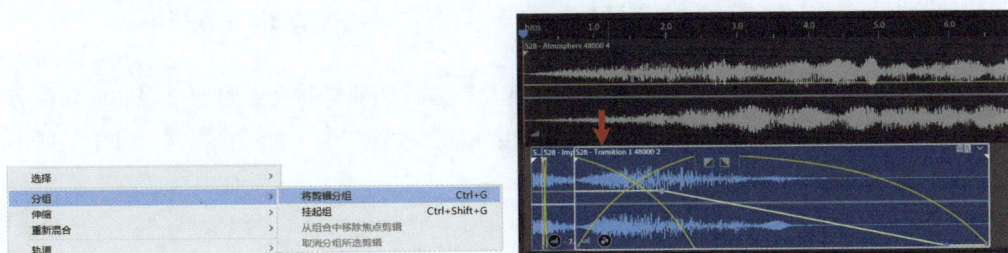

图 3-215

▌功能性音效 ▌

功能性音效包括提升器、冲击、过渡和氛围音等。

1. 提升器

提升器应用在需要调动情绪，或者提升整个剪辑节奏紧张度的场合，包含一些音调的变化。不断提升的音调配合一些激烈切换的画面，营造出来的氛围会非常紧张，让人的情绪不由自主地被调动起来。

音频示意如图 3-216所示，音量逐渐提升或降低，有助于营造紧张的氛围。

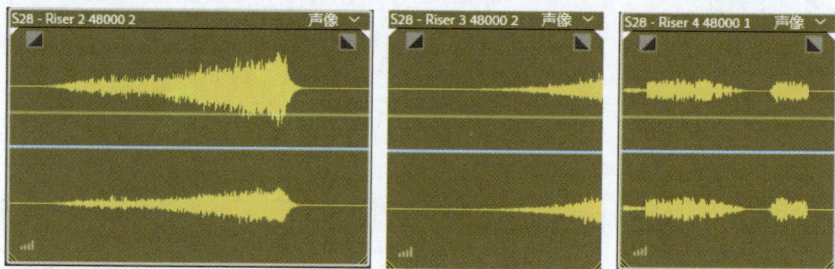

图 3-216

提升器不一定都激烈高昂，也有相对内敛沉稳的提升器，声音从高增益逐渐过渡到低增益，紧张的氛围得到缓解，最终趋于平静。

2. 冲击

冲击是一种非常震撼人心的，类似于敲击、撞击、坠落的音效。通常把它安排在剪辑中一些关键的画面切换点处，或者音乐节奏点处，起到一种增强冲击力的作用。这类音效非常吸引人，让人脑子里那根弦一下子就绷紧了。

此外，"叮"一声音效在作用上与冲击相似，就是为了让人在某一瞬间突然感受到某种力量，从而把注意力集中到视频中。该音效常常运用在科普类或者搞笑类的短视频里，起到辅助提示的作用，告诉观众这里有关键的知识点，或者其他的要点即将出现。

还有一种叫作Pop Up的音效，即"弹出"音效，这种音效会频繁地出现在动画类的视频里，其音频示意如图 3-217所示。当弹出一些对话框、聊天气泡的时候，配上一两个这样的音效，视频会生动许多。

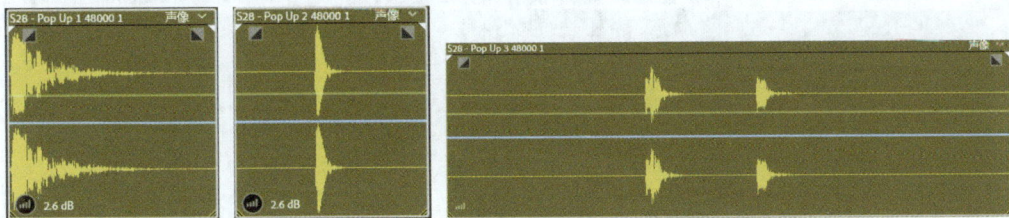

图 3-217

3.过渡

过渡音效自身不带具体的内容，运用在镜头切换场景中时，会起到不错的辅助润滑作用。

如果视觉上有叠层素材或者运动效果作为遮挡物，可以近似地把这个过渡音效视作听觉上的遮挡物，对原来视频的音轨起到润滑作用。

音频示意如图 3-218所示，可以看到声音短暂地出现后逐渐消失，配合画面的转场，带领观众进入下一段叙述。

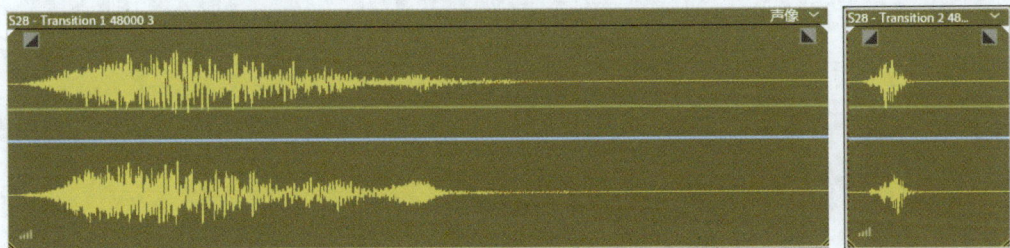

图 3-218

4.氛围音

氛围音存在的目的是制造某种特殊的氛围，它由一些合成乐器和少量的鼓点构成，不表达任何真实世界的含义。氛围音通过音调、节奏，向观众传达某种感受，如紧张神秘、平静祥和等。

音频示意如图 3-219所示，这是一段混剪的氛围音，随着播放进度向前推移，各种声音交替出现，很好地烘托出场景的氛围。

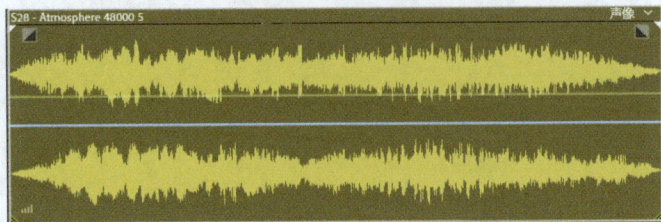

图 3-219

221

04

Pr 核心突破
踩点视频剪辑

本章介绍利用Pr软件剪辑踩点视频的方法，包括踩点基础、节奏匹配以及混剪的思路等内容。

4.1 关于踩点混剪

踩点混剪又称为"卡点""节奏向"混剪，是一种诞生于互联网时代的剪辑形式，广泛出现在电影、ACG（Animation、Comic、Game，动漫、漫画、游戏）等的再创作内容中，追求视频画面与音乐节奏的同步，观众在观看时常常有刺激、畅快的体验。

如今，"踩点"已经从一个单纯的视频形式，衍生成了一种剪辑的标准和手法。本章将进一步讨论、学习与之相关的各种内容。

踩点视频常见于电影与ACG内容的混剪、再创作，通过精彩的画面和富有节奏感的音乐之间的"和谐"来吸引观众。一些游戏混剪、舞蹈才艺类视频常常根据音乐节奏来进行剪辑，富有动感，让人有身临其境的感觉。

踩点剪辑不仅仅是"踩点"这么简单，它还是一种剪辑形式与剪辑手法。剪辑的画面和音乐的节奏同步时，视频给人的感觉非常舒适和畅快。按照音乐的节奏来组织画面的效果、运动和切换，可使观众逐渐进入视频所描述的氛围，并在音乐的配合下完成一场审美体验。

踩点剪辑的流程通常分为4个步骤，即音乐预处理→素材搜集→粗剪踩点→精剪处理。

4.2 音乐挑选和预处理

制作踩点视频，首先从音乐开始。音乐能极大地影响踩点视频的走向，因为踩点视频本身就是由音乐驱动的。只有选对音乐并且处理妥当了，后续的剪辑才能顺利推进。

适合做踩点剪辑的音乐通常具有如下特点。

（1）流派属于流行或摇滚。

（2）节奏中等偏快，节拍明晰、有力。

将选好的音乐素材导入Au软件中，观察音频的波形。音频的波形指的是声波在时间维度上的表现形式，它通过图形化的方式展示声音的振动特性。在Au软件中，波形图是一种常见的视觉工具，波形的振幅代表声音的响度，而波形的频率（即波峰和波谷的重复次数）则对应声音的音调。通过观察导入的音乐素材的波形，可以发现落差较大，如图4-1所示，证明这是一首节拍明晰、动感十足的歌曲。

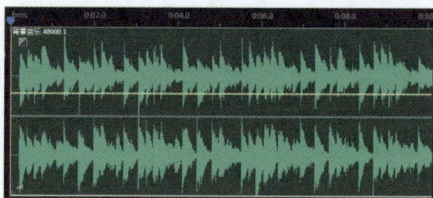

图 4-1

音乐的编辑为视频剪辑服务，一般一首歌曲的时长大致为3分钟，而有时候我们的混剪时长不需要太长，所以在对背景音乐进行编辑时，需要进行裁剪。

本章案例所需时长大致为1分钟，观察音频的波形，我们需要将播放线移动至歌曲1分钟左右，一句歌词大致结束的位置。一般一句歌词结束，后面的歌词即将开始时，波形中会有较短的锯齿，将音频轨道稍微拉长，根据歌曲实际播放和轨道中的波形，在图 4-2所示的位置，利用剃刀工具进行裁剪。

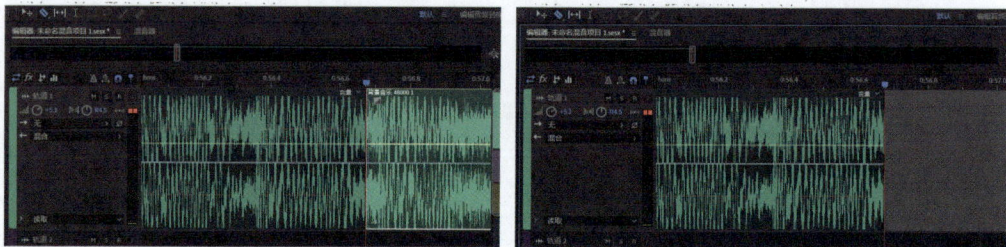

图 4-2

为了使听觉效果更好，可以为音频添加"动态处理"效果。动态处理类似于声音里的"曲线"，是一个基于函数改变不同电平输入值来得到输出值的音量处理方式。使用该效果可以借助图表来改变不同电平上声音的音量，从而为声音赋予更多的"动态感"。

在效果组面板中添加"动态处理"效果，在打开的对话框中选择"立体声摇滚混音"选项，如图 4-3所示。单击右上角的"关闭"按钮。添加效果后，音乐里响亮的部分被稍微压制，其他部分整体提高，使音乐听上去更有动感。

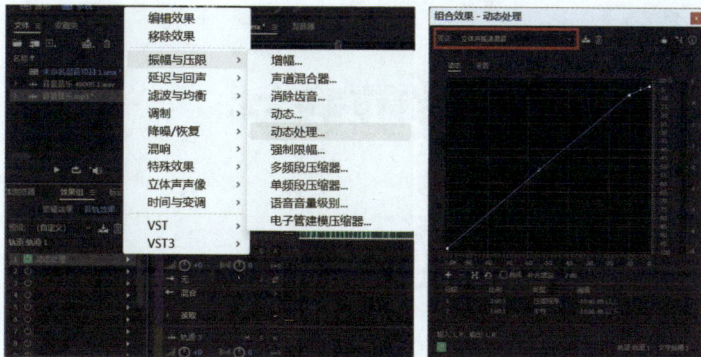

图 4-3

在效果组面板中添加"多频段压缩器"效果，在弹出的对话框中选择"增强低音"选项，如图 4-4所示。执行操作后，可以使声音在低频部分更加饱满。

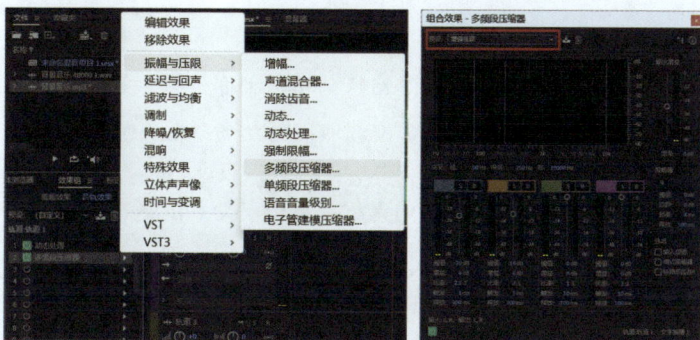

图 4-4

为了防止出现爆音，还可以添加"强制限幅"效果，在打开的对话框中选择"限幅-.1dB"选项，如图 4-5所示。这样音乐的输出音量将会稳定在-3dB左右，使音乐更带感。

到这里，音乐的处理基本完成。试听音乐，感受处理效果。多听几遍，熟悉了音乐才能更好地将其应用到视频剪辑中。

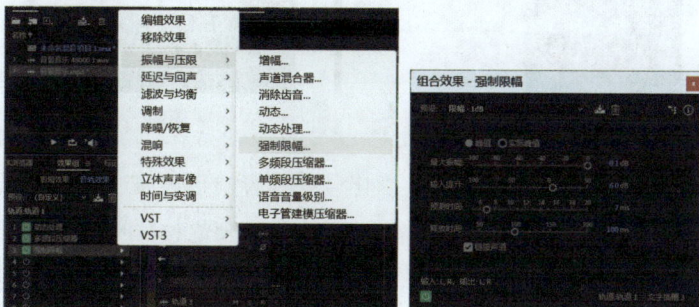

图 4-5

4.3 搜集混剪素材

踩点视频的两种主流混剪方式为单一混剪与拼盘混剪。单一混剪是围绕单个主体的踩点混剪，内容力求丰富，充分展现主体的各个侧面，使观众全方位了解视频所传达的信息且不会感到单调、枯燥。

拼盘混剪不限主体，但是需要保持内容的一致性或相似性。例如本案例为汽车混剪视频，可以不找同一辆车的视频素材，但需要寻找与汽车相关的素材，然后混剪成一个全新的视频。

搜集混剪素材有两种方法：第一种是自行剪辑、制作素材；第二种是下载成片素材。无论采用哪种方法，搜集素材都会花费剪辑混剪视频70%左右的时间。

经验丰富的剪辑师，一定看过无数的素材。从自己熟悉的题材、内容开始寻找素材，是适合初学者的练习方法。

将视频素材导入Pr软件，在源面板中播放，利用"标记入点"按钮██与"标记出点"按钮██截取视频的某个片段。接着在面板中单击鼠标右键，在弹出的菜单中选择"制作子剪辑"命令，如图 4-6所示。在打开的对话框中设置素材的名称，如图 4-7所示，单击"确定"按钮。

图 4-6

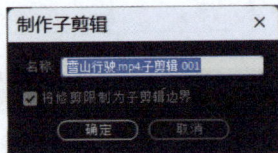

图 4-7

保存的素材可以在项目面板中找到，如图4-8所示。继续通过裁剪、保存操作得到其他素材片段。将鼠标指针放置在素材的缩览图上，可以预览素材的内容，如图 4-9所示。

图 4-8 图 4-9

有时项目面板里的素材过多，比较混乱，可以在选中素材的状态下单击鼠标右键，在弹出的菜单中选择"通过选择项新建素材箱"命令新建文件夹来存储选中的素材，如图4-10所示。双击打开文件夹，可以看到其中保存的素材。

也可以将素材导出至计算机中保存。选中素材并单击鼠标右键，在弹出的菜单中选择"导出媒体"命令，如图4-11所示，进入导出界面，设置参数后即可导出。

图 4-10 图 4-11

还可以从音乐出发，分析混剪结构编排，有目的地去寻找合适的素材。以本章为例，音乐分为前奏、主歌和副歌。前奏是一段鼓点偏均匀且节奏感强的旋律，根据前奏的鼓点和波形规律，可以找寻一些引出汽车在公路上行驶的第一视角的空镜素材。后面的部分皆可通过分析音乐的情绪起伏和节奏，提高寻找素材的准确率。

根据音乐的类型来思考可能需要何种类型的素材，在搜集的时候特别留意，就能减少无目的搜寻的时间。

4.4 踩点基础：音乐节拍和视频节奏点

踩点的精髓就是视频的节奏与音乐的节奏完全在同一个点上。踩点首先需要做的是，把视频和音乐中可以用来做剪辑设计的节奏点精准地找出来。

▌在Au中为音乐添加节拍标记▐

在Au软件的音轨上方空白处单击鼠标右键，在弹出的菜单中选择"时间显示"|"编辑节奏"命令，如图4-12所示，打开"首选项"对话框。

在"节奏"文本框中输入85，如图 4-13所示。将音乐上传至可以测量节拍的音乐编辑网站或软件，可以快速得到测试结果。此处输入的85，就是利用测节拍软件得到的结果，单击"确定"按钮关闭对话框。

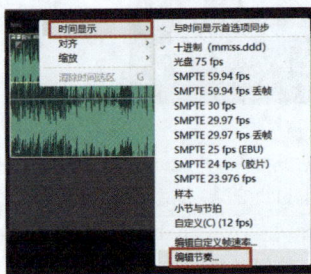

图 4-12

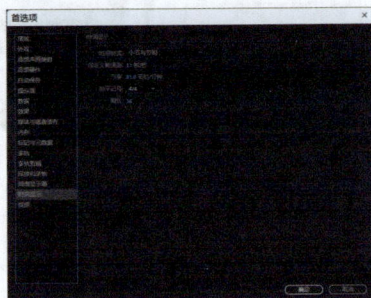

图 4-13

单击鼠标右键，弹出的菜单中选择"时间显示"|"小节与节拍"命令，如图 4-14所示。观察音轨上的数字变化，如图4-15所示，这些数字就是这个音乐的节拍。

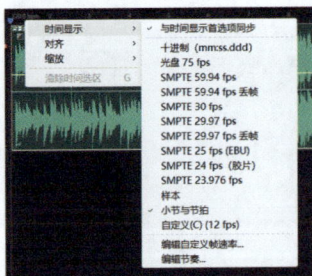

图 4-14

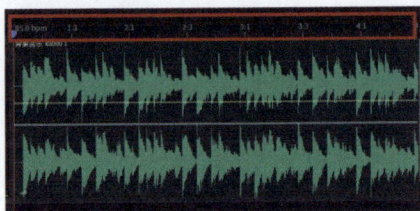

图 4-15

将音乐开头的空白片段裁掉，使得第一拍响起的时间刚好在起始位置，如图 4-16所示。只要测试结果没有出错，后面的每个波形就会刚好落在某个刻度上。

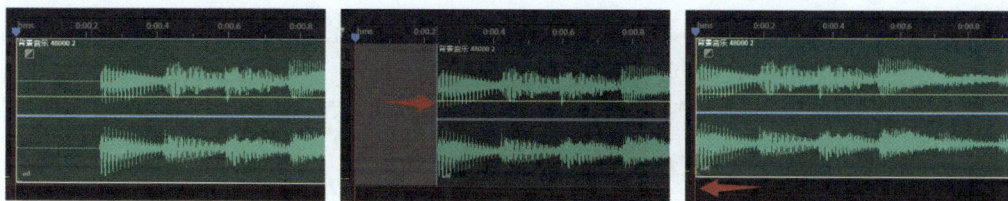

图 4-16

每个大刻度代表一个小节，小数代表这个小节里面的拍。一个小节由4拍构成，每个拍刚好对应一个节奏点。

小节是用来度量音乐长短的"基本单位"，大多数歌曲为4/4拍，一个小节由4拍构成，以四分音符为一拍。形式多样的节拍、旋律都依托小节内持续时长不同的音符组合来进行构建。

根据刻度来为音乐添加标记方便得多。将轨道拉长，就可以在轨道中看到清晰的节拍。播放音乐，在节奏点处按M键就可以在该位置创建一个标记。本章案例的背景音乐将根据结构的变化进行两种节拍的标记。音乐的前奏较为特殊，分为两段，两段前奏的标记一致，均为一小节两个标记，也就是每隔一拍打上一个标记。进入主歌，也就是第9小节时，由于节奏变得轻快，因此改为一小节4个标记，也就是每拍都打上一个标记。进入歌曲预副歌部分，也就是第13小节时，由于该部分向副歌递进，节奏变缓，因此改为一个小节两个标记。最后，从将要过渡到副歌的第16小节开始改为一个小节4个标记。根据上述要求分段落不断地重复标记添加操作，直至为整首歌都添加标记为止。最后的效果如图 4-17所示。

图 4-17

添加标记后，执行"文件"|"导出"|"多轨混音"|"整个会话"命令，在打开的对话框中设置名称及存储路径，单击"确定"按钮导出音频，如图 4-18所示。

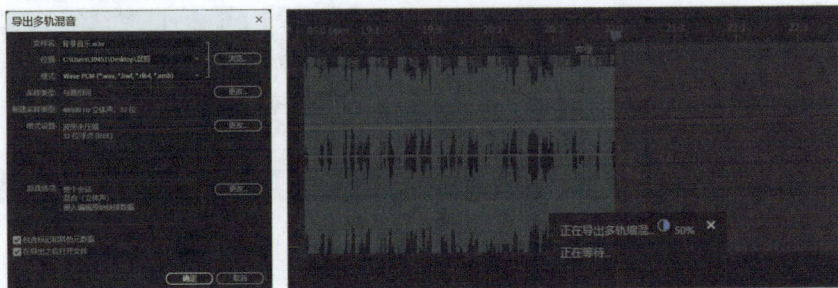

图 4-18

▍在Pr中为音乐添加节拍标记 ▍

将上一部分保存的音频文件添加至Pr软件中，可以看到标记跟随素材一起被导入，如图 4-19所示。标记面板中显示了音频文件的标记信息，如图 4-20所示。

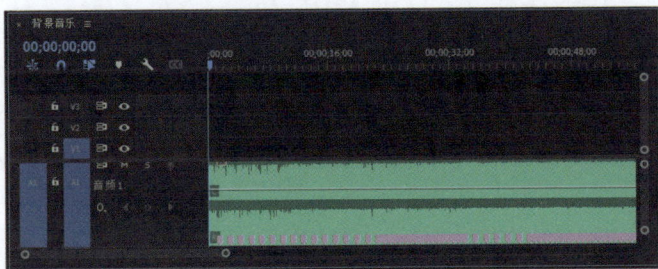

图 4-19

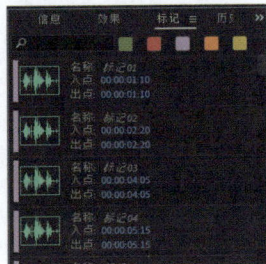

图 4-20

将没有添加标记的音频文件导入Pr软件。单击音轨左侧的 M 按钮，将有标记的音频静音，如图 4-21所示。正确安装踩点插件Beat Edit后，选中没有标记的音频，然后执行"窗口"|"扩展"|"Beat Edit-MG"命令，打开Beat Edit面板，如图 4-22所示。

图 4-21

图 4-22

选择音频，在Beat Edit面板中单击Load Music按钮，将音频导入面板，如图 4-23 所示。在左上角的下拉列表中选择Clip Markers选项，单击▼按钮，如图 4-24所示。稍等片刻，Beat Edit会自动为音频添加标记。

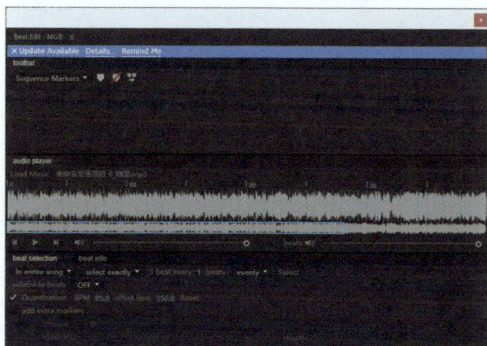
图 4-23

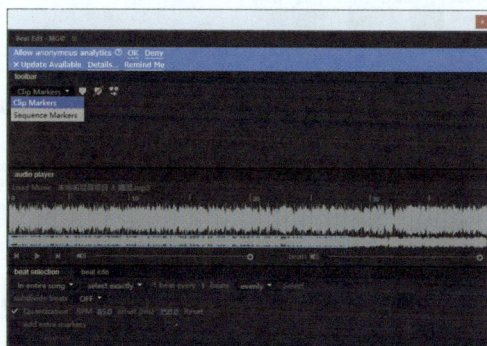
图 4-24

查看Beat Edit添加标记的结果，如图4-25所示。虽然使用Beat Edit非常方便快捷，但是为了训练对音乐节奏的敏感度，增强对音乐节奏的把握能力，提高剪辑技巧，剪辑师还是应该手动添加节拍标记。

图 4-25

在Pr中为视频添加标记

在源面板中播放视频，利用"标记入点"按钮▮与"标记出点"按钮▮裁剪视频片段，并在节奏点处按M键添加标记。将标记完成的视频片段拖放至视频轨道，调节视频的长度，使视频的标记与音频的标记基本对齐。

在剪辑中，视频的最小时间单位是帧，而音频的最小时间单位是毫秒，二者精细度不一致，因此无法做到绝对对齐，只要确保大体接近，在观感和听感上没有明显错位即可。

在对齐视频标记与音频标记的时候，利用比率拉伸工具调节视频的时长，可以使标记趋于对齐。但这样任意调整视频的时长，可能会造成播放效果发生改变。这时在视频块上单击鼠标右键，在弹出的菜单中选择"速度/持续时间"命令，在打开的对话框中勾选"保持音频音调"复选框，如图 4-26所示，单击"确定"按钮，可以使视频的播放效果保持在正常水平。

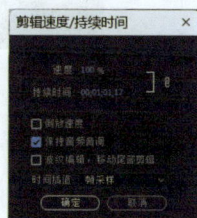
图 4-26

4.5 粗剪思路分析

本节介绍粗剪的大致思路。踩点类视频的剪辑更多的是利用画面来搭配歌曲，所以在编排时要参照歌曲的段落结构。

以本章选择的歌曲为例，由于之前在Au软件中处理标记时，根据歌曲结构进行了标记的添加，所以，只需要根据添加好标记的背景音乐进行剪辑即可。本章以汽车混剪为例，根据歌曲节奏有一个情节先后起伏的设置。先从两段前奏开始，第一段前奏为引出汽车做准备，所以可以在开始添加几段第一视角下在公路上开车的镜头，如图 4-27所示。在快要进入第二段前奏时添加展示汽车的素材片段，然后在第二段前奏开始时，设置旗子绿幕特效，如图4-28所示，转入汽车Logo的展示，实现转场，为正式进入正片做准备。在构思画面切换的时候，可以利用画面之间的相似性来打造切换的无缝感。例如第二段前奏相对于后面部分的节奏偏缓，但是后面的副歌却又相当剧烈，这时候就需要使用合适的素材来实现场景切换——第二段前奏末尾处可以添加一个汽车飘移镜头进行转场，以此正式进入正片。

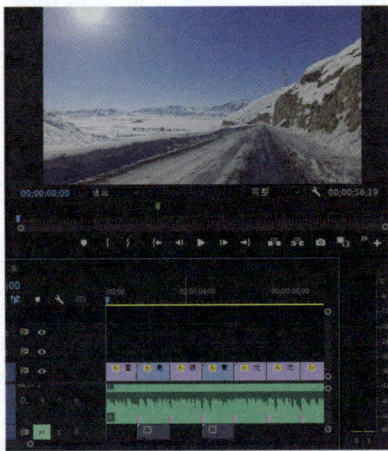

图 4-27

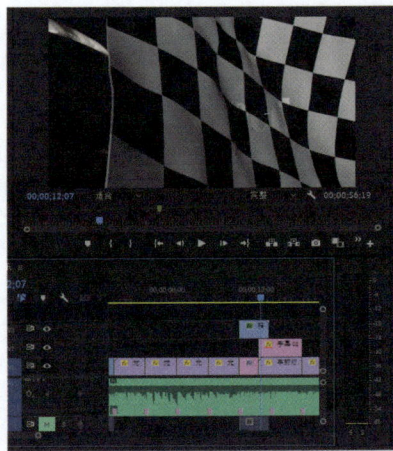

图 4-28

主歌部分由于节奏加快，可以多剪几个开车时酷炫的特写镜头，如图 4-29所示。然后在主歌末尾处，通过一段跑车瞬间开过的酷炫效果转至预副歌部分。进入预副歌部分则为副歌进行铺垫，可以稍微减缓镜头变化，通过几个开车的全景、近景、特写镜头的来回切换烘托气氛，如图 4-30所示。

进入副歌部分，加快镜头切换速度，同时选择各种汽车迅速开过的多重视角镜头，叠加仪表盘特写镜头，烘托汽车快速驶过的激情氛围。在结尾处则可放置展示车的镜头同时添加Logo，如图 4-31所示。

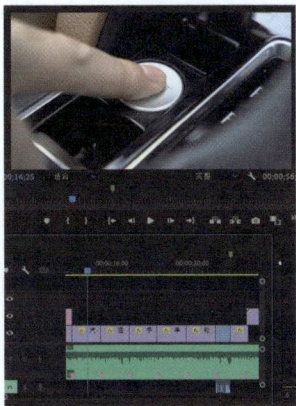
图 4-29

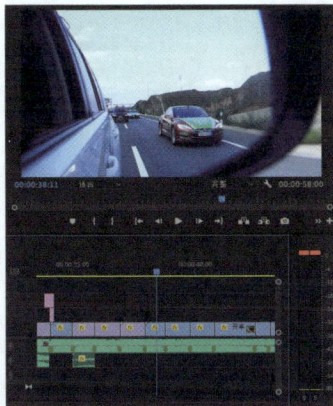
图 4-30

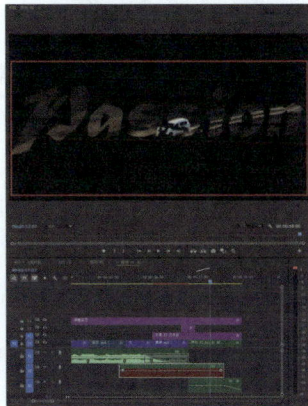
图 4-31

卡点的节奏并不是绝对的，最好是不断变化并且疏密有致的，这样有助于把控观众对视频节奏的期望，使观众时而紧张时而松弛，不容易感到无聊。

如果前一段切换的速度非常快，那么后面接上来的一段就要慢而有力；如果前一段比较沉稳，那么后面的片段就要快而迅猛。速度的切换，可以使观众高度集中，并处于紧张状态。

通过画面的快速切换，带领观众进入不同的场景，这是一种很常见的剪辑方式。利用画面的快速切换，配合高亢的歌曲，体现一种速度感，将观众的情绪由平稳带到激烈，告诉观众，马上就要到下一个段落了。

上述细节在具体应用到剪辑里面的时候，并没有固定的形态和公式。所有的剪辑技巧都需要以抓牢观众的注意力为主，只有这样他们才能看到最后，并且有机会认可你的视频内容。但在处理画面的变化时，不能太过复杂，否则观众很容易失去耐心，不会看完整个视频。

混剪有两个要点：内容一定要多样化，力图构建丰富且不重复的场景；尽可能发掘能触动观众的内容，如画龙点睛的台词、特写镜头等。

4.6 精剪加工处理

粗剪阶段结束后，可以给视频应用合适的效果，将其打磨得更加精致、耐看。

首先为视频应用一个全局的调色效果。新建一个调整图层，如图 4-32所示。在效果面板中选择Cinespace25预设效果，如图 4-33所示。这个带有电影风格的效果可以适当地增强画面对比度，把很多画面风格不太一致的片段相对统一起来。

应用选择的预设效果，适当地调整参数，如图 4-34所示，参数值根据画面的具体情况来设定，没有统一的标准。

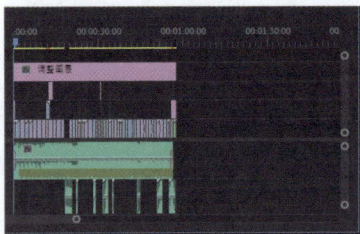

图 4-32

图 4-33

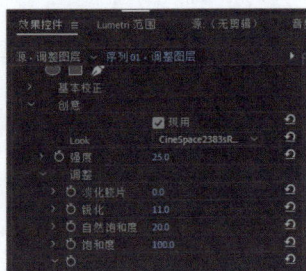

图 4-34

添加完效果后播放视频，如果觉得某个画面过亮或过暗，可以对调整图层进行裁剪、分离，单独调整该片段的Lumetri颜色。如果太暗，就增大"阴影""黑色"的参数值；如果太亮，就减小"高光""白色"的参数值。

结尾处可以通过添加曝光效果进行转场设计。将播放线移动至结尾的两段素材处，选中倒数第二段素材，添加"曝光过度（过度曝光出点）"效果，同时在结尾处创建两个关键帧，如图 4-35所示，得到曝光转场的效果。

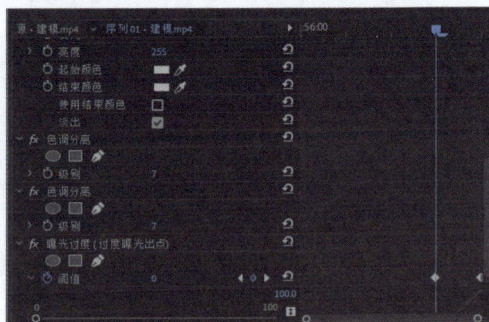

图 4-35

不必应用太多特殊效果，只在比较重要且关键的段落上添加效果即可。如在预副歌部分过渡至副歌部分时添加一个"黑场过渡"效果，进行转场。

大部分转场设计都是通过模板制作的。然而还可以利用调整图层搭载效果，使效果与画面分离，这样在修改与迁移的时候更方便。空出两三条轨道，放置因为设置转场而创建的调整图层，使它们不会与其他轨道上的素材产生冲突。例如在"雪地越野"素材和"模拟飞车"素材之间添加两个预设效果进行转场，如图 4-36所示。

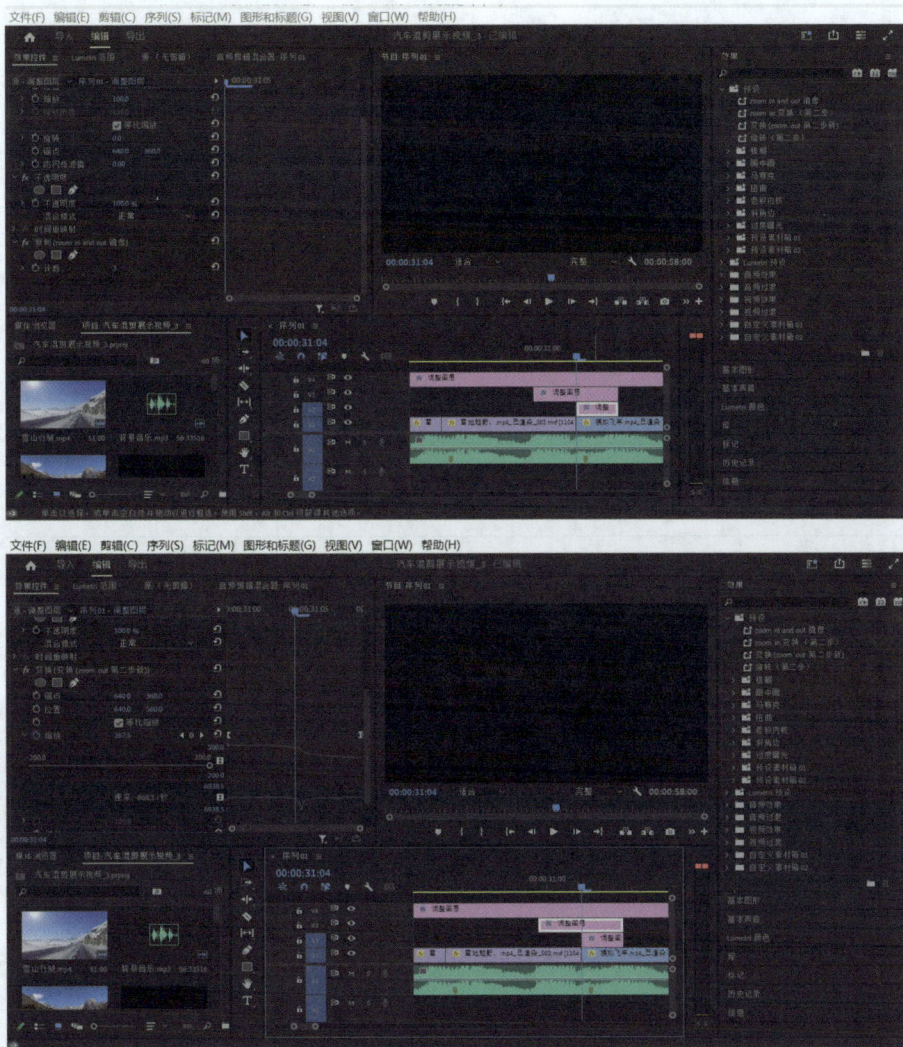

图4-36

本章的混剪视频大部分片段以硬切为主，少量重要段落的切换部分会添加一些转场效果进行点缀。最终的混剪成果请到配套视频中观看，读者可利用在本章中所学的知识，自行寻找合适的视频与音频素材，练习剪辑一个富有表现力的视频。

05

Au 核心突破
趣味配音视频剪辑

本章介绍利用Au软件中的录音与音频编辑功能制作一个趣味十足的配音视频，包括录音的基本方法、音频录制流程、人声优化润色及人声风格化加工，最后将编辑完的音频导入Pr软件中进行粗剪与精剪，得到一个富有感染力的作品。

5.1 关于配音视频

配音视频的核心在于对视频进行重新配音和对音频进行再编辑，使画面搭配（可能）完全不同的声音。

配音的一般流程：脚本撰写→录音混音→音频编辑→视频加工。

首先将配音内容写成脚本，修改至满意为止；然后进行录音工作，其间加入各种混音，丰富录音效果；接着对音频进行裁剪、润色等操作，去除音频里的杂音，使音频更加清晰或具有某种效果，如高音、低音等；最后选择合适的视频，与编辑完成的音频搭配在一起，根据视频画面来调整音频或者为视频添加字幕，完成配音视频的制作。

需要进行配音工作的情况有两种：第一种是拍摄的视频不包含对白；第二种是制作播客、有声书等纯音频节目。

5.2 录音的基本方法

录音工作有两种常用的方法：第一种是先录音，再配视频画面，常用于教程、科普及解说类视频的制作；第二种是先做好视频，再根据视频内容录音。

启动Au软件，选择一个轨道，单击 R 按钮，进入录音模式，如图 5-1所示。在"输入"下拉列表中选择"单声道"选项，在弹出的子列表中选择其中一项，如图 5-2所示。

多数指向性麦克风都会固定指向需要拾取的声源，因此它们也称为单声道麦克风。单声道麦克风可以极大地降低其他方向（如麦克风左右两侧）的声音，能够很好地避免杂音，此时生成的录音文件也是单声道的。

立体声麦克风会由两个单独的音头录制两段不同的音频，一般用于拾取现场环境或其他需要明显渲染现场气氛的场景。

图 5-1

图 5-2

单击轨道下方的"录制"按钮 ●，或者按Shift+空格键，开始录制音频，如图 5-3所示。录制完成后，再次单击"录制"按钮 ●，退出录制。文件面板中会显示已经录制的音频文件，如图 5-4所示。

图 5-3

图 5-4

双击轨道名称进入编辑模式，输入自定义的名称，如"老师"，如图 5-5所示。重复操作，继续为另一个轨道重命名，如图 5-6所示，以便在不同的轨道上录制不同的音频。

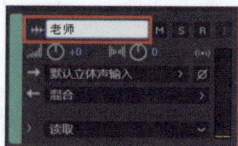

图 5-5

图 5-6

双击轨道左侧的颜色色块，打开"音轨颜色"对话框，选择一个颜色，单击"确定"按钮，即可更改轨道颜色，如图 5-7所示。

图 5-7

设置完成后，单击█按钮进入录制模式，如图 5-8所示。在不同的轨道上分别录制老师与学生的音频，如图 5-9所示。

图 5-8

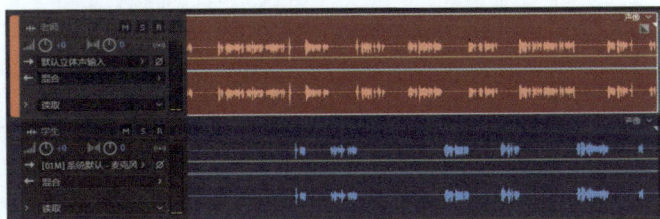

图 5-9

如果音频里出现大段的空白，就利用剃刀工具进行裁剪，如图 5-10所示。删去空白片段后，音频会更加紧凑。

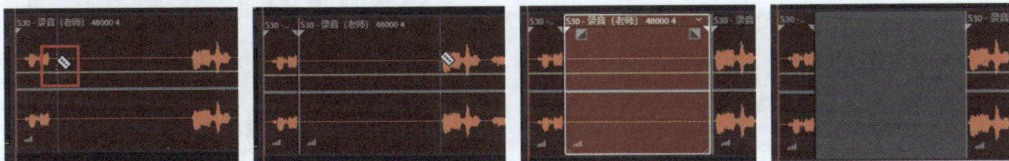

图 5-10

在结束上一句话、开始下一句话的时候，添加淡入、淡出效果，如图 5-11所示，可以使两句话的衔接更加自然。并不是每段对话都需要添加淡入、淡出效果，根据情况来添加即可。

重复上述操作，完成音频的初步剪辑，如图 5-12所示。

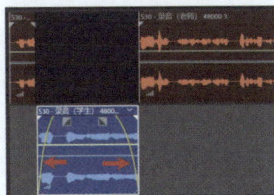

图 5-11

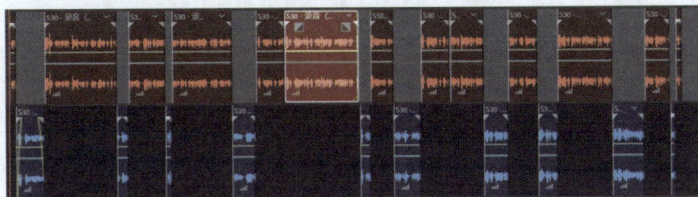

图 5-12

在这里需要提醒一句，视频素材在Au软件中也能打开并预览，将左下角的视频面板拖放至音轨上方，在剪辑音频时可打开视频以提供参考，如图 5-13 所示。

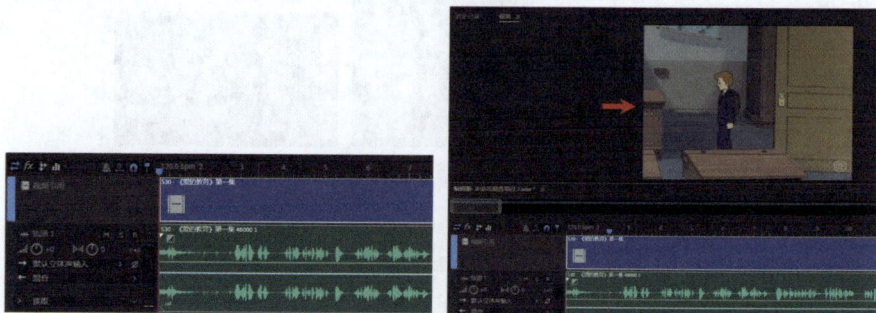

图 5-13

如果工作界面中没有显示视频面板，就可以执行"窗口"|"视频"命令。可以通过拖动面板的方式调整视频面板的位置与尺寸。

在音频上单击鼠标右键，在弹出的菜单中选择"锁定时间"命令，如图 5-14 所示，这样在编辑其他音频的时候，如图 5-15 所示，就不会移动原始的音频，以免对其造成影响。

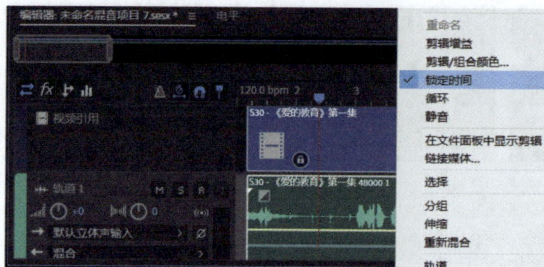

图 5-14

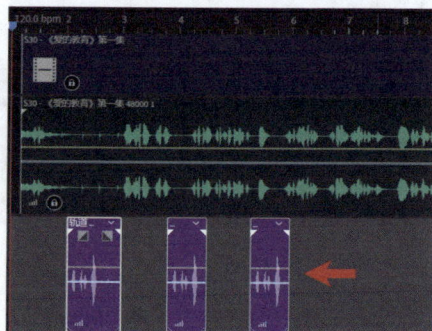

图 5-15

5.3 音频编辑加工

音频编辑加工分为两个阶段：第一个阶段是人声优化润色；第二个阶段是人声风格化加工。下面介绍操作方法。

▍人声优化润色 ▍

在效果组面板中的"预设"下拉列表中选择"播客声音"选项，对应列表中会显示该效果组所包含的5个效果，如图 5-16所示。

"降噪"效果采取全频段的降噪方式，降噪数量为45%，参数设置如图 5-17所示，可以根据实际情况进行调整。

图 5-16

图 5-17

"语音音量级别"效果能把不同音轨上的音频音量保持在一个差不多的级别上，参数设置如图 5-18所示，使其不会出现过高或过低的声音。

"动态处理"效果可以使大声的部分更大声，小声的部分更小声，参数设置如图 5-19所示，从而使整段音频更富动感和活跃感。

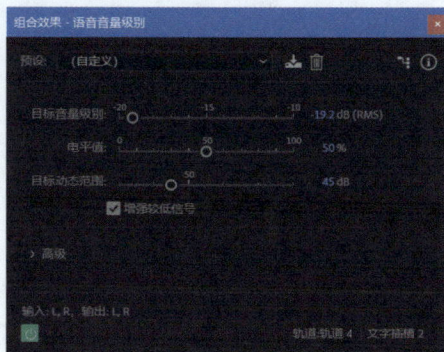

图 5-18

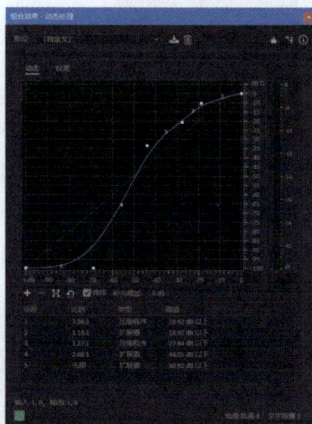

图 5-19

"参数均衡器"效果会将低频部分切掉，使得声音听上去更加清澈干净；还会提高超高频部分的音量，使得声音听上去更加轻盈，曲线调整如图 5-20所示。

"强制限幅"效果能压低超高音,确保声音不会爆破,参数设置如图 5-21所示。

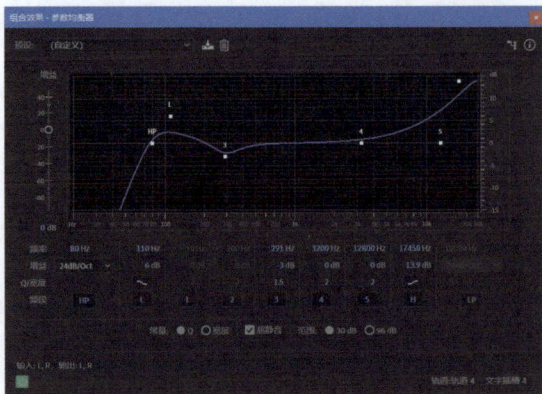

图 5-20

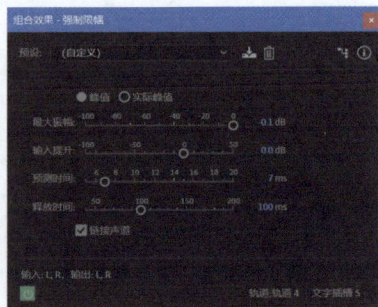

图 5-21

在效果组面板中添加"多频段压缩器"效果,在弹出的对话框中选择"更紧密的低音"选项,如图 5-22所示,可以使声音听上去更加有磁性、浑厚。

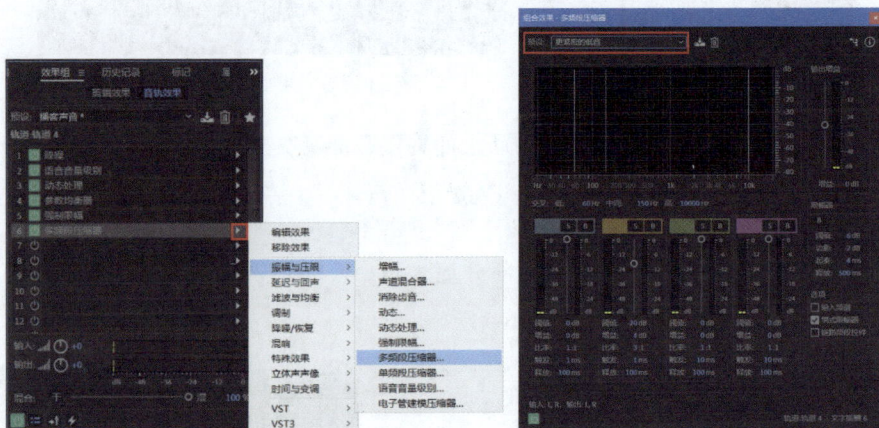

图 5-22

单击效果组面板中的"保存"按钮,打开"保存效果预设"对话框,设置预设名称,如图 5-23所示,单击"确定"按钮即可保存。在"预设"下拉列表中可以找到已存储的效果预设,直接将其应用到音频中。

图 5-23

▌人声风格化加工 ▌

选择老师的音频，在效果组面板中添加"音高换档器"效果。在对话框中设置"音分"为-80，如图 5-24 所示，使得声音听起来更加低沉。

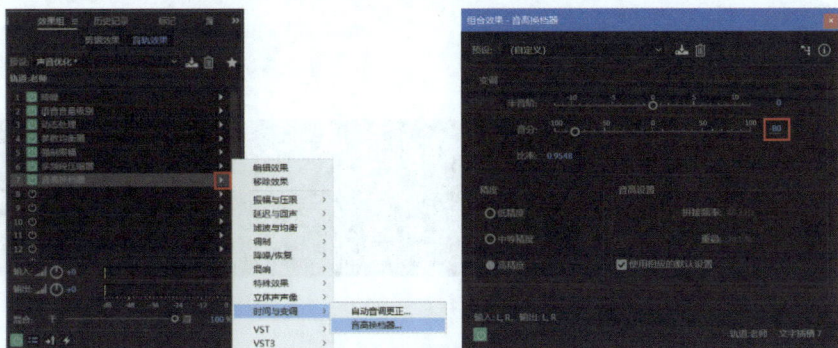

图 5-24

为学生的音频也添加"音高换档器"效果，将"音分"设置为80，如图 5-25所示，使得声音听起来更加响亮。

继续添加"多频段压缩器"效果，在"预设"下拉列表中选择"增强高音"选项，如图 5-26所示，有意地提高声音，使得高音听上去更像高音，低音更有低音的特质。

选择老师的音频，添加"多频段压缩器"效果，在"预设"下拉列表中选择"增强低音"选项，如图 5-27所示，压低声音，使得声音听起来更加沉稳。

图 5-25

图 5-26

图 5-27

常见的变声手段大多通过修改声音频率特征或者升降调来实现，虽然很便利，但是弊端也很明显。升降调的幅度过大，声音就会变形，失去说话者本人的声音特色。

如果希望声音在原汁原味的前提下尽可能多地实现变调，又不会使声音受损太严重，可以参考以下方法。

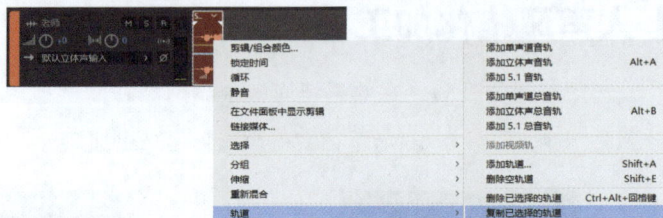

图 5-28

选择老师的音频并单击鼠标右键，在弹出的菜单中选择"轨道"|"复制已选择的轨道"命令，如图5-28所示。复制结果如图5-29所示。

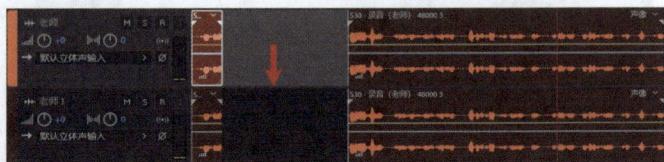

图 5-29

选择复制得到的副本并单击鼠标右键，在弹出的菜单中选择"合并剪辑"命令，如图 5-30 所示。

图 5-30

合并剪辑的结果如图5-31所示，可以看到原先分散的音频块被集合到一起，方便进行后续的编辑。

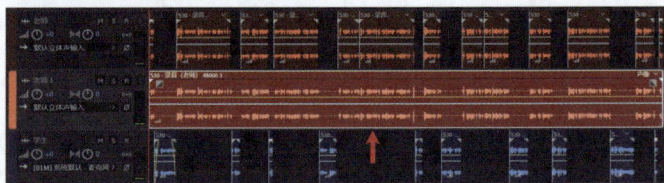

图 5-31

双击合并后的音频块，进入波形编辑器。执行"效果"|"时间与变调"|"伸缩与变调（处理）"命令，如图 5-32 所示，打开"效果-伸缩与变调"对话框。

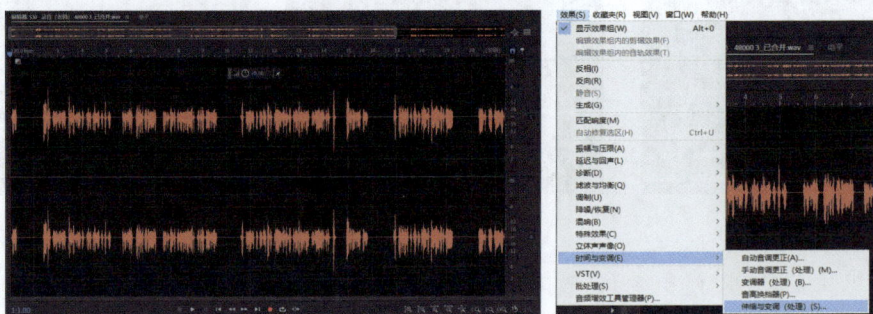

图 5-32

在对话框中将"变调"设置为−3半音阶，勾选"独奏乐器或人声"复选框，如图

5-33所示。单击"应用"按钮应用参数设置，再单击"关闭"按钮关闭对话框。试听音频，可以发现声音在变得低沉的同时仍然最大限度地保留了原有的特色。如果对效果不满意，可以按快捷键Ctrl+Z撤销操作，重新进行参数设置。

选择学生的音频，沿用上述的方法编辑。在"效果－伸缩与变调"对话框中将"变调"设置为3半音阶，其他参数的设置如图5-34所示。

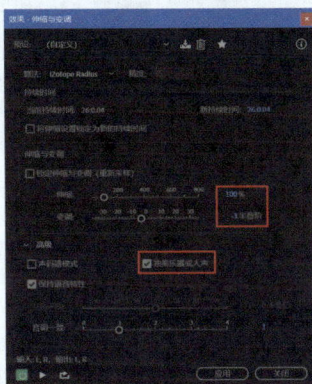
图 5-33

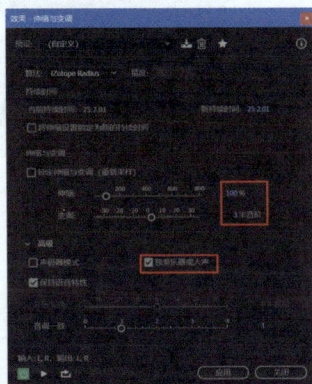
图 5-34

如果希望单独编辑某段人声，就需要将其裁剪出来。例如学生的音频中有一句"老师好"，由于是单人录制，声音难免单薄。在将其润色成多人和声之前，利用剃刀工具将其截断，再移动至下一个轨道，如图5-35所示。

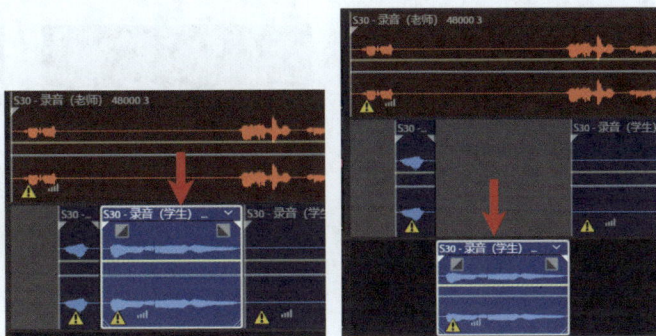
图 5-35

在效果组面板中切换至"剪辑效果"选项卡，添加"和声"效果。在弹出的对话框的"预设"下拉列表中选择"10个声音"选项，再分别修改特性参数，如图 5-36所示。单击右上角的"关闭"按钮关闭对话框。

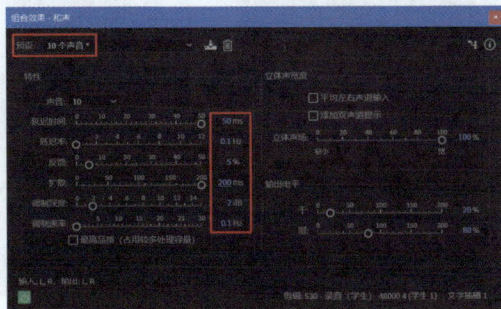
图 5-36

为了使声音能与下一段声音自然衔接，先将其延长，再添加淡入、淡出效果，如图 5-37 所示。播放音频，可以听到稀稀拉拉的和声响起后逐渐消隐，很顺畅地接入下一段声音。

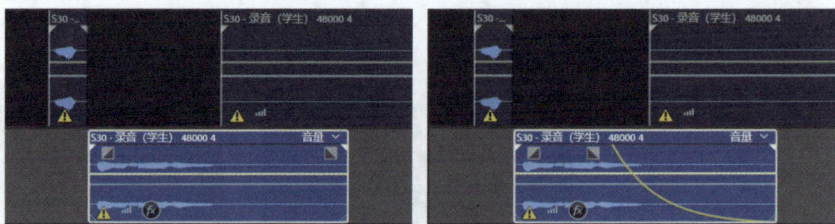

图 5-37

学生的音频中有一个哀嚎的片段，为其添加混响、回音效果。先将需要编辑的片段单独裁剪出来，移至下一个轨道，如图 5-38 所示。

选择音频并单击鼠标右键，在弹出的菜单中选择"变换为唯一副本"命令，如图 5-39 所示。如果直接在源素材的基础上进行波形编辑，添加的效果就会影响到与它同时录制的所有音频，也就是被存储在同一个录音文件里的所有声音。为了避免这种情况发生，要先将它变换为唯一副本，再进行波形编辑。

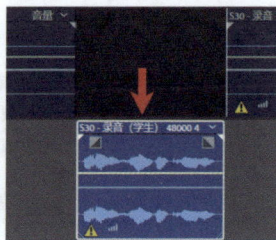

图 5-38

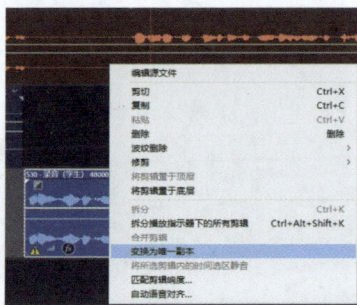

图 5-39

双击音频块进入波形编辑器，在效果组面板中添加"完全混响"效果，在对话框中的"预设"下拉列表中选择"大会堂"选项，并适当调整"输出电平"参数，如图 5-40 所示。单击右上角的"关闭"按钮，试听音频，如果不满意再返回修改。

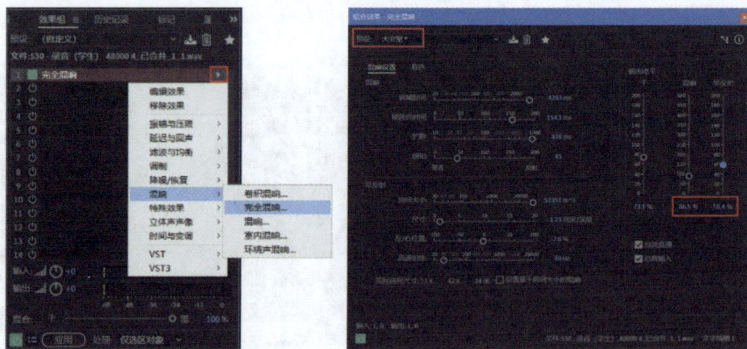

图 5-40

在效果组面板中添加"模拟延迟"效果，在对话框中选择"下叠字符"预设，其他参数的设置如图 5-41所示，打造一种更为温和的类回声质感。因为"模拟延迟"效果对声音质感的影响，到最后还有一点类似变形的魔幻扭曲感。

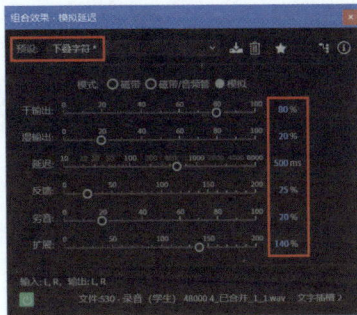

图 5-41

效果添加完毕后，单击效果组面板下方的"应用"按钮，如图 5-42所示，返回多轨编辑器。为音频添加淡入、淡出效果，如图 5-43所示，使声音可以很流畅地逐渐降低直至消失。

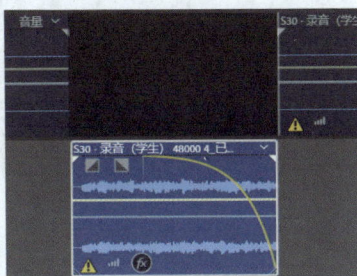

图 5-42　　　　　　　　　　图 5-43

全选所有音频块，按住右上角的白色三角形不放，向左拖动，压缩至90%，如图 5-44所示，可以提高语速，增强喜感。最后添加一个BGM，降低其音量，如图 5-45所示。播放音频，试听编辑效果。

试听完毕后，将BGM静音。执行"文件"|"导出"|"多轨混音"|"整个会话"命令，在打开的"导出多轨混音"对话框中设置名称与保存路径，单击"确定"按钮即可导出。

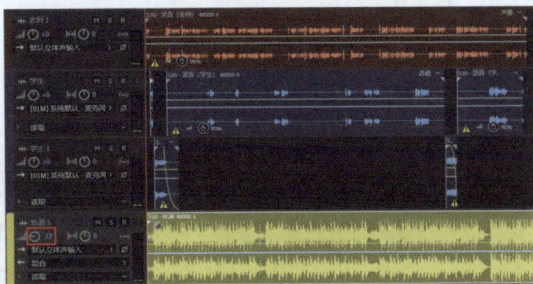

图 5-44　　　　　　　　　　图 5-45

5.4 粗剪处理

在粗剪阶段，需要基于脚本与已经编辑完成的音频，从视频素材中挑选与音频相匹配的片段进行拼接。

例如，老师打开教室门，走到讲台后，一边翻书，一边说话，截取的画面如图 5-46 所示。这时，将要与画面匹配的音频放在音轨上，播放时注意画面内容的切换是否与音频同步。如果不同步，就不断地调整，直至能协同播放为止。

图 5-46

除了聚焦单人的画面，也可以适当地穿插大场景与长镜头，丰富画面的表现效果。例如，当老师扫视教室的时候，镜头可跟随老师的视角，从一侧摇向另一侧，使全班同学逐渐呈现在画面中，如图 5-47所示。

图 5-47

视频的场景是学生回答老师的问题，所以在截取画面的时候应选择不同的人物角色，如图 5-48所示。这样可以使观众在观看时有耳目一新的感觉，气氛也比较活跃，画面内容也更加丰富，避免以同样的姿态重复出现相同的人物，使观众觉得枯燥。

图 5-48

选择片段后，需要画面中人物说台词的速度保持相对一致，所以常常需要通过拉伸操作进行调整。大多数情况下加速可以使影片的情节更加紧凑，更加富有戏剧性。在视频块上单击鼠标右键，在弹出的菜单中选择"速度/持续时间"命令，在打开的对话框中设置"速度"值，如图 5-49所示。参数设置没有固定值，视不同的情况而定。

图 5-49

当需要重复使用相同的片段时，可以对片段进行编辑，使其在播放的过程中显得"不太一样"。例如，可以将老师翻书的画面放大，几乎充满屏幕，如图 5-50所示，这样就能与开头的翻书画面进行区分。

为视频块添加"水平翻转"效果，使画面在水平方向上翻转，如图 5-51所示，在保证视频完整的同时又添加了趣味性。

图 5-50

图 5-51

如果出现搜集的素材不够的情况，可以利用一个小技巧来进行填充，使视频能够流畅地播放。选择画面，在节目面板中单击"导出帧"按钮 ，如图 5-52所示。在打开的对话框中输入名称，如图 5-53所示，勾选"导入到项目中"复选框，就可以在项目面板中预览导出的文件。单击"确定"按钮关闭对话框。

图 5-52

图 5-53

249

为了能使画面动起来，需要为其添加"位置""缩放"关键帧，如图 5-54所示。为关键帧设置参数值，可以使画面在移动的过程中进行缩放，呈现出画面中的人物正在活动的感觉。

图 5-54

利用素材中原来的背景音乐，可以为视频添加临场感。截取老师开门、关门的声音，将它们放置在最下面的音轨上，如图 5-55所示。在播放视频的时候，BGM与开门、关门的声音一同响起，可以将观众带入情境。

为了避免BGM影响台词，可以在音频剪辑混合器面板中减小增益值，如图 5-56所示。在播放视频的时候，BGM能起到烘托氛围的作用。

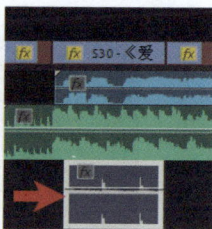

图 5-55

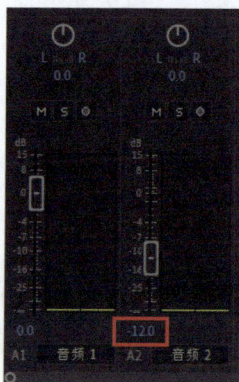

图 5-56

在趣味性的剪辑中，为了表达尴尬无语的情景，习惯在某个阶段将BGM隐去，如图5-57所示，这样操作不会影响背景音乐的连续性，且能使剪辑生动许多。

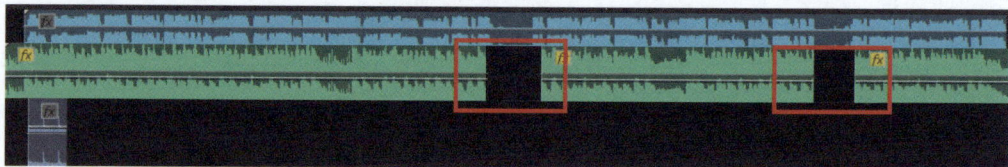

图 5-57

本节介绍的粗剪方法可以应用到实际的剪辑中。但是，粗剪阶段也需要花费大量的时间与耐心去寻找、筛选素材，然后根据情景的需要进行片段的拼接与编辑，最终才能得到一个相对完整的作品，并进入最后的精剪加工阶段。

5.5 视频精剪加工和效果设计

精剪阶段主要添加各种素材与效果，使画面更加生动活泼，增加观看的愉悦感。

将绿幕背景的数学运算素材导入Pr软件，如图 5-58所示，并将其放置在合适的画面所在的轨道上方，如图 5-59所示。

图 5-58

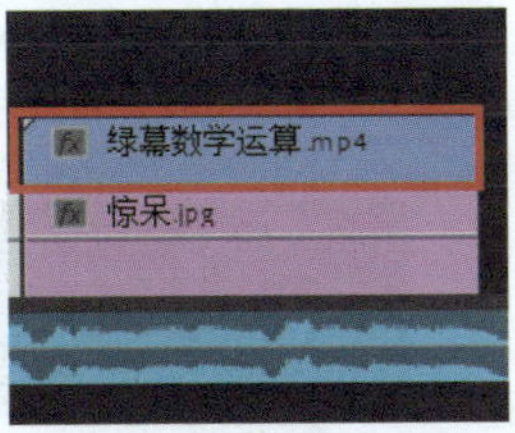

图 5-59

为素材添加"超级键"效果，在效果控件面板中单击"主要颜色"右侧的吸管工具按钮 ，吸取绿幕背景，如图 5-60所示。

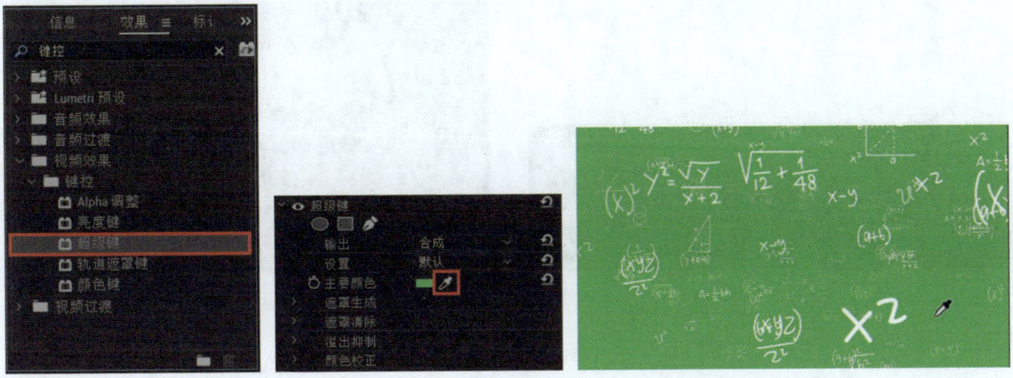

图 5-60

去除绿幕背景后，为素材添加"色彩"效果，如图 5-61所示。

图 5-61

设置"将白色映射到"的颜色，如图 5-62所示。在"不透明度"列表中更改"混合模式"为"滤色"，如图 5-63所示。

图 5-62

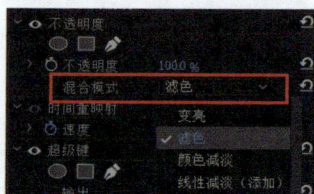

图 5-63

最后为素材添加"缩放"关键帧，如图 5-64所示。在播放的过程中，可以看到素材随之进行缩放，画面内容能很好地表达人物此时的心境，如图 5-65所示。

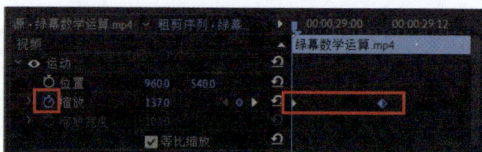

图 5-64

图 5-65

需要注意的是，可以根据需要应用的素材内容，有针对性地选择对应类型的素材。颜色较为单一或者偏光影类的素材可以优先选择黑色背景的（叠层）素材，颜色较为复杂且内容比较丰富的素材可以选择绿幕素材。

了解不同类型素材的特点，可以更有针对性地搜寻素材，从而节省时间，提高工作效率。

新建调整图层，如图 5-66所示，为其添加"变换"效果。分别创建"位置""缩放"关键帧，如图 5-67所示，在播放的过程中通过移动、缩放动作增加画面的动感。

图 5-66

图 5-67

图 5-68所示为添加"变换"效果后的部分播放画面。这样操作可以使播放结果聚焦到某个点，如老师的脸部表情。也可以选择其他方式来突出、强调画面的重点。

图 5-68

除了利用调整图层添加效果之外，也可以通过为视频块添加关键帧来创造另类的播放效果。为视频块添加"缩放""旋转"关键帧，如图 5-69所示。

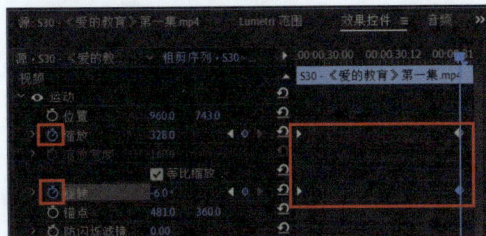

图 5-69

播放视频，可以看到画面中的人物随着镜头的推移逐渐放大，最后在"旋转"关键帧的影响下，画面稍微倾斜，配合人物手舞足蹈的动作，如图 5-70所示。

图 5-70

逐级放大画面人物，可以引导观众将注意力聚焦到人物身上。将人物视频块裁剪成3个部分，如图 5-71所示。分别调整这3个视频块的"缩放"值，值从小至大，如图 5-72所示，用来表示人物随着播放进度的向前推移逐渐成为画面焦点。

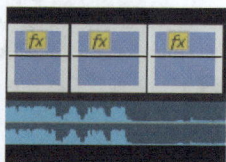

图 5-71

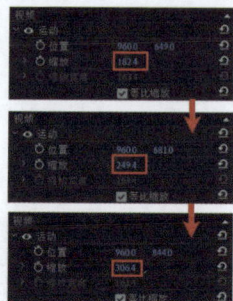

图 5-72

播放视频，可以看到讲台上的老师逐渐在屏幕里放大，因此焦点很容易落在老师一个人的身上，而忽略周围的背景，如图 5-73所示。

图 5-73

为文字添加"缩放"关键帧，使文字在视频播放的过程中突然放大吸引观众的注意力，之后又恢复正常大小。输入文字，设置样式与颜色。添加"缩放"关键帧，第一帧的参数值设置为200，如图 5-74所示，先用大号文字吸引注意力。

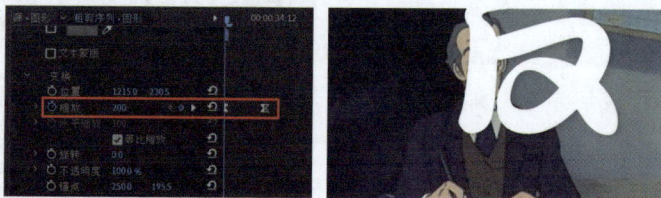

图 5-74

向右移动播放线，输入参数值100后按Enter键，创建第二个关键帧。当视频播放到该关键帧所在的位置时，文字恢复正常大小，如图 5-75所示。

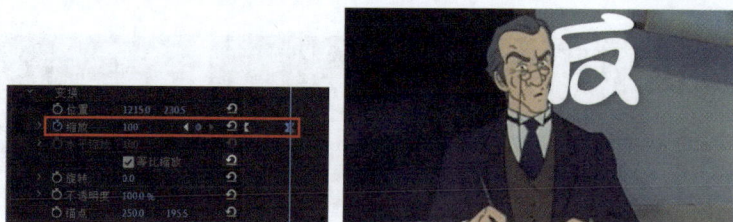

图 5-75

重复上述操作，继续输入文字并为其添加关键帧，使文字在屏幕中闪烁之后恢复正常，效果如图 5-76所示。

在文字出现的同时，可以搭配一些音效，渲染文字的出场效果。

图 5-76

添加字幕轨道，根据台词，配合画面输入文字。在基本图形面板中设置文字参数，为文字添加描边、阴影等，使其能在画面中清晰显示，如图 5-77所示。

精剪阶段没有什么太大的难点，但是需要时间调整与编辑画面、音频、字幕3个部分的内容。最终的制作成果请到配套视频中观看，读者可根据提供的素材自行练习，强化已经学会的技能。

图 5-77

06

Ae 核心突破

时尚快剪视频剪辑

本章介绍如何使用Ae软件做出富有动感的剪辑，并利用多种手段，包括动态化转场设计、文字动画设计等，让视频更加富有时尚感与高级感。

6.1 关于快剪

快剪是一种富有动感的视频剪辑形式，致力于通过文字、图形及特效元素的动画效果丰富画面，增强视觉冲击力。快剪常见于一些短视频及时尚潮流风格的广告短片的制作中。

快剪的具体实现形式丰富多样，本章重点讲解利用关键帧动画与简单特效来制作快剪视频。

快剪视频的三大要素分别是特效、文字和图形，以及动画。

视频中添加的富有冲击力的特效往往是快剪视频吸引人的亮点之一。特效可以增强画面的动感与酷炫感，为观众带来刺激感官的观看体验。

借助文字表达信息与以图形点缀画面也是快剪视频常见的制作手法。此外，快剪视频之所以生动跳跃，是因为它建立在大量的关键帧动画和插值曲线上。通过添加动画，可以制作画面丰富、富有节奏感的视频。

快剪视频的制作流程：音频处理→视频粗剪→转场效果添加→文字动画和特效制作。

6.2 音频处理与视频粗剪

将音频处理放在剪辑的第一步，主要是为了在剪辑的过程中随时将画面与音频相匹配，利用节奏点去安排画面内容、添加转场效果。本节还将介绍添加各类转场效果的方法，包括初级阶段关键帧转场、镜片转场以及亮度转场等。

音频处理

先将BGM导入Au软件，根据需要进行裁剪与拼接，并在音频之间添加淡入、淡出效果，使其过渡自然，如图6-1所示。

编辑完成后，执行"文件"|"导出"|"多轨混音"|"整个会话"命令，在打开的对话框中设置文件名、位置与格式，如图6-2所示，单击"确定"按钮。

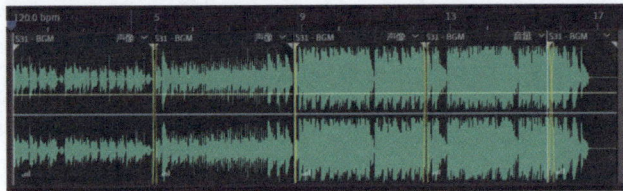

图6-1

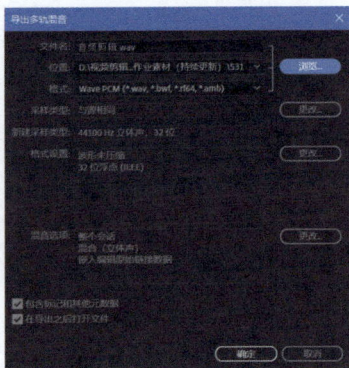

图6-2

粗剪的基本注意事项

打开Ae软件，在"合成设置"对话框中取消勾选"锁定长宽比为9∶16（0.56）"复选框，设置"宽度""高度"值，如图6-3所示。单击"确定"按钮，新建一个合成。

Pr软件的剪辑逻辑是"波纹逻辑"，同一轨道上的视频可以前后拼接，连成一段，因此剪辑的精确度更高并且更加可控。

Ae软件的剪辑逻辑是严格的"图层逻辑"，不同素材无法在同一图层上展现，而是叠层显示，如图6-4所示，因此剪辑的自由度更高，但是不好操控。

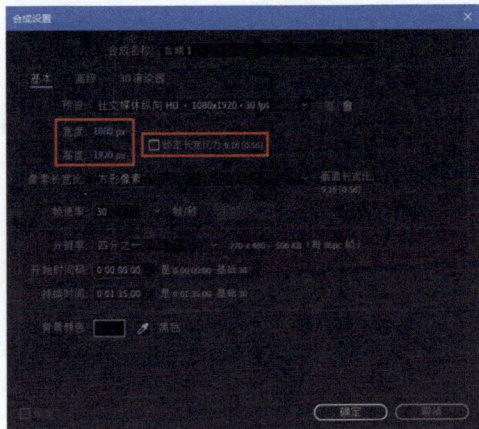

图6-3

图6-4

双击图层，进入图层面板，如图 6-5所示。该面板与Pr软件中的源面板类似，都可以预览图层内容，并通过添加入点与出点来裁剪视频。

将入点固定在开始的位置，播放视频，在合适的位置单击⚓按钮，设定出点，如图 6-6所示。入点与出点以外的部分会被裁剪掉。

图6-5

图6-6

时间线面板中实时反映裁剪结果，如图 6-7所示。裁剪掉的部分并没有被删除，而是被隐藏，可以随时恢复。

图6-7

如果导入的素材与合成的尺寸不匹配，如图 6-8所示，就需要对其进行调整。在素材上单击鼠标右键，在弹出的菜单中选择"变换"|"适合复合"命令，素材的尺寸就会自动调整至与合成一致，如图 6-9所示。

图6-8

图6-9

横屏的素材与竖屏的合成尺寸不符，如图 6-10所示，可以利用"变换"子菜单中的"适合复合宽度""适合复合高度"命令来调整。

选择"适合复合宽度"命令，调整效果如图 6-11所示，素材的上方和下方会显示黑边。选择"适合复合高度"命令，素材自动调整高度至与合成相同，但是水平方向上的内容会被摒弃在合成范围之外，如图 6-12所示。

图 6-10

图 6-11

图 6-12

▌ 粗剪思路分析 ▌

视频开头使用许多运动幅度不大的画面来搭配舒缓的音乐，如图 6-13所示。在这之后，接入一段富有上升感的节拍，且节奏越来越快，开始体现剪辑迅速升温的感觉。

在增加剪辑丰富性的要求下，应该尽量对景别、角度不同的素材进行穿插组织，尽量使观众的观感在不断地发生变化。

图 6-13

副歌部分的节奏最为强烈，剪辑逻辑与做踩点视频一致，有了强烈节奏的加持，只要找准音乐的节拍，无论画面如何组合都能带给观众不错的观看体验。对于节奏稍微平缓的段落，需要花时间琢磨如何使之出彩。

快剪视频的素材可以重复，但是要注意将它们区别开来。例如这个跳舞的素材，一开始的画面是女孩子的半身像，随着镜头的移动，逐渐聚焦到脸部，如图 6-14所示。可以将素材裁剪成两部分使用，因为前后的差别很大。

图 6-14

进入音乐的最后一段，节奏逐渐归于平静，需要在画面上做出呼应，如图 6-15所示，这一段里是与视频开头类似的画面。开头以拍摄物体为主，结尾处增加了人物镜头，使画面更加丰富。

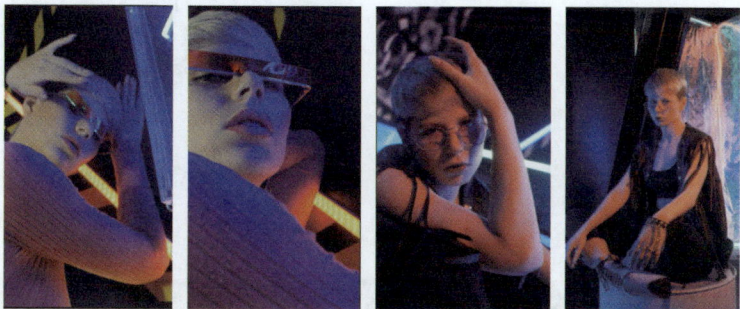

图 6-15

进行到这里，视频素材就基本组织完成了。接下来为视频添加转场效果，进行更为细致的设计。

┃添加转场效果┃

选择图层，通过按P、S、A、R等键，可以在时间线面板上快速调出当前图层的位置、缩放、锚点、旋转属性。在已经显示属性的情况下，按住Shift键按另一个属性对应的键，可以同时展开多个基本属性。

1.初级阶段关键帧转场

单击"缩放"左侧的 按钮，创建第一个关键帧，同时增大"缩放"值。向右移动播放线，创建第二个关键帧，减小"缩放"值，如图 6-16所示。

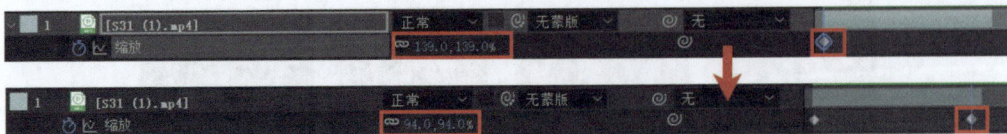

图 6-16

添加关键帧后，播放视频，可以看到画面随着音乐由大变小，如图 6-17所示。

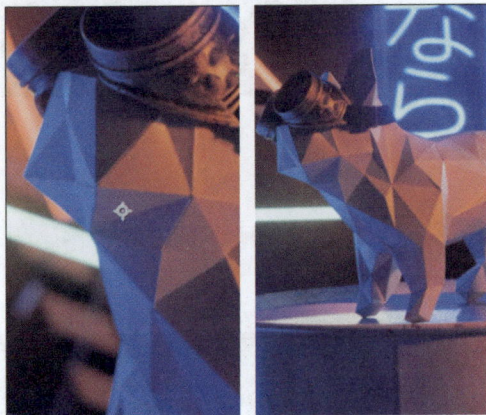

图 6-17

单击"旋转"左侧的 ⬤ 按钮，创建第一个关键帧，设置旋转角度。接着创建第二个关键帧，恢复旋转角度为0，如图 6-18所示。

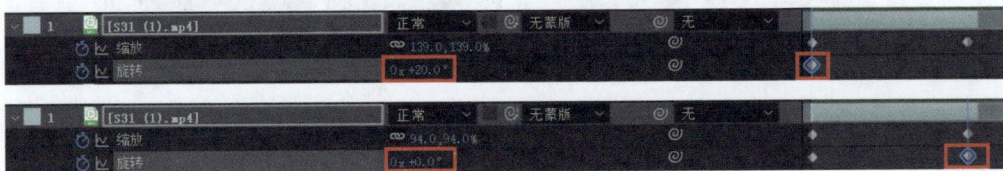

图 6-18

为画面添加旋转动作，是为了使其与下一个稍微倾斜的画面相呼应，这样两个片段衔接在一起时就会非常自然，如图6-19所示。

图 6-19

选择这4个关键帧并单击鼠标右键，在弹出的菜单中选择"关键帧辅助"|"缓动"命令，如图 6-20所示，为它们添加缓动效果。单击"图表编辑器"按钮，进入图表编辑器，如图 6-21所示。

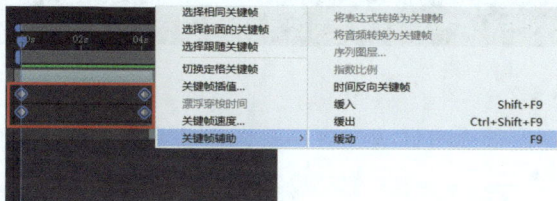

图 6-20

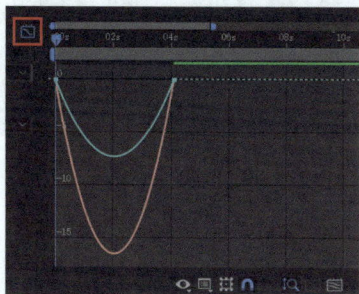

图 6-21

将缩放曲线与旋转曲线同时向左侧挤压，如图 6-22所示，使画面的运动效果更加丝滑。退出图表编辑器，将右侧的关键帧向右移动，如图 6-23所示，保证关键帧的动作能够延续至画面结束。

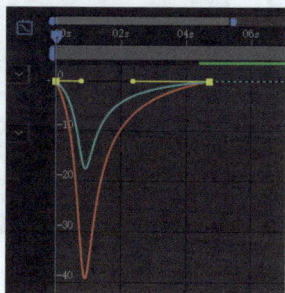

图 6-22

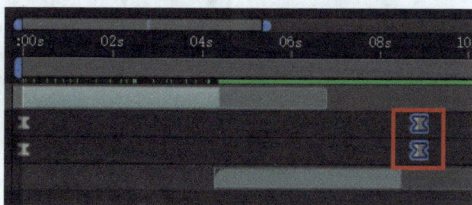

图 6-23

2.关键帧转场进阶

在能熟练创建上述简单的关键帧动画后，下面进一步探索旋转式拉镜转场的制作。仍然以开头的两个片段为基础，利用关键帧为这两个片段的衔接创建转场动作。

选择图层，按R键显示"旋转"属性。分别为这两个图层添加关键帧，如图 6-24所示。

图 6-24

将中间两个关键帧的角度分别设置为90°与-90°，如图 6-25所示。起点与终点的关键帧保持默认值不变。

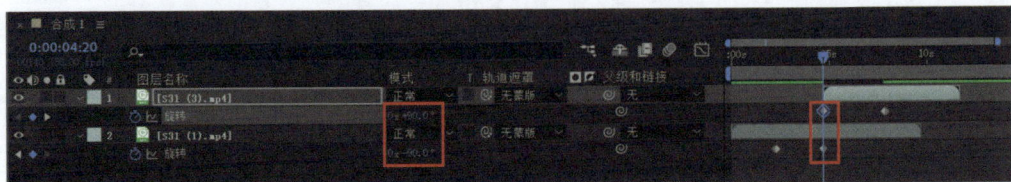

图 6-25

选择下方图层的两个关键帧并单击鼠标右键，在弹出的菜单中选择"关键帧辅助"|"缓动"命令，为其添加效果。单击"图表编辑器"按钮，进入图表编辑器，调整曲线，如图 6-26所示。

重复上述操作，选择另外两个关键帧，添加缓动效果，进入图表编辑器，调整曲线，如图 6-27所示。

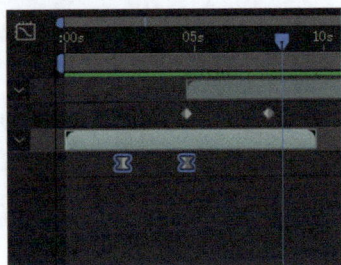

图 6-26

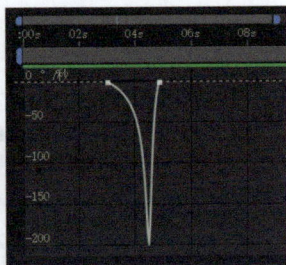

图 6-27

播放视频，可以看到随着进度向前推移，画面开始旋转，然后很自然地与下一个画面衔接，这个时候前一个画面被遮盖（见中间截图）；继续播放，直至画面恢复正常，如图 6-28所示。

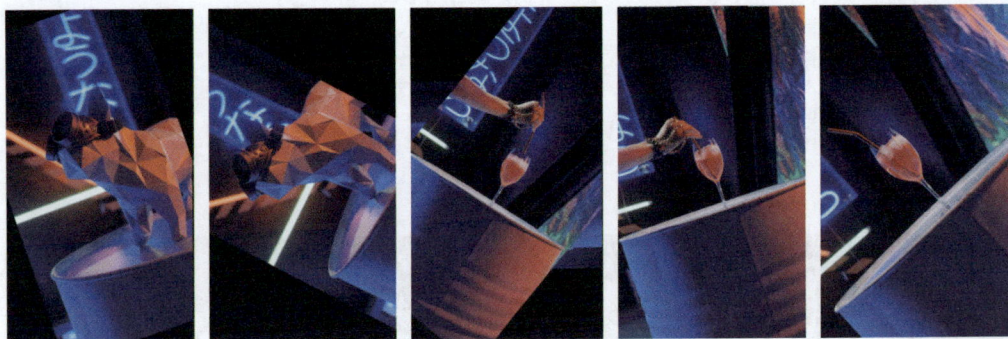

图 6-28

为两个图层开启"运动模糊"效果，如图 6-29所示。开启之后画面在旋转过程中会带有动态模糊的效果，表现出旋转的速度感。为两个图层添加"动态拼贴"效果，并设置"输出宽度""输出高度"均为300，如图 6-30 所示。

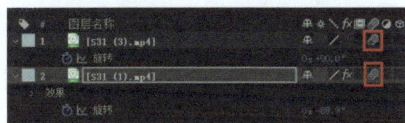
图 6-29

图 6-30

执行上述设置后，在画面旋转转场的时候，不但有模糊效果，而且不会出现黑色背景，取而代之的是视频画面，如图 6-31 所示。

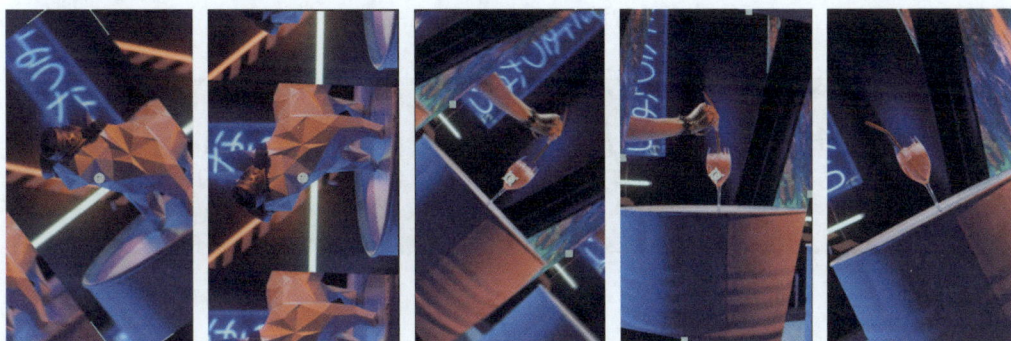
图 6-31

3.镜片转场

移动播放线至下一个片段，为图层添加"锚点""缩放"关键帧，如图 6-32 所示。

图 6-32

通过调整第二个关键帧的"缩放""锚点"参数值，放大墨镜的右侧镜片，使其充满屏幕，如图 6-33 所示。

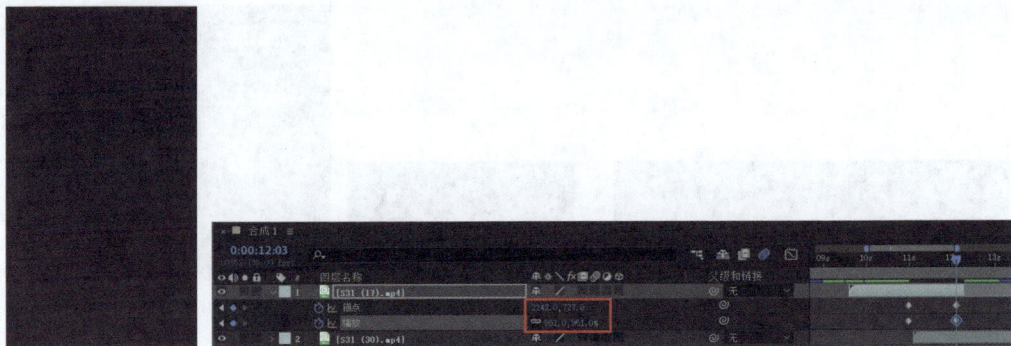

图 6-33

　　继续为图层添加"不透明度"关键帧，第一个关键帧的值是100%，第二个关键帧的值是0%，并为所有关键帧添加缓动效果，如图 6-34所示。

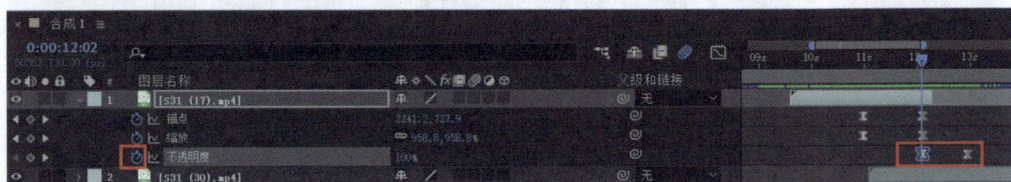

图 6-34

　　播放视频，可以看到人物逐渐被放大，最后聚焦至墨镜镜片，接着逐渐显示下一个画面，直至完全显示画面为止，如图 6-35所示。

图 6-35

　　转到下一个片段后，为该图层添加"位置"关键帧，并添加缓动效果，如图 6-36所示。

图 6-36

播放视频，可以看到画面逐渐从左至右移动，如图6-37所示。添加缓动效果后，可以使移动动作流畅自然，不会有僵硬感。

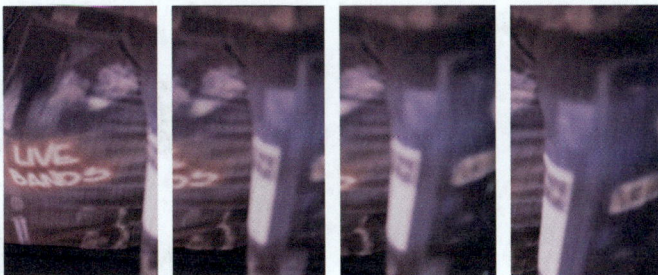

图6-37

4.亮度转场

接着上面的结果继续操作。为图层添加"亮度键"效果，设置"键控类型"为"抠出较暗区域"，增大"羽化边缘"值，如图6-38所示，使得羽化过渡显得自然流畅。

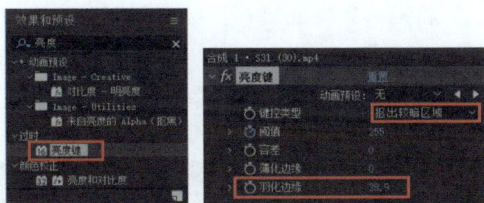

图6-38

展开图层的"效果"列表，创建"阈值"关键帧，并为其添加缓动效果，如图6-39所示。

图6-39

播放视频，可以看到画面以块状方式逐渐隐退，接着显示下一个片段的画面。由于增大了"羽化边缘"值，所以块状是从边缘开始逐渐羽化消失的。继续播放，直至完全显示下一个片段的画面为止，如图6-40所示。

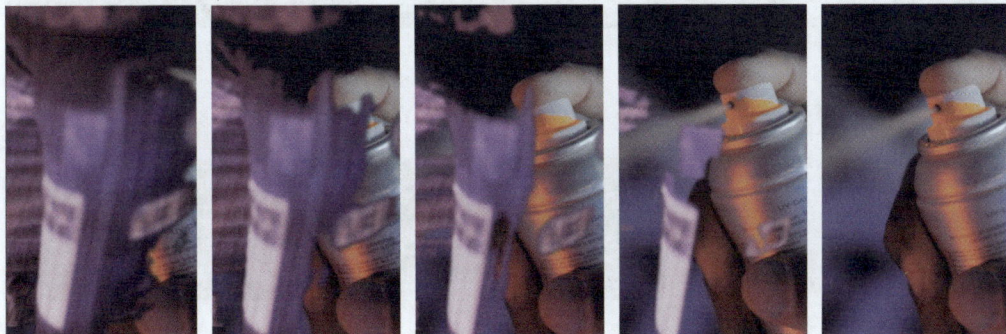

图6-40

5.涂抹遮罩转场

将涂抹遮罩素材导入Ae软件，双击图层，在图层面板中播放，并截取合适的一段，如图 6-41所示。接着将涂抹遮罩素材旋转90°，再放大至合适的尺寸，如图 6-42所示。

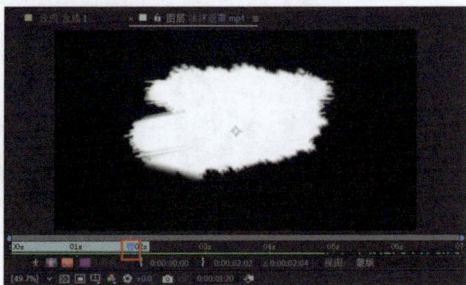

图6-41

图6-42

将视频素材放置在涂抹遮罩图层的下方，并在"轨道遮罩"下拉列表中选择"1.涂抹遮罩.mp4"选项，单击"Alpha遮罩"按钮，将遮罩类型设置为"亮度遮罩"，如图6-43所示。

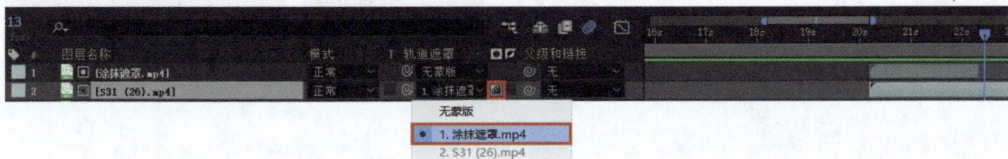

图6-43

选择涂抹遮罩图层，按快捷键Ctrl+C、Ctrl+V复制、粘贴，并将副本向下移动，如图6-44所示。在时间线面板的空白处单击鼠标右键，在弹出的菜单中选择"新建"|"纯色"命令，在"纯色设置"对话框中将颜色设置为橙色，如图6-45所示。

图6-44

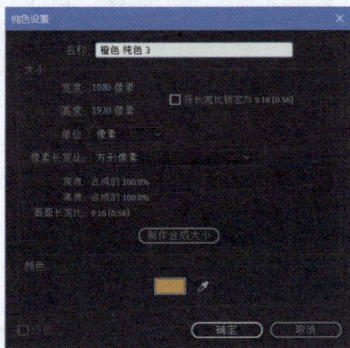

图6-45

单击"确定"按钮新建纯色图层，将纯色图层向下移动至涂抹遮罩图层的下方，并在"轨道遮罩"下拉列表中选择"3.涂抹遮罩.mp4"选项，如图6-46所示。

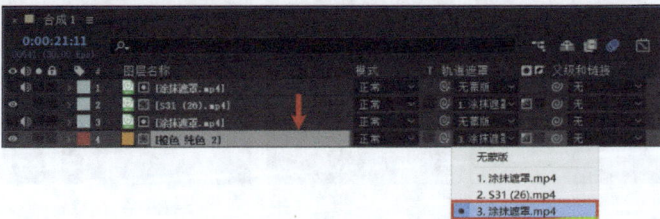

图6-46

268

选中涂抹遮罩图层副本与纯色图层，将它们向左拖动一定的位置，如图 6-47所示，与上面两个图层错位放置。

图6-47

播放视频，可以看到画面中首先出现类似喷绘而成的橙色条纹，随着播放进度向前推移，喷绘效果覆盖画面的同时显示下一个片段的画面，直至喷绘效果完全隐去，正常显示下一个画面为止，如图 6-48所示。

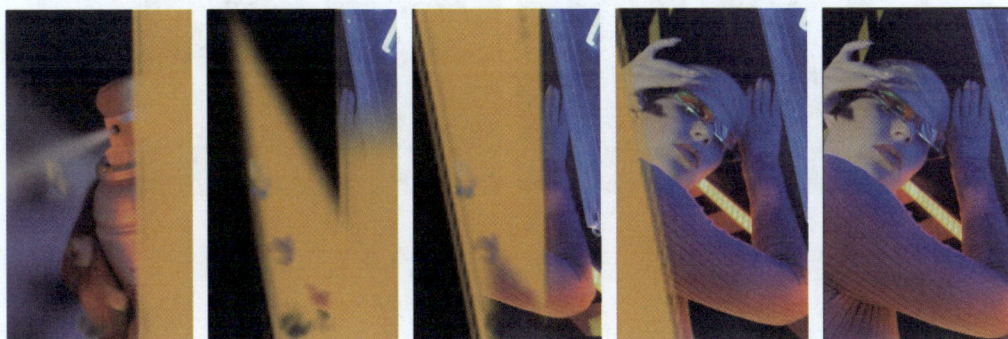

图6-48

6.利用插件添加转场效果

执行"窗口"｜"扩展"｜"Atomx"命令，打开Atomx面板。先选中要添加转场效果的图层，再在面板中选择一个合适的转场效果。单击转场预览图下方的按钮，即可应用效果，如图 6-49所示。

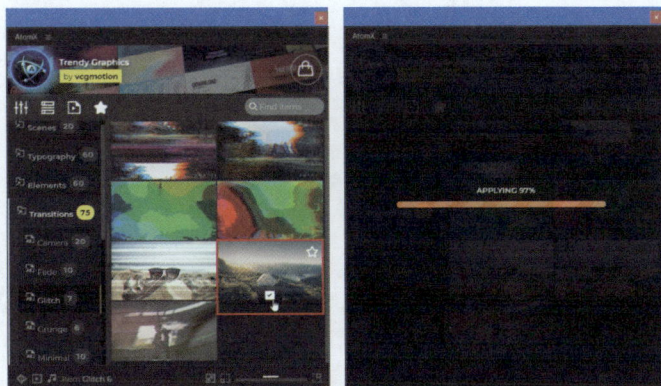

图6-49

将转场效果放置在视频图层的上方，如图 6-50所示。通过调整转场效果的位置，可以控制施加影响的时间。

图 6-50

播放视频，可以看到随着播放进度向前推移，前一个画面逐渐被一些光线覆盖，呈现出磨砂效果，接着显示下一个画面，磨砂效果隐去，画面恢复正常，如图 6-51所示。为两个片段添加相同的画面效果，能使它们自然地衔接。

图 6-51

添加转场的方法就介绍到这里。综合利用前面所学的知识，以及本节介绍的内容、插件，可以为视频添加很多效果丰富的转场。需要注意的是，虽然转场能使画面的衔接生动自然，但是太多花哨的转场反而容易造成视觉疲劳。在添加转场的时候，也需要考虑画面的内容、风格，选择合适的转场来为视频增色。

6.3 文字动画和特效

添加不透明度动画

选择合适的字体，能丰富画面的表现效果。本节介绍为文字添加动画和特效的方法。

单击工具栏上的"横排文字工具"按钮T，选择合适的字体，在画面中输入文字，并调整文字大小、字符间距与行距，以及文字的颜色，结果如图 6-52 所示。

展开文字图层，单击右侧的"动画"按钮▶，在弹出的下拉列表中选择"不透明度"选项，如图 6-53 所示。

图 6-52   图 6-53

展开"范围选择器1"列表，添加"结束"关键帧，第一个关键帧的参数值为0%，后面3个关键帧的参数值依次递增。在"依据"下拉列表中选择"字符"选项，将"平滑度""不透明度"设置为0%，如图6-54所示。

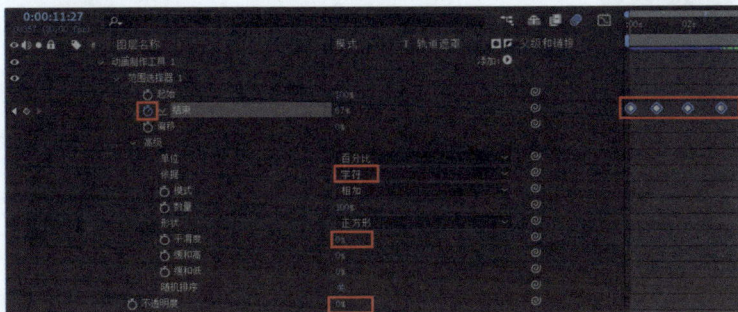

图 6-54

在"变换"列表中创建"旋转"关键帧，如图 6-55 所示，使文字跟随画面旋转。

图 6-55

播放视频，可以看到文字在画面中逐渐显现。当文字显现完毕，画面开始旋转的时候，文字将随之一同旋转，并随着旋转动作的完成逐渐消隐，最终过渡到下一个画面，如图 6-56 所示。

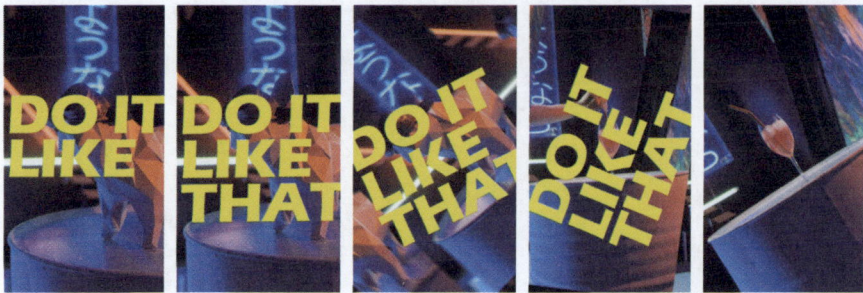

图 6-56

▌添加行距动画 ▌

复制在上一小节中创建的文字，双击进入编辑模式，修改文字内容，如图 6-57所示。展开文字图层，单击右侧的"动画"按钮 ▶，在弹出的下拉列表中选择"行距"选项，如图 6-58所示。

图 6-57

图 6-58

添加"行距"关键帧，利用关键帧逐渐增大行距；再添加"位置"关键帧，其位置与"行距"关键帧相同；最后添加"缩放"关键帧，并为"位置""缩放"关键帧添加缓动效果，如图 6-59所示。

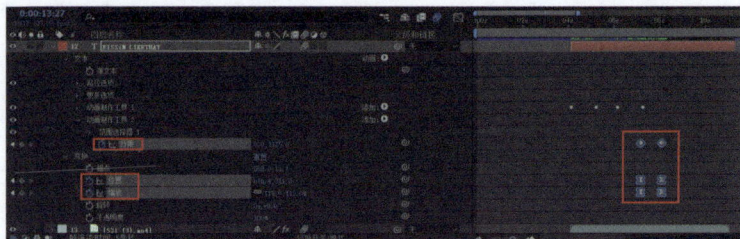

图 6-59

播放视频，可以看到当文字逐渐显现在画面中的时候，字号比较小，这是因为添加了"缩放"关键帧。之后行距开始增大，字号也逐渐变大，文字向画面上下移动，直至最终定格，如图 6-60所示。

272

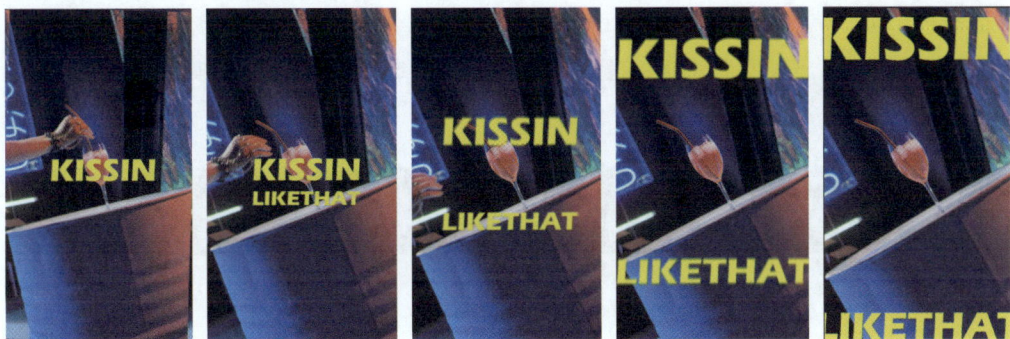

图 6-60

添加位置动画

在画面中输入文字，旋转90°，如图 6-61 所示。增大文字的字号，使其在画面中占据较大面积，如图 6-62所示。

为文字添加"位置"关键帧，第一个关键帧保持默认值，向上移动文字，直至完全移出画面，在该位置创建第二个关键帧，最后为两个关键帧添加缓动效果，如图 6-63所示。

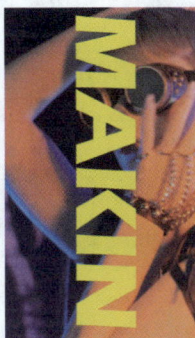

图 6-61

图 6-62

图 6-63

播放视频，可以看到文字随着播放进度向前推移，逐渐向上移动，直至完全消失在画面中，如图 6-64所示。

图 6-64

在以上文字动画的基础上再进行编辑。选择文字图层，确定要裁剪的位置，按快捷键Ctrl+Shift+D进行裁剪。向上移动裁剪出来的部分，此时关键帧信息被保留，如图 6-65所示，它们仍然具有连贯性。

图 6-65

播放视频，可以看到文字持续向上移动，当转入下一个画面的时候，文字转成描边样式，接着继续向上移动，如图 6-66所示，直至完全移出画面。

图 6-66

在执行操作的时候，需要调整文字图层的位置，确保其能覆盖两个视频片段，这样才能使文字动画在不同的画面中交替显示。

添加平铺动画

利用横排文字工具在画面中输入文字，将文字的填充隐去，添加黄色描边，创建空心文字，如图 6-67所示。在效果面板中搜索CC RepeTile效果，如图 6-68所示，将其添加到文字图层。

图 6-67

图 6-68

展开文字图层，在CC RepeTile列表中单击Expand Down左侧的 按钮，创建关键帧。第一个关键帧保持默认值，向右移动播放线，创建第二个关键帧，并增大参数值，直至文字完全铺满画面。最后为两个关键帧添加缓动效果，如图 6-69所示。

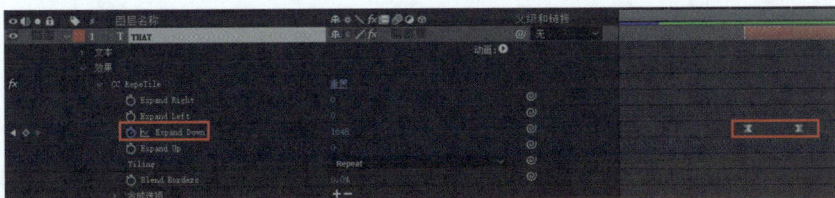

图 6-69

播放视频，可以看到文字在画面中从上向下逐渐增多，直至铺满整个画面，其间画面也在配合文字动画不断地发生变化，如图 6-70 所示。

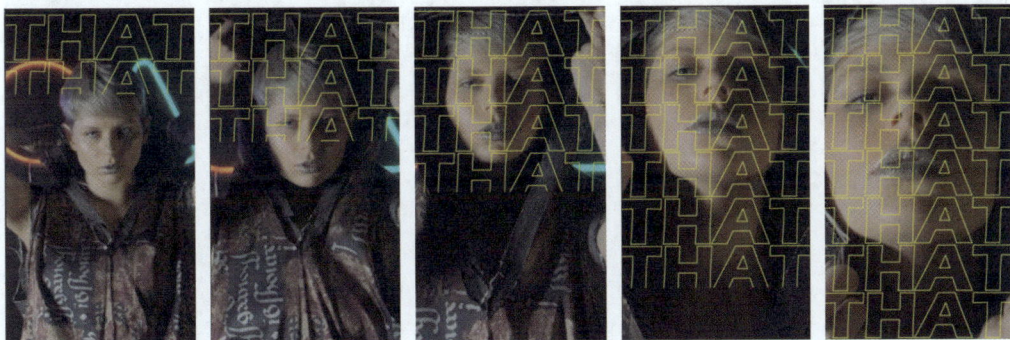

图 6-70

▎添加波浪动画 ▎

选择在上一小节中创建的文字图层，确定裁剪位置，按快捷键 Ctrl+Shift+D 将其裁成两段。将后半段向上移动，调整位置，使其覆盖下一个视频片段，如图 6-71 所示。

图 6-71

为该文字图层添加名称为 S_WarpWaves 的效果，在效果控件面板中单击 Load Preset 按钮，在打开的窗口中选择效果样式，如图 6-72 所示。可以在窗口中播放、预览效果，双击效果样式图标即可应用。

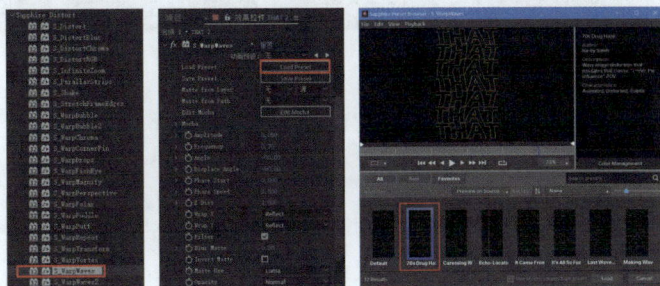

图 6-72

播放视频，可以看到铺满屏幕的文字不停地以波浪的形式摆动，随着播放进度向前推移，画面内容也在不断地变换，如图 6-73所示，再配合节奏感极强的音乐，可以营造欢乐活泼的氛围。

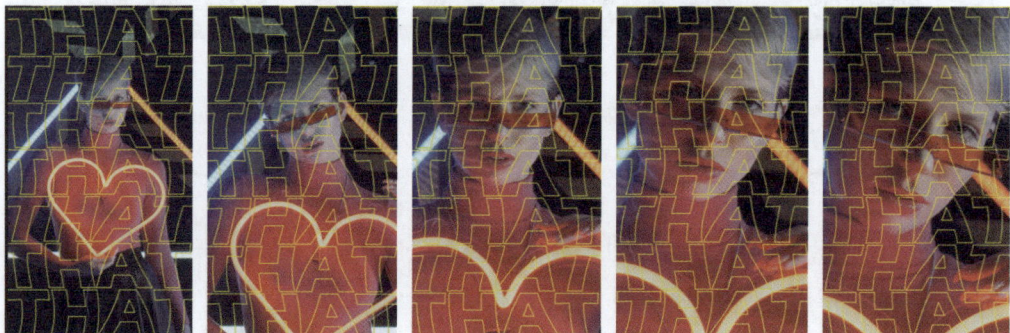

图 6-73

在添加了许多富有动感的文字动画之后，需要预估观众观看时的情绪，以免引起视觉疲劳。后面的文字转场可以利用较为朴素的方式来制作。

将一行字号较小的文字放置在画面中，不为其添加任何动画。随着播放进度向前推移，可以看到画面中逐渐出现字号较大的两行文字，转入下一个画面后，又开始出现一行没有动画的文字，如图6-74所示。这样在舒缓的转换中又添加一定程度的动感，可以调节画面的节奏，不至于太过平淡。

图 6-74

添加特效

在时间线面板的空白处单击鼠标右键，在弹出的菜单中选择"新建"|"调整图层"命令，新建一个调整图层。为调整图层添加一个名称为S_Glow的效果，减小Brightness值，降低文字的发光强度，使其呈现出一种柔和的发光效果，如图 6-75所示。

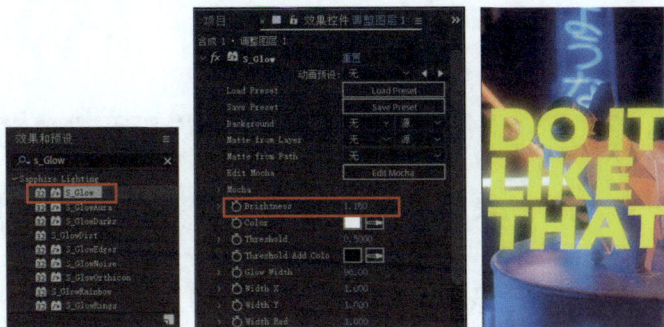

图 6-75

展开调整图层列表中的
S_Glow，按住Alt键单击
Brightness左侧的◎图标，
进入表达式编辑模式，输入
摇晃的表达式，如图 6-76
所示。

图 6-76

添加摇晃的效果后，在播放视频时，可以看到文字在发光的同时还有轻微的晃动感，
如图 6-77所示。

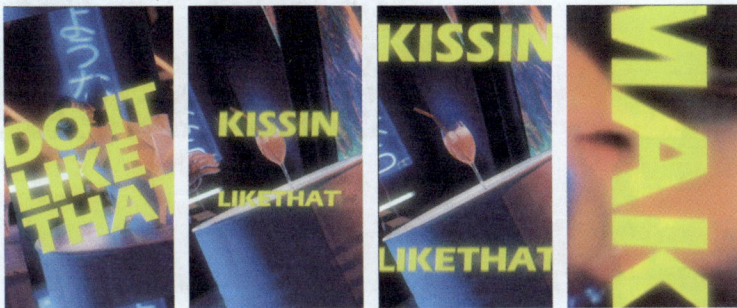

图 6-77

再新建一个调整图层，为其添加
S_Grain效果，如图 6-78所示。各项参数
的名称均为英文，想要了解每项参数的具
体作用，可以调节参数并预览画面效果。

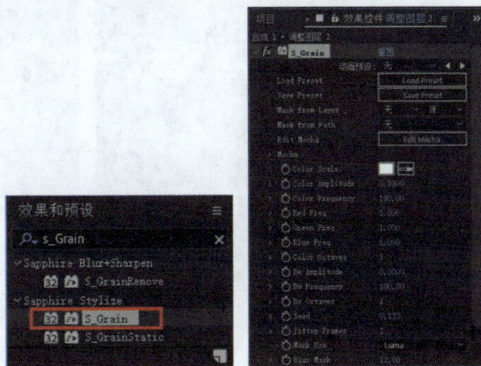

图 6-78

添加S_Grain效果后，画面中出现磨砂噪点，与发光文字搭配，呈现出一种幽深的复古胶片风格，如图 6-79所示。

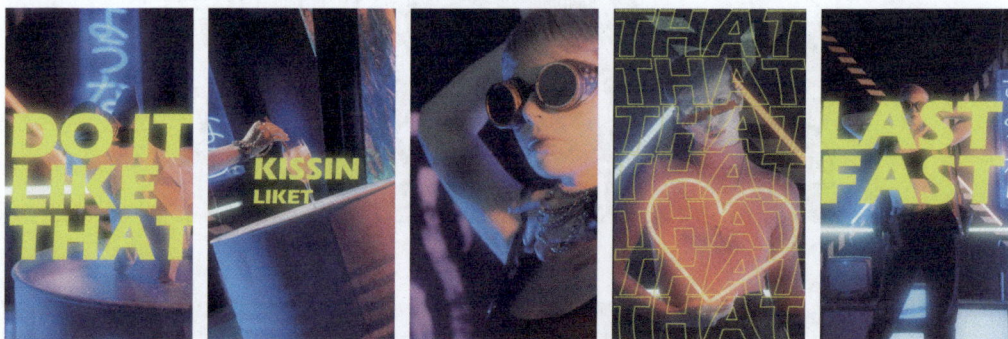

图 6-79

继续新建调整图层，为其添加S_GlowEdges效果，并在效果控件面板中减小Glow Brightness值，如图 6-80所示，降低发光强度。

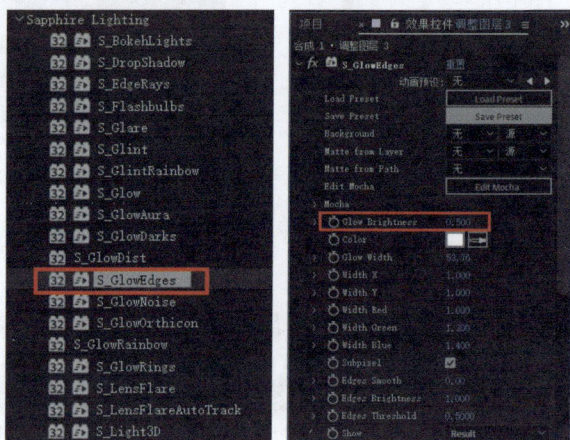

图 6-80

添加S_GlowEdges效果，可以在物体的边缘添加发光效果。本例使用的素材有许多霓虹灯氛围的场景，为其添加发光效果，可以放大霓虹灯的发光效果，如图 6-81所示，但要注意调整发光强度。

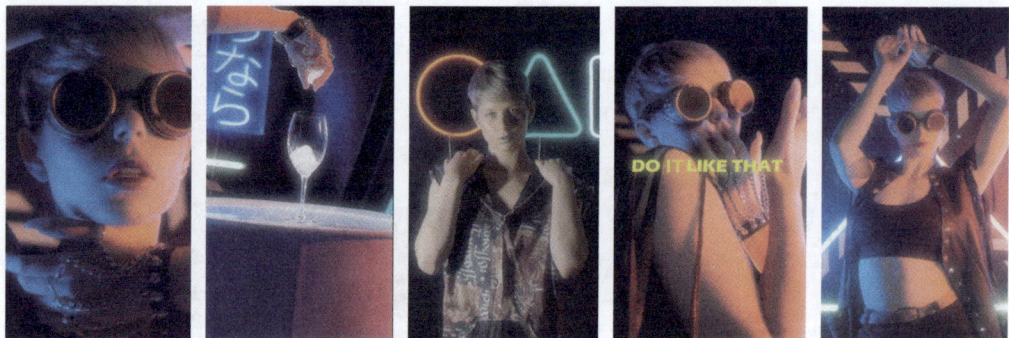

图 6-81

创建调整图层，为其添加S_Rays效果，并减小Rays Brightness值，如图6-82所示，使射线的强度不会影响物体的显示。若参数值过大，则会模糊物体的边缘，影响观看效果。

展开调整图层列表，添加Center XY关键帧，使射线从左向右移动，最后为关键帧添加缓动效果，如图 6-83所示。

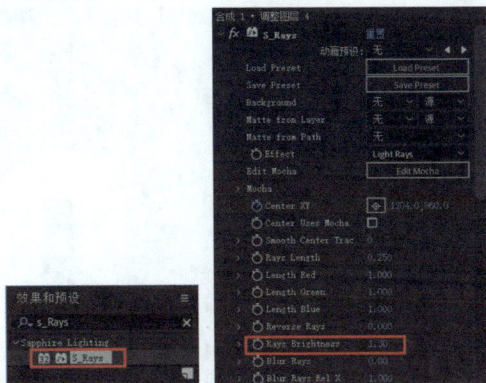

图6-82

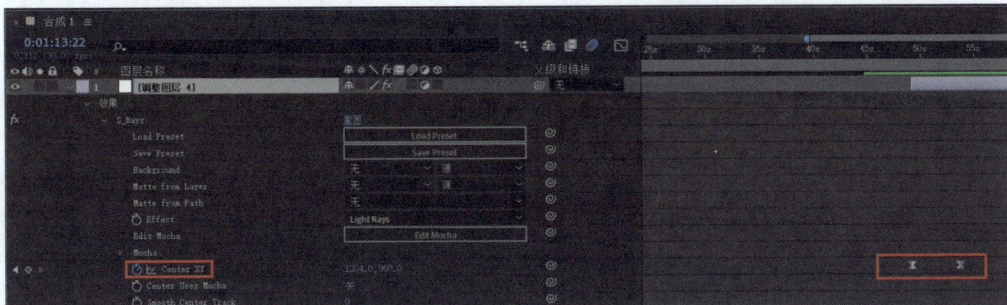

图6-83

播放视频，可以看到人物身体轮廓发出射线，随着播放进度向前推移，射线的方向也在发生变化，如图 6-84所示。可以只为某些片段添加该效果，主要作用是增强画面的表现效果。

图6-84

视频制作介绍到这里就结束了。总的来说，制作本章的快剪视频，共创建了数十个图层，添加了多种效果，呈现出画面丰富、动感十足的播放效果。最终的制作成果请到配套视频中观看，读者可利用所提供的素材，自己动手制作一个快剪视频。

07

三合一综合运用

仿电影预告片视频剪辑

电影预告片作为一种宣传目的明确、剪辑对象复杂、受众群体广泛的视频剪辑形式，对创意和技法的要求都非常高，被业内人士看作检验一位剪辑师技能、审美水平的综合标杆。本章综合前面所学的知识，介绍电影预告片的剪辑思路与方法。

7.1 关于电影预告片

预告片是指在电影或电子游戏上映或发行之前制作的用以吸引观众的宣发物料。预告片在短片类型中具有商业广告的属性，预告片的制作极其考验剪辑师的创意性与技术性。

为了丰富宣传内容或满足不同渠道的要求，预告片分为多种不同的形式，例如更为精练的预热片、花絮或幕后等。

观众通过观看电影预告片，可以了解电影的剧情梗概、主要角色的扮演者，并在一定程度上感受影片带来的视觉冲击及震撼感。

电影预告片生动演绎剧情、角色，但是又有所保留地制造悬念，使得观众想要走进电影院去观看电影。

预告片的剪辑分为4个阶段：脚本撰写→音频剪辑→片段粗剪→特效添加。

7.2 脚本撰写和音频剪辑

剪辑的影片不同，撰写的脚本内容也不同。本章选择《头号玩家》这部电影来做预告片剪辑，撰写脚本的思路就是分4个阶段来叙述内容。

第一阶段交代清楚影片的主线、剧情背景，第二阶段描写主角的故事，第三阶段引入反派的阴谋，第四阶段以大场面铺垫双方的激烈交锋。

在剪辑的过程中，可以穿插影片的上映信息，还可以在结尾增加彩蛋内容，舒缓观众一路看下来的紧张情绪，以轻松的基调结束。

请参考以上写作思路来自行撰写脚本。

先来处理音频。打开Au软件，导入需要应用的音频文件，根据设想进行裁剪、拼接、添加各种效果等操作。

将不同的音频分别放置在单独的音轨中，前奏的钢琴曲曲调随着剧情的推进逐渐昂扬、激烈，最后归于平静。试听音频，根据需要的节奏进行裁剪，添加淡入、淡出效果，使音频之间自然过渡，剪辑结果如图 7-1所示。

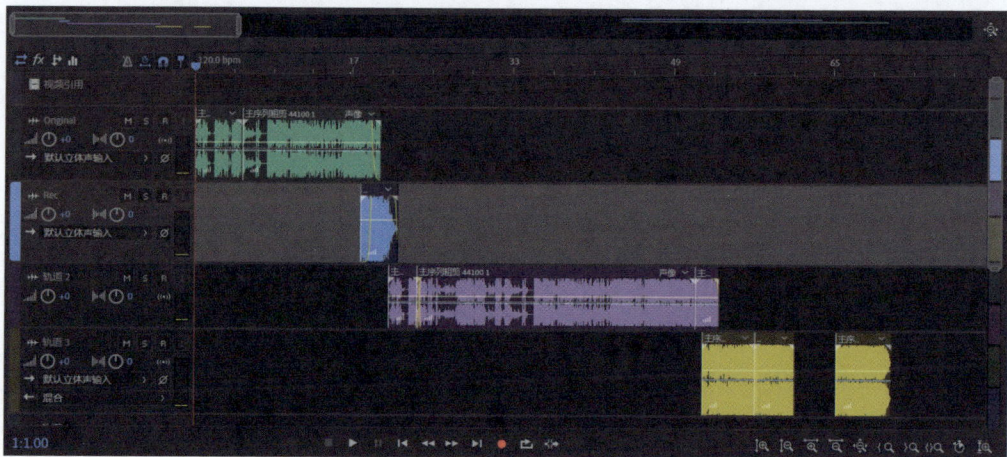

图 7-1

剪辑完成后，为音频添加效果，提高播放质量，或者削弱某些因素对音频播放造成的不良影响。

首先为开头的两段钢琴曲添加效果，这两段前奏音乐曲调舒缓、自然流畅，用来作为本次剪辑的开头音乐很合适。在效果组面板中添加"参数均衡器"效果，在打开的对话框中调整曲线与参数，如图 7-2所示。单击右上角的"关闭"按钮关闭对话框。

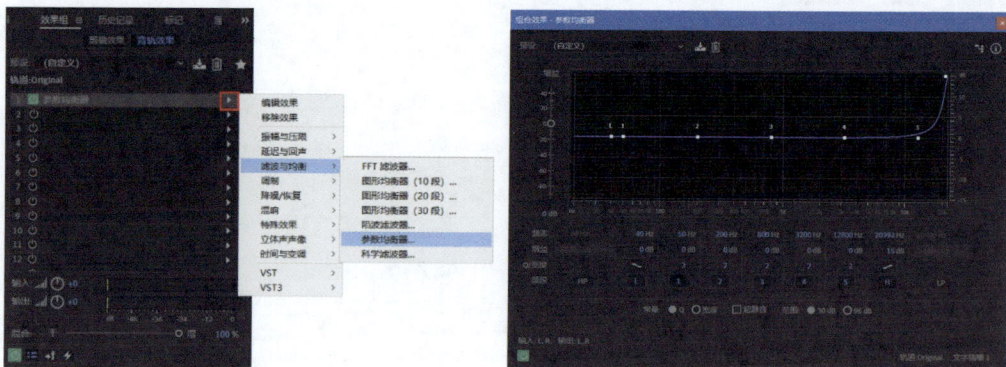

图 7-2

添加"室内混响"效果，在打开的对话框中设置参数，如图 7-3所示。通过调节"房间大小""衰减"等参数，模拟室内交响乐的演奏效果。

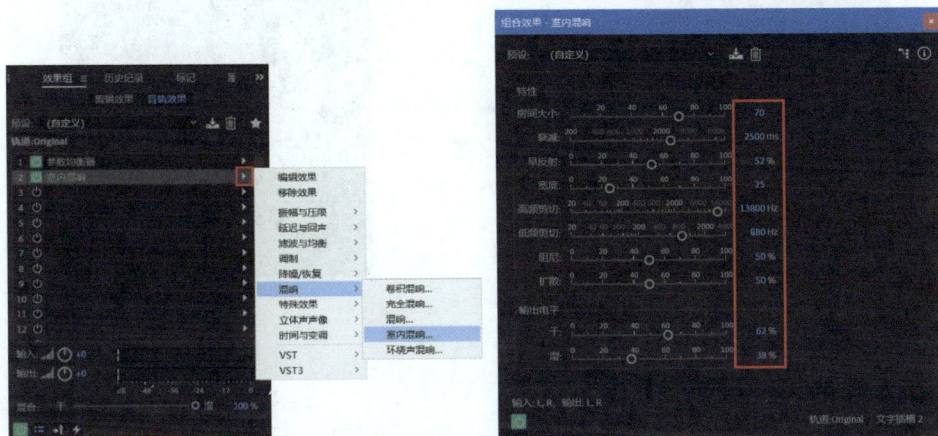

图 7-3

接着为后两段比较激昂的音乐添加效果。在效果组面板中添加"多频段压缩器"效果，在打开的对话框中选择"增强低音"效果，如图 7-4所示，使音频中的低音部分得到增强，听起来低沉浑厚、有力量。

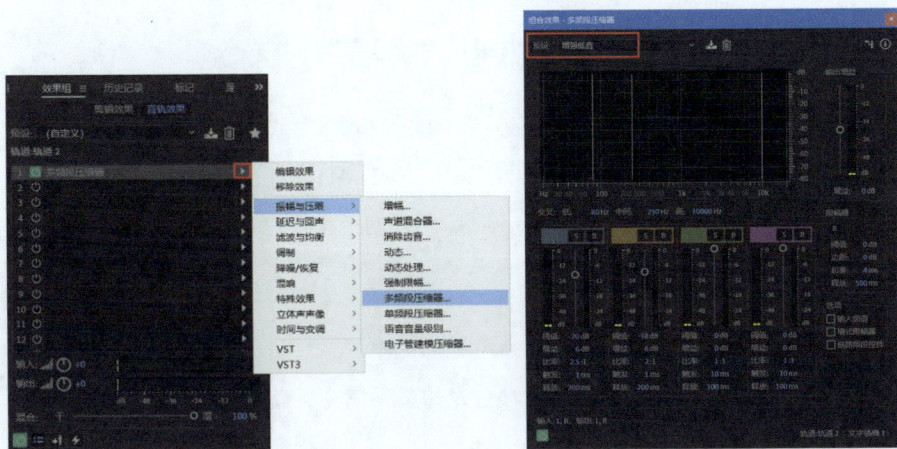

图 7-4

继续添加"动态处理"效果，在打开的对话框中选择"立体声摇滚混音"效果，如图 7-5所示。这种类型的效果用来模拟摇滚音乐的效果，使得音乐以激烈、富有节奏感的形式播放，与预告片后段的打斗场面相得益彰。

编辑结束后，执行"文件"|"导出"|"多轨混音"|"整个会话"命令，在打开的对话框中设置名称、选择存储路径，导出音频文件，然后进入下一阶段的视频剪辑。

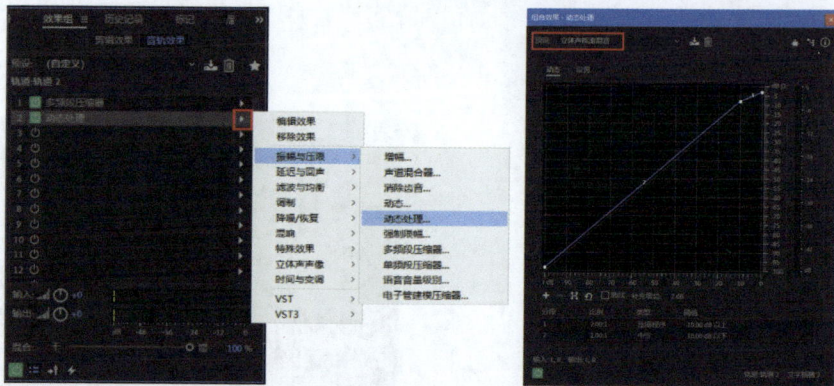

图 7-5

7.3 视频的粗剪编排

打开Pr软件，导入影片的对白，接着根据对白匹配画面。

选择对白所在的轨道，在基本声音面板中单击"对话"按钮。进入"编辑"选项卡，在"预设"下拉列表中选择"平衡低音"选项，单击"自动匹配"按钮，使得每段对白的音量相对一致，如图 7-6所示。在这里，对话预设的类型可以自定义，主要根据所选的影片来决定。

勾选"人声增强"复选框，使核心频段更加突出；在"类型"中选择"低音"选项，如图 7-7所示。参数设置完成后，试听对白，如果不满意，就继续返回来修改参数。

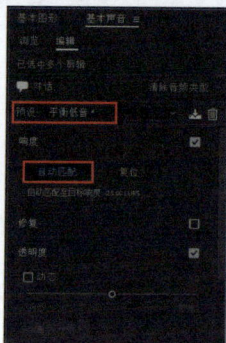

图 7-6

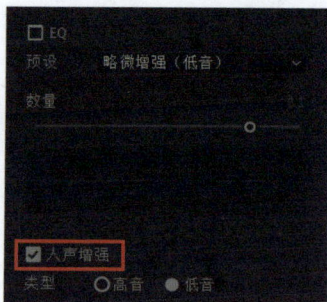

图 7-7

为音乐打上标记，如图 7-8所示，接着到基本声音面板中进行调整。

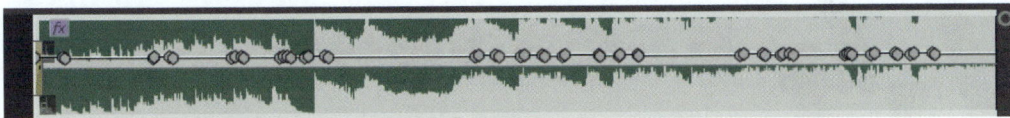

图 7-8

在基本声音面板中单击"音乐"按钮。勾选"回避"复选框，参数的设置如图 7-9所示，使得音乐在所有对白出现的时间点都回避-3dB，让对白更加突出，又不至于使音乐的音量波动太大。

挑选合适的电影画面，裁剪、拼接，使之与对白相匹配，如图 7-10所示。最终的剪辑效果请到配套源文件中查看，这里仅提供大致思路。

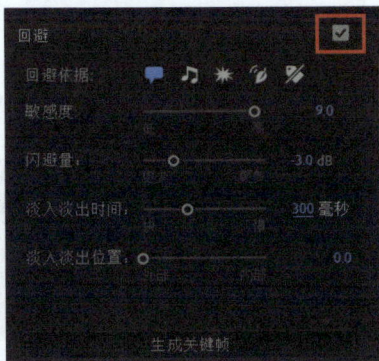

图 7-9

图 7-10

播放视频，查看粗剪效果，如图 7-11所示。许多剪辑技巧（如在画面中添加文字、添加黑色边框、设置字幕的显示效果等）在前面都有所涉及，这里不再赘述。

图 7-11

7.4 粗剪编排逻辑分析

　　粗剪的编排方式包括利用黑色背景制作淡入、淡出效果，通过直接切换画面来转场等。下面进行简要分析。

▌ 利用黑色背景制作淡入、淡出效果 ▌

　　在电影预告片的开头，画面一片漆黑，接着对白响起，左上角出现影片名称与上映信息，画面内容逐渐呈现，如图 7-12 所示。这是一个很常见的开头，适用于大多数的影片剪辑，并且制作方式也很简单。

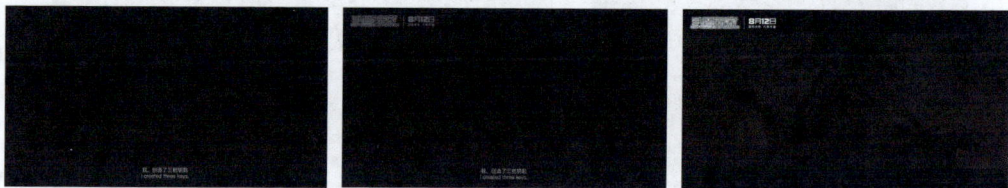

图 7-12

▌ 通过直接切换画面来转场 ▌

　　画面中是主角在书房里的场景，随着视频向前播放，地点仍然是在书房，但是画面变成了两双手在交接物品，紧接着就是完成交接的画面，如图 7-13 所示。通过直接切换画面的方式来转场，简单利落，是比较常用的转场技巧之一。

图 7-13

▌在适当的时候添加文字▐

根据电影预告片的时长、画面内容，在适当的时候添加关于影片的文字介绍，如图7-14所示，可以起到中场休息、转换情绪的作用。单纯的画面与音乐无法表达全部的信息，适时添加文字有助于观众全方位了解这部电影。

图 7-14

▌原对白匹配原画面▐

电影预告片通常采取旁白音来叙述整个故事，但须在合理的比例内，原画面与原对白相对应的片段不需要太长，有三四句对白即可，如图 7-15所示。这样能在叙事和铺垫场景的时候取得相对的平衡，令观众更加容易沉浸在剧情中。

即便使用了原画面，也不一定需要百分之百和原对白对齐。这些片段并非胡乱拼凑，而是与原对白有所关联，或者与原对白要展现的画面具有一定的联系，使观众在观看的过程中能将画面与对白联系起来。

图 7-15

▌巧妙利用音乐增强视频的动感▐

可以为动作比较激烈的片段配合节奏强的音乐，增强视频的动感，如图 7-16所示。精确地找对音乐的节奏点，并使其与画面匹配，能提高画面的表现力，为观众带来视听上的震撼。

图 7-16

音乐能渲染影片情绪

假如预告片一直以激昂的基调向前推进，则容易使观众感到厌烦，这时，适时地减缓播放速度，配上较为低沉、舒缓的音乐，反而更能烘托气氛，营造神秘、紧张的氛围，如图 7-17所示。

选择视频块并单击鼠标右键，在弹出的菜单中选择"速度/持续时间"命令，在打开的"剪辑速度/持续时间"对话框中设置相应的参数，即可加快或减缓播放速度。若数值大于100%，加快播放速度；若数值小于100%，则减缓播放速度。

图 7-17

粗剪编排总结

本小节以《头号玩家》这部电影为例，对粗剪编排进行总结。

预告片的开头无论是在音乐还是在画面的选取上，节奏都是舒缓的。利用黑色背景制作淡入、淡出效果，在不同的画面中转场，如图 7-18所示。人声旁白与钢琴音乐的配合，营造出一种讲故事的宁静氛围。

图 7-18

播放到如图 7-19所示的画面，出现一个非常重的音乐节奏点，配合画面突然一黑的剪辑，营造出一种画风突变的感觉。

也就是在这个节奏点上，宣告整个预告片正式进入第二阶段。在该阶段并没有立刻就让反派登场，而是顺着第一阶段讲述的背景故事，把主角和他的故事引入进来，如图 7-20所示。这部电影仅有一个最为重要的男主角，在这里可以多花一点时间在他身上梳理出一条较为清晰的个人成长故事线。

图 7-19

图 7-20

随着讲述继续深入，音乐的节奏也开始从舒缓变得急促、激荡起来。从这里开始，将主角会遭遇的挑战和磨难逐渐放到台面上来供观众欣赏，如图 7-21所示。

图 7-21

通过切换画面，配合快节奏的音乐，预告片开始进入第三阶段，如图 7-22所示。这时，激烈的音乐会根据画面内容稍稍停顿，这么做既是为了释放前面所累积的压力，也是为进入更为紧张刺激的情节做铺垫。

图 7-22

此时，借助片段切换的空隙植入一些关键信息，如图 7-23所示。在这些片段之间，关键信息最容易突显自身的存在感。

图 7-24所示的人物是影片的男配角，画面带有喜感，充当调和剂，暗示观众后续更精彩的内容要来了。

图 7-23 　　　　　　　　　　　　　　　　　　图 7-24

进入第三阶段后，叙事方式就不一样了。观众会直观地感受到无论是主角还是反派说的话，如图 7-25所示，都在向观众传递双方即将展开一场难打的硬仗的信息。

图 7-25

在观看典型的好莱坞大片时，观众大多都有一个正义战胜邪恶的淳朴愿望。所以在双方展开决斗之前，会极力表现反派的强大力量，如图 7-26所示，激化双方矛盾，营造一种开战前的紧张氛围。

图 7-26

在表现了反派的强大力量后，镜头转到主角身上，表现他敢于直面挑战的态度，如图7-27所示。借此机会将故事转入下一个阶段，即双方展开激烈的斗争。

图 7-27

接着是双方对抗的场景，通过切换镜头、音乐渲染等手法向观众展示更多的情节，如图 7-28所示。

图 7-28

借助挫折和磨难制造悬念的套路到了这里有所表现——是什么原因导致男女主角拔枪相向（见图7-29）？真实世界里面的爆炸（见图 7-30）意味着什么呢？这都是在预告片里给观众留下的悬念，使他们对电影产生兴趣。

图 7-29 图 7-30

在这里出现一个比较舒缓的桥段，如图 7-31所示。这个桥段过后，就正式进入剪辑的第四阶段。

图 7-31

在第四阶段，双方对抗场面越来越让人紧张，如图 7-32所示，并伴随着越来越激昂的音乐。这一阶段利用踩点的逻辑去剪辑，除了音乐适合画面之外，另外一个原因就是节拍的契合感会在无形之中将每个离散的片段串联到一起，更好地为主线叙事服务，将故事讲得更加激情四射，引人注目。

当故事和角色在前面展示得已经足够多的时候，就可以将那些最刺激的片段展示出来了。一些关键的大场景，如图 7-33所示，不一定符合时间顺序，也没有什么具体的排列逻辑，就是堆砌在一起，带来很强的震撼感，充分刺激观众的感官，将情绪提升到最高点。

图 7-32

图 7-33

激烈的打斗场面结束后，背景音乐暂时停止，在这里安排一个彩蛋，即两个人在现实世界中谈论一些具体的问题，如图 7-34所示。这里暂时让观众得到放松，以便引出最终的结尾。

图 7-34

最后一段充分利用最为激昂高亢的音乐，展示精心挑选的紧张刺激的片段，实现华丽的谢幕，如图 7-35所示，给观众留下深刻的印象。

图 7-35

在导出界面设置文件名、位置及格式等参数。合理设置"目标比特率"值，如图 7-36所示，可以压缩视频，使导出文件的过程比较顺畅。

展开"字幕"列表，将"导出选项"设置为"将字幕录制到视频"，如图 7-37所示，这样字幕就会随视频一同导出。

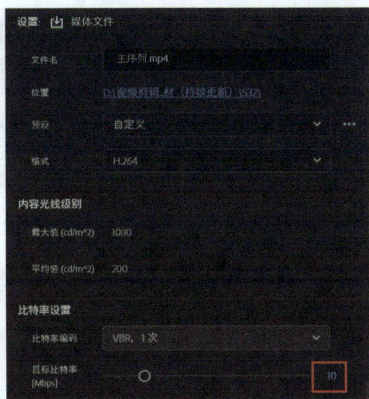

图 7-36

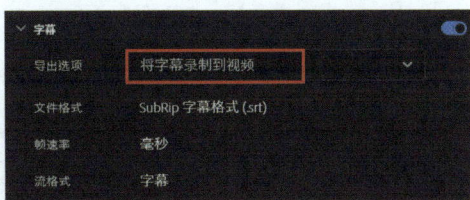

图 7-37

7.5 特效添加

将上一节导出的文件在Ae软件中打开，删除文字部分，在Ae软件中重新制作，以便取得更好的运动效果。

在画面中输入文字，将其转换成3D文字，接着为其添加"偏移"关键帧，并为关键帧添加缓动效果，如图 7-38所示，使动作的衔接更加顺畅自然。

图 7-38

播放视频，可以看到随着播放进度向前推移，文字逐行飞入画面，动画结束后可以向观众传达完整的文字信息，如图 7-39所示。通过复制图层、修改文字也可以得到类似的效果，并将它们放置在视频的不同位置。

图 7-39

创建调整图层，为其添加S_Glow与S_LensFlare效果，参数设置如图 7-40所示。

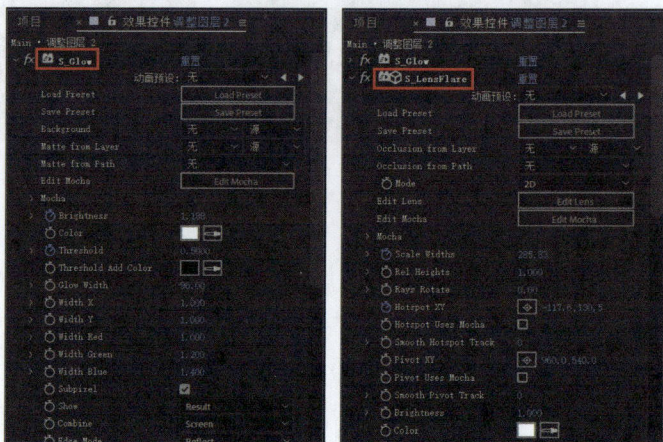

图 7-40

播放视频，在转场的时候提高发光强度，使画面更加明亮炫目，然后在非常闪亮的画面里完成切换，如图 7-41所示。也可以尝试添加其他类型的效果，从中选择一个比较合适的应用。

图 7-41

在预告片的结尾画面中输入文字，为文字添加"投影"效果，参数设置如图 7-42所示。在文字图层上方新建一个调整图层，为其添加"变换"效果，创建"缩放"关键帧，参数设置如图 7-43所示。

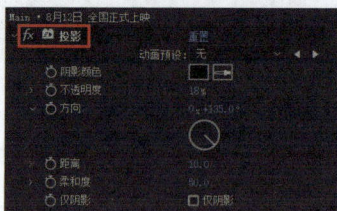

图 7-42

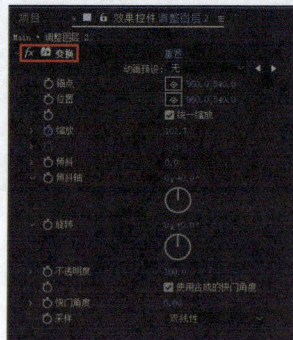

图 7-43

在调整图层中展开"变换"列表，添加两个"缩放"关键帧，如图 7-44所示，使得文字在画面中呈现从小变大的效果。

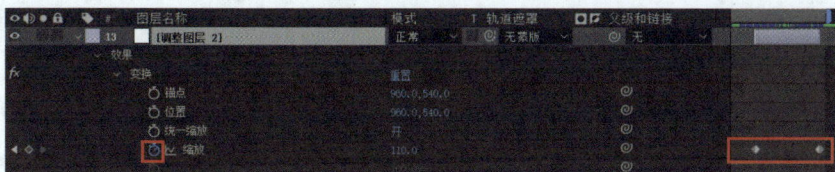

图 7-44

此外，还需要为文字添加光效、发光等效果，最终的呈现效果如图 7-45所示。

图 7-45

08

AI 工具

高效生成图片与视频

利用AI（Artificial Intelligence）工具，可以方便、快捷地获取图片、视频素材，为剪辑工作提供便利。本章介绍剪映、即梦工具的使用方法，包括生成文案、图片与视频。本章创作的图片与视频，可以在Pr、Ae、Au中打开，并进行编辑、合成，得到一个全新的视频。

8.1 剪映——一键生成文案与视频

剪映是一款方便且实用的视频编辑软件，具有全面的剪辑功能，支持变速调整，提供多种滤镜和美颜效果，拥有丰富的曲库资源。用户可以在手机端与计算机端应用该软件，高效地创作与发布视频。

认识剪映

在计算机中安装剪映软件后，双击图标启动，打开工作界面，如图 8-1所示。注册账号并登录后，可以保存在软件中进行的操作，方便随时调用或编辑。选择左侧列表中的选项，如"模板"，界面中显示各种类型的模板，如图 8-2所示，包含视频、音频、特效、转场、文本等。用户通过替换某部分的内容，可完成一个具有个人风格的视频的制作。

图 8-1

图 8-2

生成文案

在工作界面中单击"图文成片"按钮，显示如图 8-3所示的界面。左侧的列表中显示了文案的类型，包括情感关系、励志鸡汤等；中间部分为编辑区，输入文案的主题、话题，选择视频时长，单击下方的"生成文案"按钮，如图 8-4所示，稍等片刻即可生成文案。

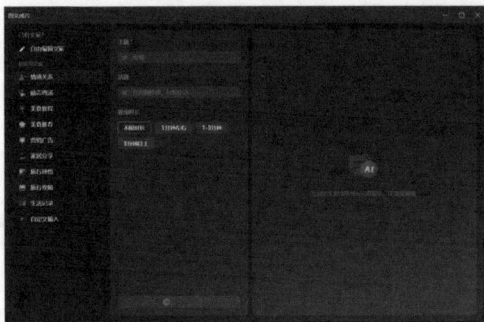

图 8-3

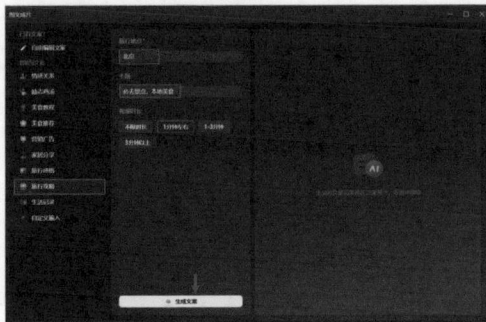

图 8-4

默认情况下，系统会根据相同的设置生成3份不同的文案，如图 8-5和图 8-6所示为第一份文案与第二份文案。如果阅读文案后觉得不满意，可以直接修改文案或者修改主题，重新生成文案。

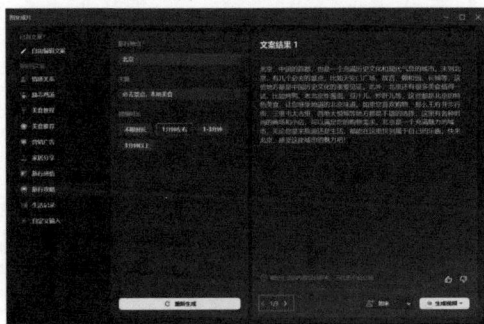

图 8-5

图 8-6

▍生成视频▍

确定文案后，打开右下角的音色下拉列表，其中显示了不同类型的音色，选择其中一项，如图 8-7所示，为视频指定朗读音色。单击"生成视频"按钮，在弹出的下拉列表中选择生成视频的方式，如"智能匹配素材"，如图 8-8所示，系统会根据文案内容自动匹配素材，并开始生成视频。

图 8-7

图 8-8

视频生成进度如图 8-9所示。完成后自动跳转至编辑界面，如图 8-10所示。系统根据文案生成的视频包括字幕、画面内容、解说音频、背景音乐等，用户可以自由替换这些内容。

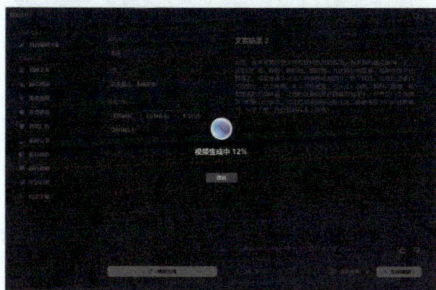

图 8-9

图 8-10

▌润色视频▐

润色视频的操作包括选择合适的配乐、输入文字、添加特效及转场等。单击"音频"按钮，显示各种类型的音乐素材，包括纯音乐、卡点、旅行等，如图 8-11所示。单击素材图标，可以试听音乐，满意之后再将其应用到视频中。

单击"文本"按钮，进入文本编辑界面，如图 8-12所示。利用"AI生成"功能，可以轻松创作文字效果。如果没有想法，可以单击右下角的"灵感"按钮，进入"灵感"界面。

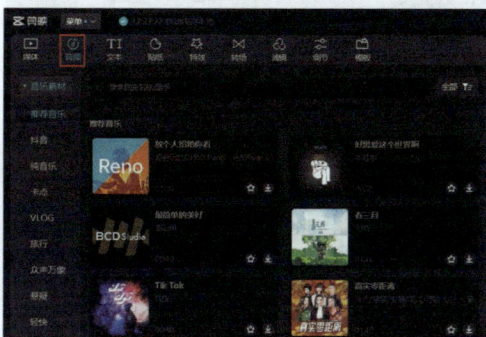

图 8-11

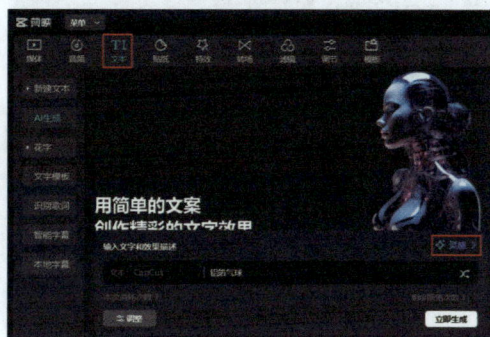

图 8-12

该界面提供了各种文字的创意效果，如图 8-13所示。选择合适的效果，单击右下角的"做同款"按钮，返回文本编辑界面。在预览窗口的右下角单击"应用"按钮，如图 8-14所示，即可应用文字效果，接着修改文字内容，并将其放在画面的合适位置。

图 8-13

图 8-14

　　利用"贴纸"功能,可以在画面中添加包含图案或文本的贴纸效果。在左侧列表中选择贴纸主题,如端午节、毕业等,界面中会显示与主题相符合的贴纸,如图8-15所示,下载后即可应用。

　　"特效"界面中提供了"画面特效"与"人物特效",可以分别为画面与人物添加特效,如图 8-16所示。将鼠标指针放置在特效图标上,可以预览特效的效果;单击特效图标右下角的按钮下载后,可以将其应用到指定的画面中。

图 8-15

图 8-16

　　"转场"界面中的转场效果有多种类型,包括幻灯片、模糊等,如图 8-17所示。转场效果放置在两个视频片段之间,用来衔接不同的视频画面。

图 8-17

"滤镜"界面中有很多滤镜，如图 8-18所示。添加滤镜后调整画面的颜色饱和度、亮度、阴影等参数，可以改变画面的显示风格，使画面呈现出某种艺术效果。

图 8-18

▌案例——制作端午节国风视频 ▌

在大致了解剪映的功能以及操作方法的基础上，本小节以制作端午节国风视频为例，介绍利用剪映生成、编辑以及导出视频的方法。

1. 一键生成视频

01 在"图文成片"界面中选择"自定义输入"选项，在中间区域输入主题与内容文字，单击"生成文案"按钮，开始生成，如图 8-19所示。

02 选择合适的文案，设置视频的音色为"舌尖解说"，在"生成视频"下拉列表中选择"智能匹配素材"选项，如图 8-20所示。

图 8-19

图 8-20

03 稍等片刻，生成视频后转入编辑界面，如图 8-21所示。此时的视频为系统自主创作的结果，播放后发现其中的某些画面偏离主题、太过呆板，需要进行替换。此外，背景音乐也可以重新选择。

图 8-21

2.声音美化

01 单击"音频"按钮,在左侧的列表中选择"国风"选项,在界面中选择"禅(纯音乐)",单击右下角的按钮,如图 8-22所示,将其添加到轨道中。

图 8-22

02 由于系统生成的视频包含背景音乐,所以为了试听新增的音乐,暂时关闭默认的背景音乐,如图 8-23所示。

图 8-23

03 将鼠标指针放置在新增背景音乐的末尾,当鼠标指针显示为向左/向右箭头时,按住鼠标左键不放向左拖动,调节音乐的长度,使其与其他素材的长度一致,如图 8-24所示。

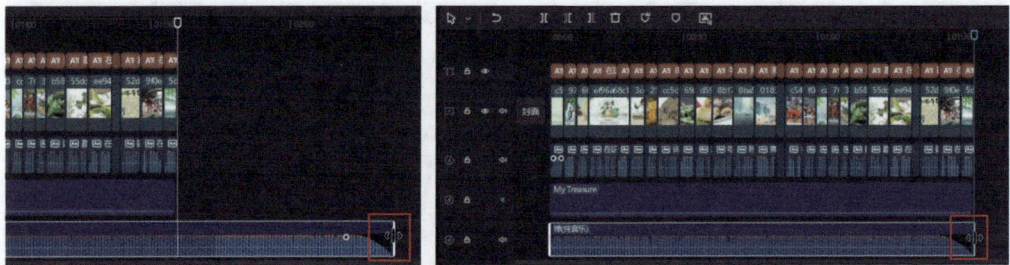

图 8-24

04 选择音轨,在右上角的"基础"界面中调整"音量"参数,勾选"响度统一"复选框,如图 8-25所示,使得音乐不会忽高忽低。

05 在"声音效果"界面中单击"场景音"按钮,选择"空灵感"选项,如图 8-26所示,为背景音乐应用该效果。

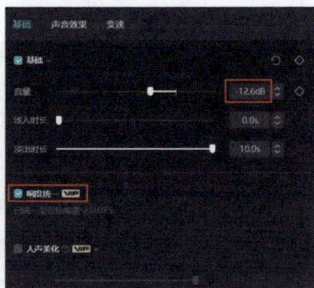

图 8-25

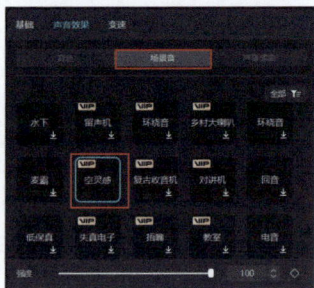

图 8-26

06 框选人声片段,在"基础"界面中勾选如图 8-27所示的复选框,并在"人声分离"下拉列表中选择"仅保留人声"选项,去除背景杂音,只保留人声。

图 8-27

07 在"声音效果"界面中单击"场景音"按钮,选择"低音增强"选项,如图 8-28所示,增强人声中的低音部分,使声音更有穿透力。

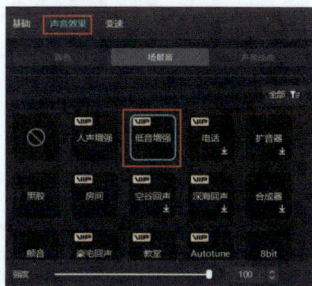

图 8-28

3. 替换视频

01 在替换视频之前,锁定字幕轨道、人声轨道,如图 8-29所示,以免在删除视频时删除与之对应的字幕与音频。

02 选择两个视频片段,如图 8-30所示,单击鼠标右键,在弹出的菜单中选择"删除"命令,将其删除。

图 8-29

图 8-30

03 选择视频片段并单击鼠标右键,在弹出的菜单中选择"替换片段"命令,如图 8-31所示。在弹出的对话框中选择要替换的视频,如图 8-32所示。

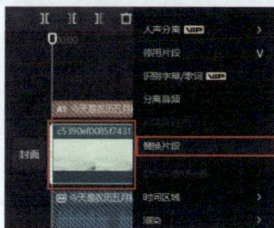

图 8-31

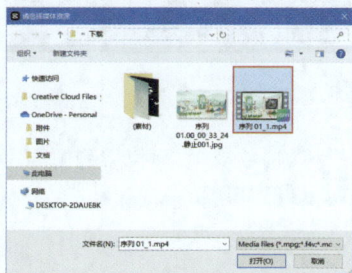

图 8-32

04 单击"打开"按钮,打开"替换"界面,取消勾选"复用原视频效果"复选框,单击"替换片段"按钮,如图8-33所示。

05 替换完成后,默认继承原视频的长度。调整视频长度,使其填满轨道空隙,如图8-34所示。

图 8-33

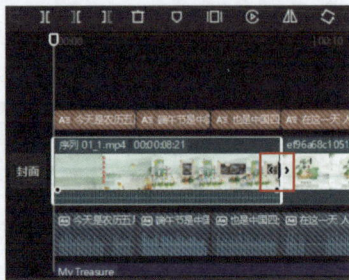

图 8-34

06 替换的视频带有背景音乐,在"音频"界面中勾选"人声分离"复选框,在下拉列表中选择"仅保留人声"选项,如图8-35所示,去除视频中的背景音乐。

07 播放视频,查看替换视频的效果,如图 8-36所示。

图 8-35

图 8-36

4.添加特效

01 在"特效"界面中选择"画面特效"选项,选择"镜头变焦"效果,单击"添加到轨道"按钮将其添加到轨道中,并放置在指定的视频片段上方,调整长度,使其覆盖该片段。

02 在"特效"界面中调整"放大"与"变焦速度"的参数值,如图 8-37所示。参数设置完成后,播放视频,观察添加特效的效果,并根据情况调整参数。

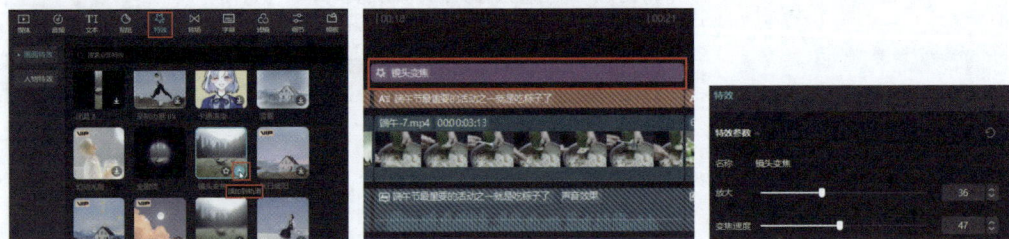

图 8-37

03 播放视频,可以看到画面逐渐放大,达到临界点后再慢慢缩小,直至恢复为常规尺寸,如图8-38所示。

图 8-38

04 选择"全剧终"效果，单击"添加到轨道"按钮，将其添加到轨道中，并放置在最后一个视频片段上方，如图8-39所示。

图 8-39

05 播放视频，可以看到画面被限制在一个圆形内显示，随着播放进度不断向前推进，圆形不断缩小，直至画面被黑色覆盖，如图 8-40所示。

图 8-40

5.添加转场

01 在"转场"界面中选择"水墨"效果，将其添加到两个视频片段之间，并调节"时长"参数，如图 8-41所示。

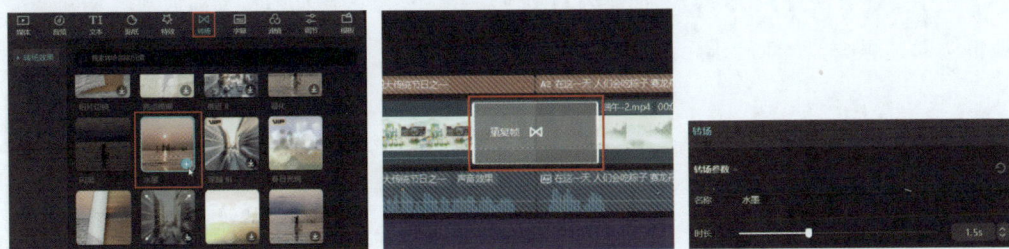

图 8-41

02 播放视频，可以看到水墨效果逐渐在画面中铺开，接着下一个画面逐渐显现，最后水墨效果完全消失，下一个画面清晰显现，如图 8-42所示。

图 8-42

03 在"转场"界面中选择"春日光斑"效果,将其添加到视频片段之间,通过拖动或者设置参数的方式来调整转场效果的持续时间,如图 8-43所示。

图 8-43

04 播放视频,可以看到光斑逐渐覆盖整个画面,随后浮现下一个画面的内容。继续播放视频,光斑逐渐隐退,下一个画面的内容逐渐清晰,如图 8-44所示。

图 8-44

6.导出视频

利用上述方法替换视频、添加特效与转场,完成视频的后期编辑。播放视频,确认视频的画面、解说与背景音乐无误后,就可以导出视频。

01 单击右上角的"导出"按钮,如图 8-45所示,进入"导出"界面,设置标题与保存位置,勾选"视频导出""音频导出""字幕导出"复选框,如图 8-46所示,单击"导出"按钮。

图 8-45

图 8-46

02 在导出的过程中,单击右下角的"取消"按钮,如图 8-47所示,可以取消导出操作,返回界面继续编辑视频。

03 导出完成后,播放视频,如图 8-48所示,观看创作结果。

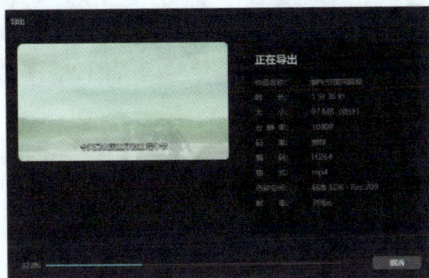

图 8-47

图 8-48

8.2 即梦——随心所欲生成图片与视频

通过识别用户输入的关键词,即梦可以智能生成图片与视频。即梦支持图片的二次生成、抠图、扩图等操作。通过执行图片生视频、文本生视频的操作,可以一键生成视频。

▌案例——生成图片▐

01 登录即梦的官方网站,在首页的左上角单击"AI作图"区域中的"图片生成"按钮,如图 8-49所示。打开新界面,在文本框中输入关键词,如图 8-50所示。

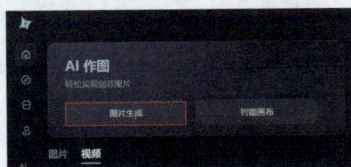

图 8-49

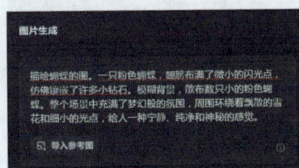

图 8-50

02 单击左下角的"导入参考图"按钮，导入一张图片，并选择图片中的参考内容，如主体，如图 8-51所示。单击"保存"按钮，文本框中将显示相关信息，如图 8-52所示。系统会根据指定的图片生成新图。也可以先按照关键词出图，如果效果不满意，再导入参考图。

图 8-51

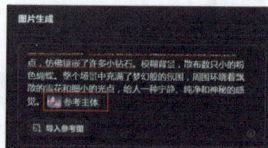

图 8-52

03 打开"生图模型"下拉列表，选择"即梦 风格化 XL"选项，如图 8-53所示。

04 在"图片比例"中选择4:3，图片尺寸保持不变，如图 8-54所示。

图 8-53

图 8-54

05 单击"立即生成"按钮，进入生成模式，如图 8-55所示。默认情况下一次生成4张图片。

06 稍等片刻，显示出图结果，如图 8-56所示。单击"再次生成"按钮，可以相同的关键词再次出图。单击"重新编辑"按钮，可返回修改关键词。如果要以图片生成视频，就单击"生成视频"按钮。

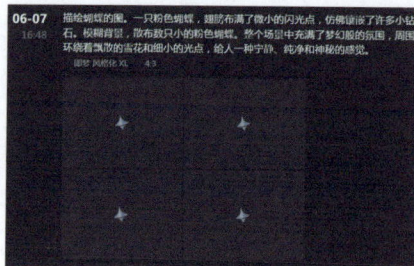

图 8-55

图 8-56

07 单击"细节重绘"按钮,如图 8-57所示,重新绘制选中图片的细节,并再次出图,如图 8-58所示。

图 8-57

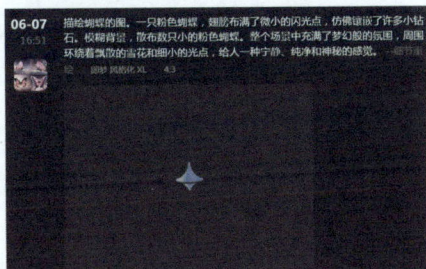
图 8-58

08 观察出图结果,若满意,则单击"下载"按钮,如图 8-59所示,将其单独存储至计算机,效果如图 8-60所示。

图 8-59

图 8-60

▌案例——智能画布 ▌

01 在即梦首页的左上角单击"AI作图"区域中的"智能画布"按钮,如图 8-61所示,打开新界面。

02 选择"文生图"选项,输入关键词,保持默认的生图模型不变,单击"立即生成"按钮,如图 8-62所示。

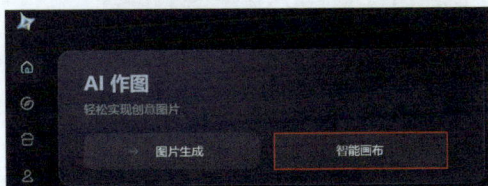
图 8-61

图 8-62

03 进入出图模式,稍等片刻,显示出图结果,如图 8-63所示。右侧的预览窗口根据出图内容实时更新画面效果。

04 如果不满意出图结果,可以再次生成图片。每次出图结果都保存在"图层"区域中,如图 8-64所示,单击图片即可预览。

图 8-63

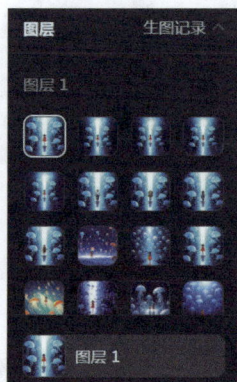

图 8-64

05 图片区域的上方是编辑工具栏,如图 8-65所示。单击工具栏中的按钮,可以对图片进行局部重绘、扩展、消除内容等操作。

图 8-65

06 单击"局部重绘"按钮,在打开的对话框中涂抹需要重绘的部分,如涂抹人物,如图 8-66所示。如果希望重定义重绘部分,可以在下方的文本框中输入描述文字。如果在原图上重绘,直接单击"立即生成"按钮即可。

07 单击"扩图"按钮,在打开的对话框中选择扩图比例,可以在下方的文本框中输入扩图内容,若不输入内容,则系统将基于原图进行扩展。单击"立即生成"按钮即可开始执行操作,如图 8-67所示。

图 8-66

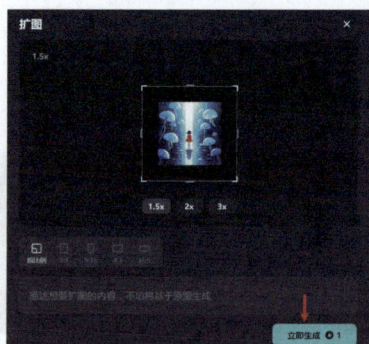

图 8-67

08 图片编辑完成后，单击界面右上角的"导出"按钮，在打开的面板中设置参数，包括格式、尺寸以及导出内容，单击"下载"按钮，如图 8-68所示，将图片保存至指定路径。

除了上述的"文生图"功能外，还可以通过"上传图片""图生图"的方式生成图片，如图 8-69所示。请读者自行练习，限于篇幅，此处不再赘述。

图 8-68

图 8-69

图片生视频

在即梦首页上方的"AI视频"区域中单击"视频生成"按钮，如图 8-70所示，进入新界面。单击"图片生视频"按钮，激活"使用尾帧"功能，如图 8-71所示。

图 8-70

图 8-71

分别单击"上传首帧图片"与"上传尾帧图片"按钮，输入描述文字，如图 8-72所示。选择图片的时候，注意选择主体一致的图片，方便系统识别。

单击"生成视频"按钮，即可按照所提供的图片生成视频，如图 8-73所示。在视频的首帧与尾帧之间，系统会自动添加图片素材，以填补中间的空白。可以按需要延长视频的时长。

图 8-72

图 8-73

文本生视频

单击"文本生视频"按钮，输入描述文字，尽量把希望在视频里呈现的画面描述清楚，如图 8-74所示。在"运镜类型"下拉列表中选择"随机运镜"选项，如图 8-75所示。或者根据视频要求，选择其他选项，如"推近""拉远"等。

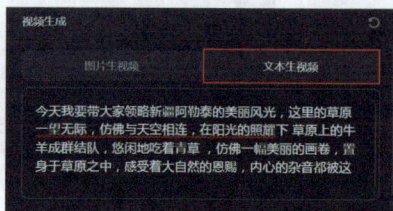

图 8-74

图 8-75

设置"视频比例"为16：9，如图 8-76所示，这是默认比例，根据播放媒介的不同，可自由选择其他比例。单击"生成视频"按钮，稍待片刻，生成视频，如图 8-77所示。

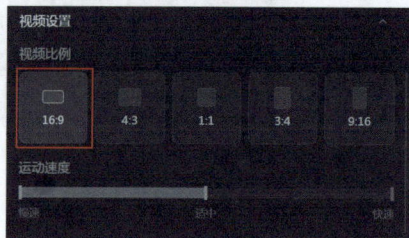

图 8-76

图 8-77